半导体与集成电路关键技术丛书
IC 工程师精英课堂

宽禁带半导体器件耐高温连接材料、工艺及可靠性

[马来西亚] 萧景雄（Kim S. Siow） 主编

闫海东　吴义伯　杨道国　译

机械工业出版社

传统软钎料合金在微电子工业中已得到了广泛的应用，然而软钎料合金已经不能满足第三代宽禁带半导体（碳化硅和氮化镓）器件的高温应用需求。新型银烧结/铜烧结技术和瞬态液相键合技术是实现高温器件可靠连接的关键技术，该技术对新能源电动汽车、轨道交通、光伏、风电以及国防等领域具有重要意义。本书较为全面地介绍了当前用于高温环境下的芯片连接所涉及的新型互连材料的理论基础、工艺方法、失效机制、工艺设备、质量控制与可靠性。

本书可作为功率电子领域材料、工艺和可靠性工程师的参考书，也可作为高校相关专业的教材。

First published in English under the title
Die-Attach Materials for High Temperature Applications in Microelectronics
Packaging: Materials, Processes, Equipment, and Reliability
edited by Kim Shyong Siow
Copyright © Springer Nature Switzerland AG, 2019
This edition has been translated and published under licence from
Springer Nature Switzerland AG.

This edition in authorized sale in the Chinese mainland (excluding Hong Kong SAR, Macao SAR and Taiwan).
此版本仅限在中国大陆地区（不包括香港、澳门特别行政区及台湾地区）销售。
北京市版权局著作权合同登记 图字：01-2020-4121号

图书在版编目（CIP）数据

宽禁带半导体器件耐高温连接材料、工艺及可靠性／（马来）萧景雄主编；闫海东，吴义伯，杨道国译. —北京：机械工业出版社，2022.6（2024.8重印）

（半导体与集成电路关键技术丛书. IC工程师精英课堂）

书名原文：Die-Attach Materials for High Temperature Applications in Microelectronics Packaging: Materials, Processes, Equipment, and Reliability

ISBN 978-7-111-70953-4

Ⅰ.①宽… Ⅱ.①萧… ②闫… ③吴… ④杨… Ⅲ.①禁带—半导体材料—高温材料—研究 Ⅳ.① TN304

中国版本图书馆 CIP 数据核字（2022）第 100385 号

机械工业出版社（北京市百万庄大街 22 号 邮政编码 100037）
策划编辑：吕 潇   责任编辑：吕 潇
责任校对：潘 蕊 刘雅娜 封面设计：马精明
责任印制：单爱军
北京虎彩文化传播有限公司印刷
2024 年 8 月第 1 版第 2 次印刷
169mm × 239mm · 15.5 印张 · 6 插页 · 310 千字
标准书号：ISBN 978-7-111-70953-4
定价：118.00 元

电话服务   网络服务
客服电话：010-88361066 机 工 官 网：www.cmpbook.com
        010-88379833 机 工 官 博：weibo.com/cmp1952
        010-68326294 金 书 网：www.golden-book.com
封底无防伪标均为盗版   机工教育服务网：www.cmpedu.com

译者序

近年来，随着功率半导体器件技术的快速发展，硅基 IGBT 器件的结温已提升至其物理极限 175℃。硅基器件的结温局限正制约着电力电子系统高温极端环境的应用。作为重要的宽禁带半导体器件，碳化硅（SiC）器件可工作在 200~225℃或更高的结温下。结温的大幅提升有助于拓展电力电子系统的高温应用能力和降低系统散热成本等。在新能源电动汽车、光伏、轨道交通、新一代移动通信、尖端国防装备等领域，SiC 器件正逐渐得到广泛关注。

当前，基于典型硅基互连技术与硅基器件在力、热、电学性能方面具有良好的匹配。相比而言，SiC 器件拥有约 1.5 倍于硅基器件的结温、3 倍于硅基器件的热导率、1/5 硅基器件的导通电阻以及 3 倍于硅基器件的杨氏模量。力、热、电学性能方面的巨大差异，使得传统软钎焊技术已逐渐无法满足 SiC 器件的耐高温、高效散热、工艺兼容性要求，新型连接材料和工艺技术亟待发展。烧结银具有高的导热率、低的电阻率、优异的耐高温性能及与后续焊接工艺良好的兼容性，它特别适合作为高温 SiC 器件的无铅连接界面材料。

本书分 10 章，第 1 章对银烧结技术与传统焊接技术的差异及各自的工艺特点进行了概述性介绍；第 2 章以 LED 应用为例介绍了银烧结的优点；第 3 章主要介绍了银烧结技术及微观表征方法；第 4 章主要介绍了烧结银界面的热机械可靠性建模的方法；第 5 章讨论了电源应用环境下烧结银的可靠性和失效机理；第 6 章主要介绍了扩散和电迁移对烧结银形态的影响；第 7 章主要介绍了三项专利中有关银膏配方的"同等原则"；第 8 章主要介绍了一种银烧结可替代技术——铜烧结；第 9 章主要介绍了瞬态液相键合技术在高温和高可靠性应用中的优势；第 10 章介绍了不同材料在极端和恶劣条件下对芯片连接的作用。

感谢国家自然科学基金"银纳米颗粒焊膏低温无压连接铜基 -SiC 器件的无氧烧结机理研究"（No.51967005）、广西科技基地人才专项（桂科 AD20159081）、广西制造系统与先进制造技术重点实验室课题（No.19-050-44-006Z）、广西高校中青年教师科研能力提升项目（No.2019KY0246）的资助。感谢我的研究生梁培阶、吕国平、邓馨、刘昀粲、范寅祥对本书所做的工作。

本书的原版中引用的资料来源较多，不同资料中的个别术语表述方式、一些单位名称及物理量符号的使用标准不甚一致，考虑到读者更直观易懂的阅读体验，译者对此进行了统一。此外，由于高温芯片连接材料涉及的知识面较宽，新材料和新工艺所涉及的概念和术语较多，书中有关词句的中文表达不当或不妥之处在所难免，希望发现疏漏和错误的读者给予及时的指正。

译　者

原书序

　　微电子技术的发展正以前所未有的速度继续着——考虑到开发和制造的复杂性，从组成任何单个系统的许多不同功能的组件，到加工方法和材料的范围，再到诸如可靠性、耐温性、小型化和成本效益等竞争应用要求——这似乎令人震惊。然而，也许正是这种开发任意一种组件、工艺或材料，都力求与整个系统视为一体的兼容性需求，加速了该领域研究专业的全面发展。

　　除了小型化与鲁棒性问题以外，本书还重点聚焦了一个微电子应用领域的关键需求——高温需求，这是推动微电子行业发展的关键所在。依赖高温微电子技术的行业在各国经济发展上也越发重要，包括新能源汽车（电动出行、混合动力和电动汽车中的电力电子技术）、传感器行业和照明行业（LED 封装）。高达150℃的极端工作温度对这些领域的电子元器件及其互连提出了极高的要求，为适应严苛的操作工况，首先需要的是耐腐蚀、耐高温的新型封装材料，其次是合适的、成本效益良好的制造工艺。

　　芯片连接（Die-Attach）是一个在半导体器件芯片与其封装之间建立电气连接的过程，在高温应用的性能和可靠性方面起着关键作用。由于它是与芯片接触的第一个封装层，因此优化芯片连接材料和加工技术至关重要。我们现已开始对高温应用下的芯片连接的设计、材料、工艺、设备、制造、连接质量和连接可靠性问题进行了研究并获得了许多独到的看法和见解。有关芯片连接材料的热力学、动力学、微观结构、失效机制、制造工艺和可靠性等方面的重要参数现在也已经得到了广泛的研究。然而，上述的这些研究结果往往都分散在不同的期刊、会议论文集和专家研讨会的独立出版物中。此前，没有任何专门为介绍最新的高温芯片连接技术而发表的单一信息来源。本书旨在弥补这一点，力求在当中及时总结这一领域各个方面的进展。

　　本书介绍了许多高温芯片连接领域相关的研究成果，并系统而详细地讨论了包括芯片连接材料（尤其是烧结银）、材料变形以及因材料变形而最终导致元器件失效的进展过程的微观结构。本书另一个重要部分便是探索了热机械可靠性在这三个方面之间的联系，以期实现因果关系的全面概述，这是全面理解高温微电子技术中的芯片连接模块的先决条件。

　　本书讨论了三种不同的芯片连接技术——焊接、银烧结和瞬态液相键合（TLPB），其中涉及了环氧基芯片连接材料的相关方面。在当今所使用的互连表面贴装技术（SMT）中，焊接可能是最受欢迎的。通常，工艺上使用锡基软焊料，而该焊料在150℃以上的热机械应力下会很快失效，即使通过添加锑作为掺杂剂来提高强度后，该焊料也不适用。因此，本书的主要内容实际上将聚焦于银烧结工艺，这是另一种非常流行且可靠的连接技术，其工作温度超过 150℃，但它也具有明显的缺点：一是其原材料的成本高昂；二是该技术所需的工艺较为复杂。此外，产生耐高温连接层的另一种选择是将接头完全转变为金属间相，这种方法称为 TLPB。

本书的前 7 章重点介绍银烧结技术———一种具有卓越导热性和导电性的创新技术。在第 1 章中，Chen 和 Zhang 两人提供了烧结与焊接过程的动力学和机理的基本理解；第 2 章以 LED 为应用实例，概述了银烧结技术的优点；第 3 章讨论了最近引入的几种使得银烧结技术成功工业化的材料和技术，并论述了它们与焊料基和环氧基芯片连接材料的异同之处；在第 4 章中，为获得准确的建模结果，并深入理解基于断裂力学的建模方法，Paret、DeVoto 和 Narumanchi 三人探索了银烧结工艺下的热力学建模；第 5 章讨论了功率应用环境下烧结银的可靠性和失效机理；在第 6 章中，Mannan 等人重点关注了扩散和电迁移在银烧结互连可靠性中日益增长的重要性，特别是烧结银的微结构对电荷迁移的影响；第 7 章讨论了三项专利中有关银膏配方的"同等原则"（即 DOE 原则，但该原则存在争议）。同等原则认为：专利的权利要求可以超越其字面含义，应当包括那些在结果中表现出"实质上"等效的方式和方法，也称作三重同一性测试。虽然该章仅作为指南，不能替代法律建议，但它还是强调了此类在同等原则分析中使用的不同工具和限制。

本书的第 8~10 章侧重于银烧结的替代方案，如果不讨论铜烧结，任何关于银烧结的讨论都是不完整的。在第 8 章中，Yamada 讨论了铜烧结，这是一种极具前途的、低成本的银烧结替代技术，其具有较低的热膨胀系数（CTE）和非常好的导电性和导热性，因此具有出色的机械鲁棒性和电导率；第 9 章详细介绍了 TLPB，它涉及将焊料层完全转变为金属间相，并评估了它作为一种新的芯片连接技术在高温和高可靠性应用中的适用性；除了公认的 TLPB 方法之外，第 10 章采用了一种不同的方法，该方法将黏合剂和焊料作为用于极端和恶劣条件的芯片连接材料，并对这些不同的材料系统在能源、石油和天然气行业中的常见应用进行了讨论。

本书主要面向以下三类专业读者：
- 参与或对芯片连接特别是烧结、焊接的研究和开发感兴趣的人员；
- 面临实际的芯片连接挑战并需要更加可靠的方法及解决方案的人员；
- 为互连系统寻求合适的，兼具高性能与高性价比的封装技术的人员。

我希望本书能够成为一个有价值的参考资料来源，为所有面对挑战的人员提供参考，而这些挑战性问题大多是由于芯片连接材料越来越广泛地被人们应用于高温环境而产生的。我相信本书将促进对材料本身以及在微电子封装环境中应用它们所需的工艺的进一步研究和开发。

Rolf Aschenbrenner

德国弗劳恩霍夫可靠性和微集成研究所

原书前言

七年前，当我撰写第一篇关于芯片连接的烧结纳米银工艺的评论文章时，我丝毫不会想到我还会编写一本关于该主题以及其他高温芯片连接材料的书，更遑论与来自澳大利亚、中国、日本、马来西亚、英国和美国的一群杰出研究人员进行合作了。更令人惊奇的是，我与这些研究人员中的大多数都未曾谋面，但他们却相信我将编写本书并能够最终完成。因此，我非常感谢他们为这项先进、高效且环保的键合技术所付出的努力和做出的贡献，以应对当今严苛条件下半导体芯片连接领域的挑战。

本书书名中的关键词是"高温（high temperature）"和"芯片连接（die-at-tach）"。那么，随着近几年宽禁带半导体进入主流制造领域，到底什么才是芯片连接应用中的"高温"呢？

巧合的是，在第37届国际电子制造技术会议期间，我有幸接待了 Lee 博士（来自 Indium 公司），并有幸成为 iNEMI 联盟的一员。该联盟在 2017 年正好讨论了高温芯片连接这一话题。在为各种定义苦恼了好几个小时后，我决定将"高温"的开放式定义理解为在 200℃ 以上连续运行的情况，尽管其他人更倾向于认为这一定义取决于高温芯片连接材料的具体应用或市场细分。

为符合欧盟指令，除了耐高温外，芯片连接材料还需要做到无铅化，以在电子产品中使用环保产品。目前，该要求仅在报废车辆的附件 2、8e 和 RoHS7a 中得到豁免。但是，如果有替代品可用并且又证明其在技术上作为无铅芯片连接材料可行，则这种豁免可能会被取消。因此，人们便有动力以新的键合材料"垄断"无铅芯片连接材料的市场，但过去的几次大规模测试中，所有尝试均未能取得成功。

基于无铅和耐高温的双重要求，DA5 芯片连接小组提出了四种主要替代方案，即导电胶、银（金属）烧结、瞬态液相烧结/键合（TLPS/TLPB）和焊接。导电胶显然不符合前面提及的连续高温操作的定义，而大多数可用的无铅焊料在 $0.5T_m$（均一化温度）以上的操作温度下将发生蠕变失效，进而无法在该温度下可靠地工作。因此，因独有的高熔点，以银烧结、铜烧结与瞬态液相烧结为代表的烧结技术在这场高温连接材料竞赛中成为了最初的赢家。

银烧结技术构成了本书的大部分内容，但并不是因为我个人参与研发了这项技术，而是因为它的可用性，目前已有多家公司在大规模制造的环境中生产具有烧结银的功率模块和发光二极管（LED）。这种早期的制造经验值得我以单独的一章进行专门介绍,因为制造商们仍然面临着两难境地,即是现在就投资压力烧结设备,还是等待下一代的烧结银膏在连接的可靠性方面取得突破(详见第3章)?此外,因为LED的芯片尺寸和接口有独特的烧结要求,所以第2章专门讨论了烧结银在LED应用中的使用。

尽管在功率模块或LED中有了这些特定的应用要求,银烧结的基本原理依然保持不变。在最初采用这项技术时,至关重要的一点便是确定烧结和焊接之间的差异之处,详见1.4节。烧结是一种固态反应,不会经历液体到固体的转变,因而不存在自对准效应。与焊接不同,烧结也没有任何在粘接步骤后返工的可能性。长期接触焊接的工程师们一个常见问题是"烧结银焊点(接头)中金属间化合物(IMC)的形成情况如何?"由于电力电子或模块中的大多数芯片连接粘接界面是银、铜或金,而银可与这三种元素形成固溶体,因此不会产生IMC。不存在金属间化合物表明粘接可靠,但烧结银微结构固有的"不稳定性"要求在烧结过程中施加压力,这是一个在芯片连接过程中有些"不可思议"的工艺步骤。基于这些一般的科学原理和观察,就可制造性而言,焊接更胜一筹。

除了操作条件外,填充银片的导电胶和烧结银膏本身又有什么区别?虽然一些烧结银膏的配方中加入了聚合树脂,但大多数银膏是纯银填料,添加有黏合剂、溶剂和封端剂。这些银膏配方不会残留任何的助焊剂,因此在粘接过程结束后不需要清洁。亦可将黏合剂添加到这种银膏中,以克服银膏缺乏黏合力和基底特异性烧结的问题,但这通常又会导致热导率的降低。这些银黏合剂还具有与常用导电胶不同的回流曲线,导致掺入的银纳米颗粒在相邻的纳米颗粒与接合界面之间发生烧结。

烧结银不断演变的微观结构和形态值得本书单列一章(详见第6章)来讨论各种机制,包括烧结银中的电迁移;这与电化学迁移不同(详见第5章)。电迁移是金属线内的电子风将原子逐出,产生晶须和空洞,而电化学迁移是指金属离子在相邻金属导体间迁移,最终形成枝晶。第5章还讨论了在不同机械性能[即弹性模量、拉伸、剪切、蠕变和疲劳(棘轮效应)强度]以及在不同的应力条件下烧结银焊点的其他失效机制,例如机械应力或热应力(如热老化、热循环)和功率循环。

常见的工程实践还要求在任何的实际制造之前,先进行电子封装的建模和仿真。这些仿真构成了第4章的基础,该章提供了多种选项和策略,以便从业人员在制造真正的银焊点之前了解烧结银的性能。

除银烧结外,铜是世界各地各团体积极研究的另一种金属,旨在解决烧结银技术中在某些利基市场中出现的"电化学迁移"问题(详见第8章)。几家膏料制造商和"压力烧结"设备制造商也准备好了工艺和设备,将烧结铜作为另一种可能的烧结膏料加入其项目中。

第7章在三种烧结银膏配方的背景下讨论了尚存争议的"同等原则(DOE)"。

作者提出了一种"法律拟制"的概念，即侵权产品具有与美国专利中所述相同的配方，并着手进行非文字侵权，即 DOE 分析。在典型的 DOE 分析中，专利范围可以根据工艺、材料配方或产品中组成部分的功能、方式和结果进行扩展，超出专利权要求的字面含义。

第 9 章无疑是迄今为止针对芯片连接应用的瞬态液相键合（TLPB）主题所写的最全面的一章。TLPB 也称为扩散焊接（由英飞凌技术公司研发），已经被用于大规模制造中利基产品的芯片连接，该章提供了各种信息，涉及科学、动力学以及不同的 TLPS 方案，这些都可在工业实践和文献中找到。

第 10 章由通用电气贝克休斯公司的两名工程师撰写，他们将自己在油田和能源行业应用中的丰富经验和知识浓缩成了简明易懂的文字，介绍了在高温应用中焊料、黏合剂和 TLPB 的使用方法。虽然这些黏合剂和焊料在严格意义上可能并不属于我前面提到的定义，但它们仍然应当包括在该章中，以便完成对高温芯片连接材料的讨论。其中，他们谈及了各种焊料，如 ZnSn、ZnAl、SnSb、AuGe，以及黏合剂，如氰酸酯和银玻璃。

本书中讨论的各种问题、材料和键合系统为业界寻找和实现真正的高温芯片连接技术带来了许多乐观的情绪。我希望本书的编辑和出版能对本行业的发展做出贡献，不论是否实现，我的目标现在已然交到了读者手中。本书献给所有不知疲倦地工作着的工程师们，他们进行了大量评估以使这些技术开花结果。本书也离不开许多同事、学生、供应商、合作者、客户和雇主的支持（包括 UKM GGPM-2013-079 和 GUP-2017-055 的研究资助），他们不断地提供反馈、鼓励，并为我提供了多年的资金支持。

特别感谢我的家人，尤其是我的妻子 Hui Min，感谢她的理解和耐心，使本书得以完成。自 2016 年首次构思本书以来，她在诞下一个孩子的同时，还在本书的比喻和文字方面进行了繁重的工作，感谢她的辛勤付出！同时，我也感谢施普林格公司在我关于本书主题的评论论文被大量下载和引用后，第一时间找到我来编写本书。

萧景雄
于马来西亚雪兰莪州万宜镇

译者简介

闫海东：工学博士、浙江大学杭州国际科创中心先进半导体研究院研究员、桂林电子科技大学硕士生导师。博士毕业于天津大学高温功率电子封装实验室，从事银烧结技术及工艺可靠性研究。目前致力于探索面向高温高频宽禁带器件用低温烧结材料、工艺及高可靠功率模块的封装集成技术研究。近年来，主持完成或在研国家级、省部级课题及企业合作研究项目8项，参与国家高技术研究发展计划（863计划）课题1项，国家自然科学基金项目4项，发表银烧结技术相关高水平学术论文20余篇，申请或授权发明专利10项。

吴义伯：工学博士、武汉大学微电子学院特聘教授、原中车公司技术专家、正高级工程师，科技部创新人才推进计划——"IGBT技术研发与产业化创新团队"核心成员、科技部国家重点研发计划"新能源汽车重大专项"评审专家、湖南省新兴优势产业链领军人才。长期从事功率IGBT/SiC功率模块的封装设计、先进工艺、互连可靠性及应用工作，负责制定了车规级IGBT器件技术规范与行业标准。作为技术负责人主持或参与国家02专项、国家重点研发计划、中央企业电动车产业联盟项目、工信部强基项目、欧盟"洁净天空（CleanSky）"项目、英国TSB项目等。带领团队所开发的功率IGBT模块先后获得湖南省科学技术进步一等奖、湖南省优秀科技成果鉴定、中国中车科技进步特等奖、中国铁道学会铁道科技特等奖等数十项奖励，博士论文获得上海市优秀博士学位论文；在国内外专业期刊及学术会议上发表科技论文50余篇，其中SCI或EI检索35篇；申请发明专利88项，其中已授权发明专利38项。

杨道国：工学博士、教授/博士生导师。2000年5月起在荷兰代尔夫特工业大学机械学院精密和微系统工程系进行访问研究及攻读博士学位。并在该校精密和微系统工程系从事2年博士后研究，随后在荷兰菲利浦半导体公司（NXP）后端工艺（封装）研发部（Back-End Innovation, NXP Semiconductors, the Netherlands）受聘为主任工程师（Principal Engineer）和项目主管。2009年作为海外高层次人才引进全职回国工作。近年来，曾主持和参加了多项国家自然科学基金项目、省部级科研项目以及国际研究项目，是国家自然科学基金项目"微电子封装聚合物的热-机械疲劳损伤研究"和"微电子芯片封装中的界面层裂失效机制及控制方法研究"的项目负责人。在国内外期刊及学术会议上发表科技论文 40 余篇，其中 SCI、EI 或 ISTP 检索 20 余篇。被邀请在布鲁塞尔召开的第五届国际微电子及微系统热 - 机械仿真及实验会议上做主题报告。主要研究方向为微电子封装和组装技术及其可靠性、电子封装及互连材料、电子封装的虚拟制造技术等。

目　录

第 1 章　银烧结技术和传统回流技术：连接工艺及其差异

S.Chen，H. Zhang

1.1　引言

　　混合动力电动汽车、高铁、飞机 / 航空以及深井油气开采等行业的发展，对功率半导体器件的鲁棒性提出了更高的要求，器件需要在更为苛刻的工况（比如200℃）下长期可靠运行，而最近已经"热火朝天"的宽禁带半导体 SiC 器件能将理论的结温工况提升到 500℃ [1]。因此，迫切需要能适应更高结温可靠性需求的芯片连接（Die-Attach）材料。

　　高温电子设备要求满足 125℃甚至 200℃的温度要求 [2]。在高压配电系统中使用的硅基二极管或晶闸管，其结温一直很高，经常可以观测到 125℃以上的工况，而在一些汽车系统中，150℃的温度环境也很常见。分立电源模块可能会连续经历多次工作表面贴装回流焊以实现 PCB（Printed Circuit Board，印制电路板）或PWB（Printed Wire Board，印制线路板）的焊接工艺，因此模块会多次承受 245～280℃的最高峰值温度的损害。

　　不同的材料已经用于高温芯片焊接。图 1-1 所示为不同焊料所适应的工况温度和工艺温度之间的关系，包括普通软钎焊、填充银（Ag）的环氧树脂焊接工艺、Ag 烧结和铜（Cu）烧结以及瞬态液相（Transient Liquid Phase，TLP）焊接。对于焊锡材料，根据经验，当产品的极限应用温度达到焊料熔点的 80%，即均一化温度（homogeneous temperature）在绝对温度范围达到 0.8 时，焊料的蠕变变得严重，焊层连接的可靠性将受到威胁。注意，图 1-1 所示的工作温度值作为不同材料比较的参考，在工程实际应用中工作温度可能会根据焊材的种类和器件使用条件而升高或降低。

　　其中，适用的工况温度按照焊料熔点的 80% 计算；焊接工艺温度在焊料熔点的基础上提升 20℃；对于高铅焊料，只参考了具有代表性的 Indalloy 151（Pb92.5/Sn5/Ag2.5）。

　　从图 1-1 可以看出，确实有可以满足 200℃工作温度需要的焊料，比如 AuGe、AuSi、AuIn 和 ZnAl。然而，这些材料具有价格高（基于 Au 的焊材）或可加工性差（ZnAl）的缺点。相比之下，Ag 或 Cu 烧结和 TLP 材料熔点高，可承受更高的工作温度[3]。而且，与钎焊材料相比，这些材料的工艺过程温度低得多，可大幅降低焊接过程带来的热应力。研究还表明，采用压力辅助 Ag 烧结技术生成的焊层，其功率循环可靠性比普通钎焊层要好很多（16 倍），显示出了广阔的工业应用前景[4]。

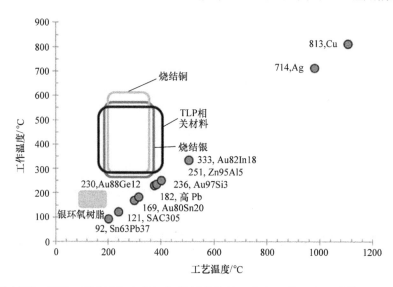

图 1-1　软钎焊、烧结、瞬态液相和银环氧材料的估计工作和工艺温度：计算工作温度时假定相应温度为 0.8；焊料的工艺温度为焊料熔点 +20℃；高铅焊料以铟合金 151（Pb92.5/Sn5/Ag2.5）为代表

由于高铅焊料对人体和环境的有害影响，Ag 烧结用于芯片或基板的焊接出现后，近年来备受追捧，开始替代高铅焊料[5]。与市场上其他无铅替代品相比，Ag 烧结层还具有出色的机械、热和电性能[6-11]。

自 1987 年以来，Ag 烧结一直被用作电力电子组件中的互连技术[12-14]。在开发的早期，其粘结材料仅包含微米级的 Ag 颗粒，工艺采用最高 40MPa 的高压为进行辅助粘结。高压可能导致模具开裂，因此低压[15, 16]或无压烧结[6, 17-20]引起了广泛兴趣。由于压力辅助的 Ag 烧结工艺需要大量的资金投入且产量极低，目前正在深入研究的是引入纳米颗粒的银膏无压烧结技术。

关于 Ag 烧结材料 / 工艺的研究主题有许多，例如糊剂配方包括分散剂，钝化层，封端剂，黏合剂，溶剂 / 稀释剂和尺寸（纳米，微米或混合尺寸的 Ag 颗粒）。Siow 等人[21-23]综述了基于无压 / 无压工艺和应用方法。烧结层的剪切强度和可靠性及其影响因素，包括粘接压力、烧结温度和时间、纳米粒子的大小和分布、加热速率、结合面积和基材等，也有相关调研[21-24]。

笔者从日常沟通中发现，由于 Ag 烧结技术相对比较"年轻"，工业客户们的在材料方面存在很多错误的理解和应用。例如，有些人没有意识到 Ag 烧结层的孔隙率与焊点不同，所以本章在接下来的内容将首先讨论软钎焊，然后讲述 Ag

烧结。其中一个目的是强调 Ag 烧结与焊料形成之间的区别机制并澄清以上误解。最后重点讨论孔隙率对 Ag 烧结层性能的影响，因为相比软钎焊，这个是 Ag 烧结技术独有的特征。

1.2　软钎焊技术

软钎焊一般通过将熔化的焊料合金流入表面间的间隙中，然后冷凝固化实现表面之间的界面互连[25-27]。在功率半导体的封装应用中，焊料因具有良好的热、电和机械性能，可有效实现芯片互连[28-30]。焊层的形成需要依次执行三个步骤：

1）焊料熔化和流动；

2）熔融焊料与连接界面之间发生界面反应；

3）冷却后焊料固化。焊接反应是复杂的，并且具体取决于焊料材料的类型、表面金属化和回流工艺。焊接被广泛认为是基本物理现象，即相变和原子扩散。

1.2.1　焊料熔点

达到固相线温度后，焊料开始熔化。然而仅当温度达到液相线以上时，焊料才能完全熔化[26]。通常，回流焊接过程中，峰值温度需要高于液相线温度并保持一段时间以使焊料熔化完成，彻底消除液态焊料中的逸气气泡。在分立功率器件的芯片封装技术中，高铅焊料（Pb 含量大于 85 wt%）已得到广泛应用。例如，图 1-2 所示为 Sn-Pb 二元相图，其中高铅焊料位于富铅端。

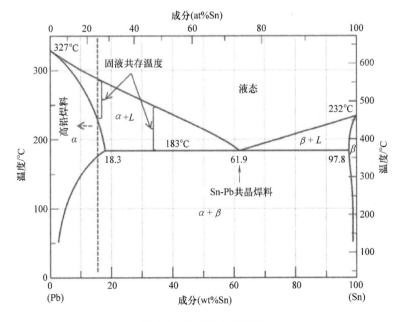

图 1-2　Sn-Pb 二元相图

如相图所示，随着 Pb 含量的增加（或 Sn 含量的减少），固相线温度、液相线温度升高，固液共存温度区间（pasty range temperature）降低。表 1-1 总结了固相线、液相线和一些代表性的高铅焊料的固液共存温度区间。在实践中，高铅焊料，例如 Pb95 / Sn5，Pb92.5 / Sn5 / Ag2.5 和 Pb95.5 / Sn2 / Ag2.5 由于其固液共存温度窄，可以形成对于电力电子行业来说比较理想的焊层结构，已在工业中得到广泛应用[5]。

表 1-1　典型高铅焊料的固相线、液相线和固液共存温度范围

焊料	固相线温度 /℃	液相线温度 /℃	$\Delta T/℃$
Pb85/Sn15	183	288	105
Pb88/Sn10/Ag2	268	290	22
Pb89.5/Sn10.5	275	302	27
Pb92.5/Sn5/Ag2.5	287	296	9
P95/Sn5	308	312	4
Pb95.5/Sn2/Ag2.5	299	304	5
Pb	327	327	0

1.2.2　界面反应

焊料熔化后，通过两个过程发生界面反应：

1）被焊接的表面金属化原子向熔融焊料扩散；

2）生成连接界面有关的金属间化合物（Intermetallic Compound，IMC）。

在焊锡量一定的条件下，金属元素在熔融焊料中的溶解度决定了溶解在熔融焊料中金属化层的最大厚度。溶解度不仅取决于焊料和金属化材料，还取决于温度。表 1-2 列出了 Cu 在三种熔融焊料中的溶解度[27, 31]，其中 Cu 的溶解度随着温度升高并依赖于焊料成分。

实际上，溶解度可以用等式表示。如式（1-1），其中 Q 是活化能量、C_{so} 是经验常数，与焊料合金有关：

$$C_s = C_{so} \exp\left(-\frac{Q}{RT}\right) \tag{1-1}$$

另一种比较常见的金属化镀层材料 Ni，在温度低于 400℃ 时，其在 Sn 或 Sn-Pb 共晶体中的溶解度是极低的。Ni 在 Sn-Pb 共晶体中的溶解度约为 10^{-5} at%[32]。

焊点的焊锡量有限，随着浓度接近其溶解度极限，焊点处金属化元素在焊锡中的溶解速率降低。如式（1-2）所示，溶解速率可以用 Nernst-Brunner 关联方程表达[33]。

$$C - C_o = (C_s - C_o)\left[1 - \exp(-\frac{KA}{V}t)\right] \tag{1-2}$$

式中，C_o 为在时间 0 时，熔融焊料内部的金属化元素浓度；C 为在时间 t 时，熔融焊料内部的金属化元素浓度；C_s 为熔融焊料内金属化的溶解度浓度；V 为焊锡量（体积）；A 为焊料与基板之间的接触面积；K 为溶解速率常数，随温度和活化能的变化，遵循如下方程：

$$K = K_o \exp\left(-\frac{Q}{RT}\right)$$

表 1-2 Cu 在三种焊锡中的溶解度（%）

	Cu 在 Sn63/Pb37 中	Cu 在 Sn 中	Cu 在 Sn96.5/Ag3.5 中
232℃	1	1.75	2.2
260℃	1.5	2.5	3.4
Q/（kJ/mol）	32.4	28.5	34.8
C_{so}（at%）	22.0	15.2	85.3

表 1-3 显示了式（1-2）中的溶解速率参数值。分别适用于 Cu 在 Sn-Pb 共晶体和 Sn-Ag 共晶体熔融焊料。据报道，在相同的焊料中，Ni 的溶解速率仅为 Cu 的一半[34]。

表 1-3 溶解速率常数（K_o）、活化能（Q）和体积/面积比（V/A）对应关系表

	温度/℃	K_o/（mm/min）	Q/（KJ/mol）	V/A/mm
熔化 Sn-Pb 共晶中的 Cu	255~310	2.9	13	0.33~0.56
熔化 Sn-Ag 共晶中的 Cu	254~302	14.2	14.9	0.2~0.4

在金属化元素溶解并沿着界面达到溶解度之后，会沿着界面形成金属间化合物。相图可用于阐述界面反应产物。图 1-3 所示为 Sn-Cu 二元相图，当 Cu 含量超过沿液相线在熔融焊料中的溶解度（从液相线表示）时，Cu_6Sn_5 开始形成。

界面 IMC 层通过成核和生长过程形成。连接层上的 IMC 成核后，熔融的焊料通过扩散溶解金属化层中的元素，IMC 可以立即覆盖整个接触表面[35, 36]。在形成薄核层之后，生长需要熔融焊料中的原子和金属化表面的原子进行双向扩散。液体焊料中的原子扩散比固体焊料中的原子扩散快得多。因此，成核后，IMC 的生长将以固体原子扩散为主，而 IMC 层的原子传输是双向进行的，即从熔化的焊料向金属化层表面扩散和从金属化表面向熔化的焊料中扩散。当 IMC 层变得足够厚时，其生长速度会减慢，此时原子扩散传输无法支持 Cu_6Sn_5 的进一步生长，且 Cu_6Sn_5 与 Cu 之间会发生反应，形成 Cu_3Sn 成分的 IMC：

$$Cu_6Sn_5 + Cu \longrightarrow Cu_3Sn \tag{1-3}$$

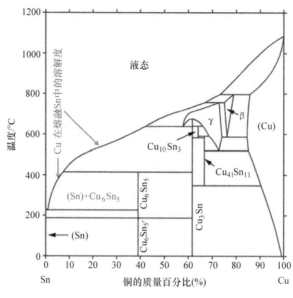

图 1-3　Sn-Cu 二元相图

高铅焊料通常含有约 10wt% 或更少的 Sn（见表 1-1）。根据相图，由于 Pb 不会与常见的金属化材料 Cu、Ni 和 Ag 形成 IMC，因此 Sn 仍占界面反应的主导地位。高铅焊料中这种有限的 Sn 含量最终会形成 Cu_3Sn 或 Ni_3Sn_2 的 IMC，而不是像普通的 Pb-Sn 共晶钎焊或富锡（Sn）的无铅焊料焊接那样，生成的 IMC 是 Cu_6Sn_5 或 Ni_3Sn_4。

界面反应会随焊料成分的变化而变化[37-39]。例如，当 Sn 基无铅焊料中 Cu 的含量提升到 5% 或以上时，在界面形成的 IMC 将从（Ni，Cu）$_3Sn_4$ 变为（Ni，Cu）$_6Sn_5$，其中前者的生成是起源于 Ni_3Sn_4，而后者的生成与 Cu_6Sn_5 相关。在 Ni 金属化过程中，如果足够的 Cu 已被合金化到高铅焊料中，则（Ni，Cu）$_3Sn_2$ 可以转化为（Ni，Cu）$_3Sn$。

在 Sn 含量较少（Sn < 2wt%）的高铅焊料中，如果在较高的峰值温度或高于液相线（Temperature Above Liquidus，TAL）曲线的温度下回流，Sn 的完全消耗可能导致 IMC 层剥落。高铅焊料中散裂的机理已得到合理化：Cu_3Sn 和 Cu 之间的高界面能使 Pb 穿过 Cu_3Sn 晶粒或 Cu_3Sn 晶粒边界，向 Cu 金属化层和 Cu_3Sn 层之间的界面渗透，并增厚了 IMC 层[40]。在高铅焊点的固态退火过程中，Cu_3Sn IMC 层也会剥落，这会驱使界面能量减少。

1.2.3　凝固

焊点仅在熔融焊料完全固化后才能完全形成。传统的凝固理论认为过冷驱动固体成核，因此凝固总是在液相线温度以下的某个温度开始。成核后，固体核的生长立即而迅速地发生。没有固液共存温度区间（the pasty range）的共晶焊料允许在狭窄的温度范围内开始和结束固化。对于非共晶焊料，固化开始于液相线温度以下，并经过固液共存温度区间，直到达到固相线温度为止，以平衡状态结束。较宽的固液共存温度区间使初级相的核变大，直到焊料完全固化。初级相的生长将溶质元素排入液体，并驱动液相成分沿液相线达到动态平衡。

连结界面可以作为成核位点，以促进固体成核。据报道，富锡焊料具有三种主要的晶粒取向，因为成核始于键合表面[41, 42]。因此，富锡焊料中可以观察到沙滩球和交错结构，而高铅焊接中则没有类似结果的报道。

1.2.4　微观结构分析

固体连接层的形貌和微观结构包括两个键合界面和接头焊料主体的形态和微观结构。影响回流焊焊层微观结构的因素包括：

1）焊料成分；

2）金属化程度；

3）回流曲线。

对于高铅焊料，有限的 Sn 含量可能导致 IMC 层厚度趋于稳定，因为在焊接过程中可能会完全消耗 Sn 以形成界面 IMC，此后不再形成 IMC。

焊点回流后微观结构的演变，是由自由能减少驱动的，通常通过固体原子扩散来实现。固体原子扩散被分类为晶格扩散、晶界扩散、表面扩散、位错核扩散等。焊点的微观演变可以看作是晶粒粗化、沉淀物生长、相生长、界面 IMC 层增厚，甚至 IMC 层剥落。固体原子扩散受温度和应力的影响。

工作工况的高电流可能会干扰原子扩散，从而影响焊点性能。对于大多数焊接材料，室温等于均一化温度（homologous temperature）的 50% 或更高，器件的使用温度甚至可以是 80% 或 90% 的均一化温度。公认的是，在高于 50% 的均一化温度下，原子扩散有利于位错运动，这是永久变形中最重要且最常见的方式。同时，两个连接层之间的热膨胀系数（Coefficient of Thermal Expansion，CTE）不匹配所产生的应力与热因子一起，促进了微结构的发展[43]。

1.3　银烧结技术

与钎焊不同，Ag 烧结是一种基于原子扩散的固态材料传输过程，该原子扩散是由总表面能或界面能的降低驱动的。起初材料是具有高表面能的纳米和微米尺寸的 Ag 颗粒。Ag 烧结工艺过程发生在低于材料熔点的温度下，该温度可以低至 0.38 的均一化温度（约 200℃）。在界面处，键合机制是在烧结的 Ag 和基底之间形成原子互扩散层。相反，钎焊是当焊料熔化成液态并与基板材料反应形成 IMC 时的过程。形成 IMC 的化学反应是键合的驱动源，这是在高于焊料熔点的温度下发生的。

1.3.1 烧结驱动力

Ag 烧结的驱动力是通过用低能晶界代替高能自由表面并最终通过晶粒生长消除晶界区域以减少吉布斯自由能来实现的。可以使用外部施加的压力来增强内在驱动力并消除残留的孔隙度，且不会导致晶粒过度生长。

高能自由表面是指位于粒子表面的原子，其能量比体相中的原子高。表面原子具有表面能，可以将其称为比表面能 γ（J/m^2）[44]。如果总表面积为 A（m^2），则总表面能为 γA（J）。比表面能归因于表面原子存在不饱和键，并且其随着表面曲率的增加（即粒径减小）而增加。实际上，由于 Ag 颗粒表面原子的不饱和键被有机稳定剂（又名封端剂）稳定化，因此可以生成稳定的银烧结膏。注意，这里使用术语"不饱和键"作为暂定定义。基本上，这意味着 Ag 表面是开放的，可以与其他材料进一步相互作用。

如图 1-4 所示，必须除去颗粒的稳定剂以暴露出 Ag 原子进行烧结。溶剂通常可以在加热时协助此过程。烤箱加热主要用于去除有机稳定剂。也可以使用其他局部加热方法，例如利用 UV[45, 46]、激光辐照[47, 48]、甚至不加热的离子诱导[49, 50]和溶剂交换[51, 52]工艺来去除稳定剂，为烧结工艺做初始化准备。

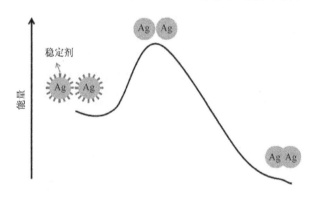

图 1-4　烧结工艺的初始化步骤示意图

烧结中基本上有两条途径可以降低总表面能（γA）。总表面能的减少可以表示为

$$\Delta(\gamma A) = \Delta\gamma A + \gamma\Delta A \tag{1-4}$$

第一条途径是由 $\Delta\gamma$ 引起的致密化，其中 Ag 与空气（或溶剂）或 Ag 晶界之间的界面减小，形成 Ag-Ag 键，它可以表征孔隙的去除。第二种途径是由 ΔA 引起的晶粒粗化，其中晶粒的生长导致总的孔表面积减少，并出现少量较大的孔和较大的晶粒，它可以表征孔隙的合并[53]。

表面原子的总不饱和键的量，即总表面能，决定了烧结驱动力的强度。这表明材料的总表面积（A）在烧结中也起着重要作用。众所周知，对于体积为 V_0 的固定数量的材料，当球形粒径 d 减小时，总表面积 A 会根据式（1-5）急剧增加。

$$A = \frac{6V_0}{d} \tag{1-5}$$

总表面积与粒径成反比，这也表明，烧结的驱动力与粒径成反比。式（1-5）可以利用图 1-5 进行描述。从图中可以看到，当粒径减小到一定水平时，总表面积急剧增加。这也解释了为什么可以使用纳米颗粒来增加驱动力并消除烧结过程中的加压工艺。

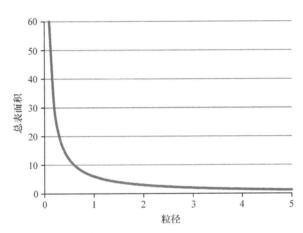

图 1-5　定材料体积条件下总表面积与粒径之间的关系

另一方面，当粒径增加到微米范围时，除了减小的颗粒曲率之外，减小的总表面积使驱动力太弱而无法实现合理的烧结。因此，如果将颗粒的粒径减小至微米范围内，则驱动力将变得非常弱。这就是为什么在糊剂配方中仅使用微米大小的 Ag 颗粒时需要压力来辅助烧结的原因 [54, 55]。

1.3.2　银烧结的过程

除去表面稳定剂后，相邻的颗粒开始通过表面和宏观路径彼此颈缩。假设采用两球烧结模型，这些传质路径如图 1-6 所示，表 1-4[53] 中也解释了详细信息。表面路径通常出现在烧结过程的初始阶段。宏观路径负责致密化，对于结晶材料，比如 Ag，它会通过晶界扩散、晶格扩散和粘性流动而致密化。

固态烧结过程中主要有三个重叠阶段。初始阶

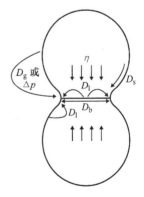

图 1-6　烧结过程中的物质传输

段的特征是表面原子扩散，颗粒之间会形成银颈，它们对致密致密化的贡献最大为 2% ~ 3% ；中间阶段的特征是致密化，达到相对密度的 93%，并且发生在孔隙分离之前；最后阶段包括孔分离后的烧结[53]。后两个阶段的物料输送路径包括减小颗粒间距离，这是通过宏观尺度的流动如黏性流或通过原子运动从晶界进行物料输送来实现的[56, 57]。

表 1-4　烧结过程中的物质传输机理[53]

物料传送机理		物质来源	物料下沉	相关参数
1. 晶格扩散		晶界	银颈	晶格扩散系数 D_1
2. 晶界扩散		晶界	银颈	晶界扩散系数 D_b
3. 黏性流动		块状晶粒	银颈	黏度 η
4. 表面扩散		晶粒面	银颈	表面扩散系数 D_s
5. 晶格扩散		晶粒面	银颈	晶格扩散系数 D_1
6. 气相传输	6.1 蒸发 / 冷凝	晶粒面	银颈	蒸气压差 Δp
	6.2 气体扩散	晶粒面	银颈	气体的扩散系数 D_g

图 1-7 所示为 Ag 烧结层在不同阶段的形态。从微观结构，例如孔隙率、孔径和晶粒尺寸演变，可以揭示两个基本烧结过程的平衡：从初始阶段到中间阶段，孔径增大，表明粗化起主要作用；从中间阶段到最终阶段，孔径减小，表明致密化过程占主导地位。

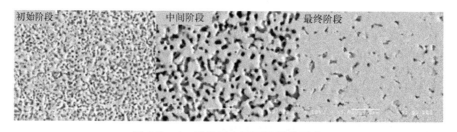

图 1-7　Ag 烧结层在不同阶段的形态

延长加热时间，提高烧结温度并使用较小的颗粒有利于在无压过程中获得高密度的烧结层。小颗粒每单位体积具有较高的能量，较大的表面积和较高的曲率。这些特性有助于加快烧结速度。式（1-6）中揭示了烧结对于尺寸效应对的经典处理方法，两个不同大小（d_1 和 d_2）的颗粒达到相同烧结度的时间（t_1 和 t_2）可以进行换算[58]：

$$t_2 = t_1 \left(\frac{d_2}{d_1} \right)^m \tag{1-6}$$

式中，指数 m 取决于烧结的运输过程，具体取值为 4（晶粒边界和表面扩散）、3（体积或晶格扩散）、2（蒸发 / 冷凝）和 1（塑性流动）。对于 Ag 烧结材料，如果假定具有晶界和表面扩散机理，则要实现相同程度的烧结，粒径的 2 倍差异可能会导致 16 倍的烧结时间和速率差异。

　　与微米级颗粒相比，Ag 纳米颗粒（Nanoparticle，NP）的烧结发生在低得多的温度下，并且除了表面扩散，晶界扩散之外，还可能受到机械旋转、塑性变形和蒸发 / 冷凝等机制的驱动以及晶格扩散[59]。在早前的研究工作中，对 Ag NP（4 ～ 20nm）进行了烧结[60]，显示出由于纳米级材料的较高扩散系数和较大的烧结驱动力而导致烧结速率提高，这是由较高的 NP 表面曲率引起的。在烧结的第二阶段，随着温度向烧结组织的表面预熔点升高，颈部与颗粒的半径比逐渐增加，并形成了孪晶边界。最后阶段的特征是液态烧结，并由表面预熔融驱动[60]。

1.3.3　银互扩散层的形成

　　Ag 烧结键的形成取决于烧结银与芯片 / 衬底的表面光洁度之间的界面反应。图 1-8 显示了在镀有 Ti/Ni/Au 的活性金属钎焊（AMB）Si$_3$N$_4$ 基板表面上烧结 3mm×3mm 镀有 Ti/Ni/Ag 的 Si 芯片时的温度曲线和以 30min 为间隔频率测得的焊层剪切强度[61]。在 60min 时，剪切强度达到 15MPa，大多数 Au 镀层的 AMB 表面仍未与烧结的 Ag 相互作用，特别是在中心区域，如图 1-9 所示。在 90min 时，剪切强度达到约 30MPa，烧结的 Ag 完全覆盖了 Au 镀层的 AMB 表面，表明粘接良好。这组实验证明基体表面粗糙度对于银烧结材料与基体表面镀层之间的充分相互扩散键合是至关重要的。

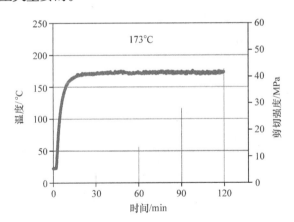

图 1-8　烧结工艺温度曲线以及当温度稳定到 173℃时，第 30min、60min、90min 和 120min 时刻的焊层剪切强度

　　如图 1-10 所示，通过 SEM 和 EDX 分析相互扩散形成的烧结层的致密性。在这种条件下，使用相似的 Au 表面粗糙度，但以 DBC 为基材。致密层厚度约为 500nm。烧结后样品层的组成为 65% Ag，25% Ni 和 10% Au[62]。结果表明，Ag 元素是从 Ag 烧结层扩散到烧结表面的 Au 层中的，而 Ni 则从基体沿相反方向扩散到 Ag 层。值得注意的是，随着 Ag 从烧结体相向界面扩散，界面附近可能会产生一个空的空间，这个空间也被称为"耗尽层"，其他一些学者也对此进行了观察和讨论[19, 20]。这种"耗尽层"的形成是我们不希望看到的，因为它是整个烧结层的最薄弱点，从而导致可靠性问题，而开发合适的 Ag 烧结浆料配方是解决此问题的关键。

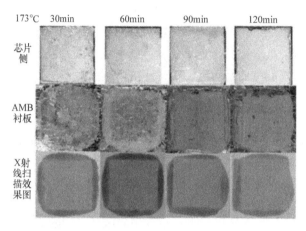

图 1-9　当温度稳定到 173℃时，不同烧结时间所对应的芯片侧和 AMB 衬板侧的烧结层剪切断面图以及 X 射线扫描效果图[61]

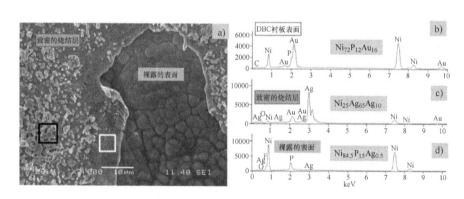

图　1-10
a）展示烧结层被剪切过后的 DBC 断面 SEM 效果图，图中有致密的烧结层以及裸露出来的 DBC 表面
b）原始 Au-DBC 衬板表面元素分析　c）致密层元素分析　d）裸露 DBC 部位的元素分析[62]

致密 Ag 层内的元素分布细节可通过横截面抛光制样和 EDX 分析进一步表征。图 1-11 所示为在有化镍浸金（ENIG）-Cu 界面上烧结 Ag 的分析示例。照片中数据重建后的点分析结果显示，在致密的 Ag 层中，P、Ni 和 Au 的含量逐渐降低，Cu 的含量几乎保持恒定，而 Ag 的含量持续增加，直至进入银相。注意，该元素变化规律表明致密层是由相互扩散引起的。

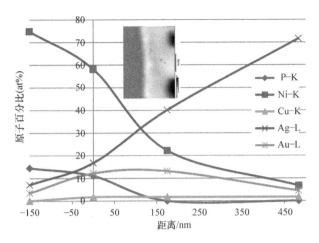

图 1-11　界面上 P，Ni，Cu，Au 和 Ag 的原子百分比从 ENIG Cu（坐标轴为负值）到烧结 Ag 层 Ag 相（坐标轴为正值）[61]

通常认为，Ag 烧结膏可以与贵金属表面镀层（例如 Au、Ag、Pt 和 Pd）形成良好的键合[23]。而对于工业应用中常见的 DBC 或直接键合铝（DBA）表面[23]，受其坚韧的氧化物层影响，很难形成良好的烧结效果。最近的发现表明，通过正确选择 Ag 浆，即使不对 Cu 模进行任何预处理，也可以在烧结 Ag 和 Cu 模之间产生良好的键合，烧结层的剪切强度为 35 ~ 55 MPa[3, 61]。但是，铜的氧化仍然是老化测试中需要解决的问题[61]。

1.3.4　老化过程中的微观结构演变

烧结层的热稳定性对于产品可靠性很重要。一种典型的测试是追踪老化过程中的微观结构演变。对于 Ag 烧结，烧结层的几个参数对于评估微观结构至关重要，包括孔隙率、孔径、孔的形状和分布以及晶粒尺寸。孔隙是固态烧结过程中颗粒之间的空位。它的形成取决于颗粒之间的颈缩和随后的颈长。颈部的形成在很大程度上取决于烧结温度，而延长保温时间和降低加热速率有利于颈部的生长[63]。孔径分布和形状是上述几种烧结条件的函数。研究发现较小的孔通常具有更大的球形形状，而较大的孔更不规则并且沿着空隙分离。提高烧结温度可以减少不规则孔的比例，而降低加热速率和延长保温时间则可以增加较小的球形孔的比例[63]。晶粒长大是热处理过程中正在进行的过程，晶粒长大的同时，孔径会随着孔数的减少而变大。图 1-12 显示了在 250℃烘箱中老化不同时间的烧结银层的 SEM（扫描电子显微镜）图像[3]。烧结后的连结层具有约 300nm 的平均孔径和约 1μm 的晶粒尺寸。老化 336h 后，孔尺寸急剧增加至 1.5μm，孔数量大大减少。此时，晶粒尺寸也增加到 5μm 左右。出乎意料的是，将样品进一步老化至 3200h 并没有改变 Ag 烧结层的形态。在此期间，烧结层的剪切强度保持在 70MPa 左右。

一个值得注意的发现是，在此期间，在有 ENIG 表面金属化处理的 DBC 一侧，非常致密的 Ag 层变得更厚，这表明烧结的 Ag 与 DBC 之间的界面相互作用对于稳定烧结层起着至关重要的作用。在 250℃老化过程中，随着该层变厚，来自 DBC 的 Cu 原子也扩散到该层中。元素平均组成为 85%～98% Ag，1%～5% Ni，1%～5% Cu 和 0%～5% Au。请注意，此组成只是平均测量结果，与 IMC 不对应[62]。

致密 Ag 层的生长动力学可以通过绘制在 250℃下厚度数据与 $t^{1/2}$（其中 t 是老化时间）的关系来表征，如图 1-13 所示。通过线性回归分析发现，$t^{1/2}$ 的相关系数（R^2）为 0.95，这表明主要的微观结构演变机制是体积扩散过程。为了进行比较，图中还包括了一系列含锡焊料的金属间生长数据[64]。注意，金属间化合物的生长速度比致密的烧结银层要快得多。例如，在 100℃下 50Sn-50In 的生长速率已经略高于 250℃下烧结 Ag 层的生长速率。

金属间化合物的形成表明良好的润湿性和粘接性。但是，在老化条件下，金属间化合物的过度生长及其脆性可能会损害接头的可靠性，并会在变形过程中引发失效。另外，该层非常坚硬，甚至难以适应由于热膨胀系数（CTE）不同的材料的约束而产生

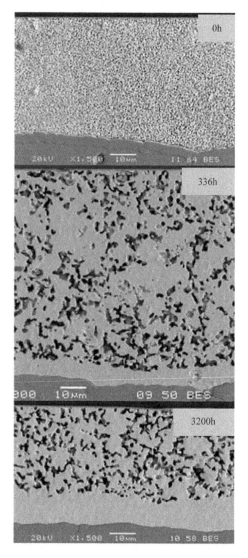

图 1-12　在 250℃老化不同时间后的 Ag 烧结层 SEM 影像（表面镀银的 Si 芯片烧结在 ENIG-DBC 上）

的机械应变。而 Ag 烧结中观察到的性质则不同。对于 Ag 烧结层，假定粘接线的厚度足够厚（>50μm），界面处致密 Ag 层的生长实际上有助于提高粘接可靠性，因为它增强了界面相互作用，反而能弥补 Ag 烧结的薄弱点。

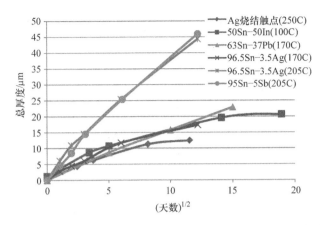

图 1-13   不同温度时效条件下 Ag 烧结层与含锡钎料在致密层厚度生长速率的比较

1.4   银烧结与常用软钎焊材料的性能比较

从前面的讨论中可以看出，Ag 烧结工艺与软钎焊工艺有很大不同。表 1-5 总结了两者工艺过程中的主要不同点。

表 1-5   在 Ag 烧结工艺和软钎焊工艺过程中形成连接层的主要过程

事项	银烧结	软钎焊
初始步骤	溶剂蒸发，稳定剂燃尽或从 Ag 颗粒表面去除，基体润湿	溶剂蒸发，助焊剂流动，基体和焊料颗粒表面助熔剂
体相反应	Ag 粒子间的表面原子扩散，颈缩形成，孔隙形成连通通道，晶格和晶界扩散，致密化，孔隙隔离	焊料粉末熔化，溶质沉淀，在凝固过程中形成固溶体
界面反应	在 Ag 烧结和基底之间的原子间扩散形成致密的银层	基底原子溶解于焊料液体中，形成过饱和层，界面金属化合物形成；金属间化合物生长；或新的金属间化合物形成
时效下的微观组织演变	晶粒生长，孔隙增大，致密层变厚，耗尽层形成	粗化、析出相生长、金属间化合物生长，不同 IMC 的固相扩散，Kirkendall 效应

由于形成机理的不同，烧结和软钎焊的工艺条件也不同。例如，对于 Ag 烧结，由于需要烧掉 Ag 颗粒表面的表面稳定剂，因此优选在通风条件下进行处理，而在惰性气体下进行处理是焊接的更好选择，因为需要防止在接合过程中焊料氧化。另一个特点是，焊膏通常具有自对准能力，也就是说，当印刷焊膏的面积大于 Cu 片下面的面积时，回流焊接过程中，焊球将仅塌陷以润湿焊接面，并在 Cu 片上形成焊层。但是，如果使用 Ag 烧结膏，由于 Ag 颗粒不熔化，它不会崩塌，

烧结后的面积与之前印刷的面积相比将会非常相似或略小一些。表 1-6[65] 显示了不同高温粘接材料的物理和机械性能以及其他性能之间的比较。

表 1-6   潜在的高温无铅焊接材料

| 材料 | 物理和机械性能 | | | | | 形式 | | | 成本 |
	熔点/℃	抗剪强度（室温）/MPa	抗剪强度（200℃）/MPa	电阻率/（μΩ·cm）	热导率/[W/(m·K)]	焊膏	焊丝	焊料粗加工	相对于Pb5Sn2.5Ag
Pb5Sn2.5Ag	296	28	7.5	19	23	是	是	是	1
ZnAl	> 360	120	70	7.50	100	否	是	是	0.2 ~ 1
BiAgX®	> 260	45	22	86.00	14	是	是	是	2 ~ 5
AuSn	280	130	100	16.40	59	是	是	是	>2000
TLP 焊接	> 300	20 ~ 40	20 ~ 40	—		是	否	是	不确定
Ag 烧结	961	20 ~ 80	20 ~ 40	5	>100	是	否	是	>40

1.5   烧结银的孔隙率

根据前文论述，Ag 烧结的结合方式不可避免地会产生一些气孔，由于这些气孔存在于体烧结相和界面，故会在很多方面影响连接性能。本节将探究孔隙率是如何影响 Ag 烧结的电热机性能的。这些性能可能会进一步影响诸如热传递效率、机械应力释放等预期功能，从而使得互连结构的可靠性和性能发生变化。

1.5.1   孔洞和气孔的定义说明

在焊接材料领域，"孔洞（void）"和"气孔（pore）"这两个概念通常可以互换：它们指的是存在于连接处的气泡。对于 Ag 烧结材料，在致密化与晶粒粗化过程中颗粒间的原子扩散会产生气孔。孔隙率的定义为气孔所占的百分比。气孔存在于各个连接处，而且它们的尺寸范围从纳米到微米，分辨率为 10 ~ 20μm，所以很难被 X 射线扫描设备所探测到。孔洞和气孔的形成机理相似，是在焊接材料处观察到的大气泡，孔洞的尺寸范围从微米到毫米不等，所以是能够被一般的 X 射线设备观察到的。

1.5.2   孔洞的形成及影响因素

因为烧结 Ag 膏和焊膏的粘接方式相似，所以它们的孔洞形成机理也是相似的。当然，由于焊料在焊接过程中会融化，故它们同样存在差异。电子工厂通常使用焊料作为粘接材料。数十年来，连接处的孔洞一直是一个很严重的问题，并且也得到了广泛的研究。在 SMT、BGA、CSP 和倒装芯片等各种组件中，随着小型化的不断发展，由于微小焊层具有易损、容量小的特点，孔洞的影响进一步加重[67]。随着全球的锡铅焊接转为无铅焊接，这种情况变得更加糟糕，这主要是由于无铅合金的润湿性差导致的。除此之外，由于考虑到低损耗以及各种可靠性问题，在 BGA 装配过程中，表面贴装组件经常面临复杂的混合焊料合金系统。这包括在焊锡球和锡膏之间的共晶 Sn-Pb、低含量 Ag、高含量 Ag 和 SnAgCu 的结合。这种混合焊料合金系统已经经历了孔洞的主要问题。

以下几种情况可能导致孔洞的产生：

1）焊料在固化过程中的收缩；

2）层压板在焊接过程中泄压；

3）助焊剂残留；

4）受到焊膏成分的影响（最关键）[68-71]。

详细的研究表明，孔洞中并没有有机物残留，因此孔洞是助焊剂或者助焊剂的反应泄压导致的。在冷却时蒸气凝结形成孔洞。一些文献中的实验表明，孔洞率随着助焊剂活性的增加而下降，意味着助焊剂的反应并不是导致孔洞产生的主要来源。这项实验同样表明残留在粉末或者衬板表面氧化层的助焊剂是造成孔洞的主要原因。这项实验也验证了衬板良好的可焊性能够减少空洞率的理论[69]。

在焊接过程中有许多因素可以影响孔洞的产生。在表 1-7 中列举了一部分。读者可以查阅本章参考文献 [67] 了解详细的信息。对于烧结 Ag 膏，由焊接材料特性得到的影响因素也是适用的。如图 1-14a 所示，由 35℃/min 的加热速度下焊层形成的 X 射线图像可以看到孔洞的尺寸范围为 20～230μm。当把加热速度降低到 3℃/min，避免溶剂快速蒸发以及获得无孔洞的烧结焊层是可能的（见图 1-14b）[61]。

表 1-7　焊层形成过程中孔洞的影响因素 [67]

影响因素	评论和结果
助焊剂活性	助焊剂活性高导致高润湿能力，从而减少孔洞
助焊剂挥发性	孔隙率随溶剂沸点的降低而增加
球状合金类型	SnPb 比高铅合金更加敏感
球体氧化程度	孔洞随着球氧化程度的增加而增加
焊料粉末大小	孔洞随着粉末粒度的减小而则增加
金属负载	由于氧化水平的增加，孔洞随着金属负荷的增加而增加
黏度	高黏度导致较低的孔洞率
焊膏暴露时间	氧化和吸湿导致孔洞增加
焊盘尺寸	孔洞随着焊盘尺寸的增加而增加
焊盘表面保护层	孔洞按照 Ni/Au、HASL、OSP、Ni/Pd、含有闪金的 Ni/Pd 的顺序依次增加

（续）

影响因素	评论和结果
焊盘氧化程度	孔洞随着焊盘氧化程度的增加而增加
基板焊盘设计	由于孔洞释放困难，孔洞在焊盘中的通孔和微孔设计中增加
零件质量	筒体电镀不当，导致高孔隙率的挥发性物质吹焊
沉积厚度	由于高通量的能力，沉积越厚，孔隙越少
焊层 / 衬板之间的界面	由于最小的表面能量需求，孔洞一般粘附在界面上
回流曲线	剖面长度的增加导致了更高的孔洞率
回流气氛	氮气回流比空气回流产生更少的孔洞

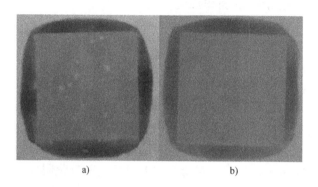

a)　　　　　　　　　　　　　b)

图 1-14　有孔洞和无孔洞的 Ag 烧结连接处 X 射线图像（模具尺寸为 3mm×3mm）

a）有空洞　b）无空洞

对比大部分 Ag 金属，Ag 烧结最大的不同是它会以孔洞或者气孔的方式含有空气。有时候，还会存在裂缝，我们也可以把它们归入孔洞一类。根据焊接材料的大量经验，孔洞通常可以通过研究调查来避免。然而另一方面，气孔无法消除，我们所能做的就是将其减少到最低限度。

1.5.3　孔隙率测定

理解孔隙率以及它对 Ag 烧结材料的影响是材料可靠性和应用的关键。第一个问题是如何测量孔隙率。在前文的论述中，由于孔洞（v）和孔隙率（p）是存在于烧结银相内的空气体积，故它们与密度（ρ）相关，公式如下：

$$p+v=1-\frac{\rho}{\rho_0} \tag{1-7}$$

式中，ρ_0 为 Ag 的体积密度。

假设能够完全消除孔洞，那么连接处的孔隙率可以表示为

$$p=1-\frac{\rho}{\rho_0} \tag{1-8}$$

如果 Ag 烧结形成了一个规律的形状，那么空气体积就可以被准确地测量，然后通过样品的重量体积比，可以很容易地计算出其密度。对于不规整的形状，可以通过阿基米德原理获得其体积。然而，通常需要较大的样本量来减少测量的误差。

另一种表征孔隙率的方法是通过烧结 Ag 相的横截面图像实现的。由于 SEM 只能观测到样品非常有限的区域，所以使得这种方法的成功有几个先决条件：

1）样品的孔隙应该均匀分布在整个连接层，这样所采样的小区域才能够表征整个区域。否则，应该对不同孔隙率的各个区域分别表征并进行数值计算。

2）SEM 图像通常捕获样品的一个横切平面；该平面内的孔隙面积分数是否代表三维孔隙体积分数是另一个需要考虑的问题。聚焦离子束扫描电镜（FIB-SEM）三维成像实验表明，孔隙表面分数与孔隙体积分数之间的差异可高达 6%~10%[72, 73]。

3）在横截面制样过程中，由于研磨、抛光等原因，Ag 容易被涂抹到孔隙中，孔隙通常较小或者难以分辨，并且需要进行离子磨粉或 FIB 处理才能获得正确的孔隙率。

除了以上提及的方法，还有一些其他的方法来表征孔隙率，包括纳米级 X 射线计算机断层扫描（nano-CT）[73, 74]、超声波[75, 76]或者化学置换法[77]。然而，对 Ag 烧结连接层的研究还很少。我们注意到有一项工作是针对此课题的[78]，孔隙表面分数与密度的关系如图 1-15 所示。由于研究人员对样品进行了仔细处理，以消除烧结过程中任何孔洞的形成，因此密度和孔隙率之间的关系可能符合式（1-7）（见图 1-15 中的深色线）。然而，研究表明了数据和计算公式之间的差异。这种差异有两种可能来解释：

1）如果表面孔隙率代表了材料的实际孔隙率，那么测量的密度小于真实值。

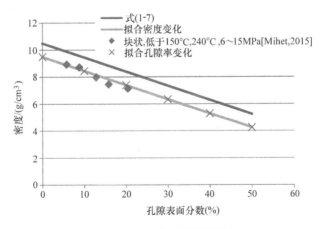

图 1-15　密度与孔隙表面分数

2）如果密度是真实的，那么测量的表面孔隙率会普遍小于实际孔隙率。如果在样品制样过程中没有使用离子铣削、FIB 或化学刻蚀等工艺，则后一种解释似乎更可能发生。

1.5.4 孔隙率对机械性能的影响

Ag 连接层的可靠性对工业应用至关重要，因此针对不同的应用，设计了不同的可靠性测试。例如，这些测试可以是温度循环（用于测试热机械性能）、功率循环（模拟真实工况条件）、热冲击（CTE 错配容差）、振动测试（用于自动化应用）、跌落测试（用于移动设备应用）和热老化测试（用于高温操作）。连接层由块状烧结 Ag 和两个界面组成，即银和组件（半导体芯片如 Si 芯片或 SiC 芯片）之间以及 Ag 和衬板（例如 DBC、AMB 陶瓷或者覆铜层）之间的界面。这三部分是耦合在一起的，并且它们的应力是平衡的，以通过可靠性测试。首先研究了块状 Ag 烧结连接层的机械性能；因此，在进行可靠性实验之前，需要了解孔隙率对机械性能的影响。

1. 弹性模量

弹性模量或杨氏模量（E）描述了拉伸弹性，或物体在沿轴受力时沿轴变形的趋势。弹性模量是评估电力电子器件寿命的重要参数之一。正如我们所知道的，芯片焊接设备含有不同 CTE 系数的材料，在高温运行下会产生热应力，银烧结焊层应具有足够的弹性，以适应这种热应力。

为了进行模量测试，采用了不同的方法来制备样品，要么先将干燥的 Ag 膏磨成 Ag 粉，然后在加热条件下对 Ag 粉加压[79]，要么通过反复刷 Ag 膏和干燥的过程，然后在压力下将其烧结在一起[78, 80-82]。测量采用动态共振光谱[78-81]或者应力测试[82]。不同试样的弹性模量以及孔隙率数据汇总如图 1-16 所示。总的趋势非常明显，即弹性模量随着孔隙率的增大而减小。然而，数据也存在一定的离散性。例如，当弹性模量为 35GPa 时，孔隙率在 20%～30% 的范围内波动。由 Ondracek 和 Ramakrishnan 提出的两种理论计算见式（1-9）和式（1-10），两个公式都根据孔隙率 p、Ag 的一般弹性模量 E_{Ag}、泊松比 V_{Ag} 来计算弹性模量 E。

$$E = E_{Ag} \frac{3(3-5p)(1-p)}{9-p(9.5-5.5V_{Ag})} \tag{1-9}$$

$$E = E_{Ag} \frac{(1-p)^2}{1+p(2-3V_{Ag})} \tag{1-10}$$

这两条拟合曲线如图 1-16 所示。Ramakrishnan 的模型似乎与数据更加符合。

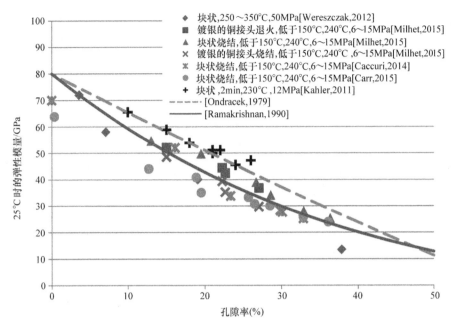

图 1-16　不同参考文献制备的银烧结材料的弹性模量与孔隙率（彩图见插页）

一个值得关注的发现是，当对独立 Ag 烧结和 Cu 层的杨氏模量进行比较时，Cu 层的杨氏模量基本上比 Ag 烧结低（约 10% ~ 20%）；在 200℃下退火 4h 可以使其恢复。因此，可以通过杨氏模量来检测热应力。

2. 屈服强度

屈服强度或屈服应力是定义为材料开始塑性变形时的应力的材料属性。这个参数很重要，因为它表明了连接层发生永久损伤的时间。在温度循环实验中，如果连接层的热机械应力超过这个值，应力就会逐渐积累，从而对接头造成损伤。孔隙率对银焊层屈服强度的影响如图 1-17 所示。

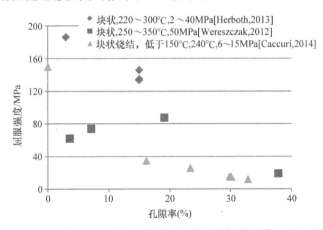

图 1-17　不同参考文献中室温条件下银烧结材料的屈服强度和孔隙率

总的来说，屈服强度随着孔隙率的增大而减小。在低孔隙率处，屈服强度从 60MPa[79] 到 180MPa[85] 之间变化，这取决于材料和制造工艺。当孔隙率大于 20% 时，屈服强度下降到 20MPa 左右[80]。

3. 应力失效

应力失效表征了焊层如何在温度循环或冲击等恶劣条件下承受机械运动。当孔隙率从 0 变化到 3% 时，失效率下降到原来的一半以下，并随着孔隙率的增加，失效率继续降低，如图 1-18 所示[80,85,86]。此时，优先选择孔隙率接近本体的材料。采用指数拟合，在高孔隙率范围（>15%）内拟合良好，但在低孔隙率范围内偏离拟合曲线。

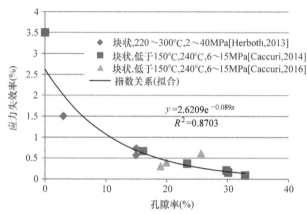

图 1-18　不同参考文献中银烧结的应力失效率与孔隙率

4. 极限抗拉强度

极限抗拉强度（Ultimate Tensile Strength，UTS），或称极限强度，是材料或结构对倾向于拉长的载荷的承受能力。这个参数对判断连接层性能也很重要，从图 1-19 中可以看出，孔隙率增加 1% 将使 UTS 降低约 7 MPa[80, 86]。

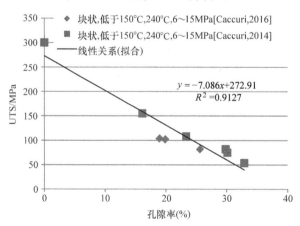

图 1-19　不同参考文献中银烧结材料的 UTS 与孔隙率

5. 热膨胀系数（CTE）

根据本章参考文献 [79] 中的数据，CTE 不随孔隙率的变化而改变。不同孔隙率 Ag 的 CTE 平均值为 20ppm[⊖]/℃。

6. 泊松比

如图 1-20 所示，泊松比随着孔隙率的增加线性降低[79]。

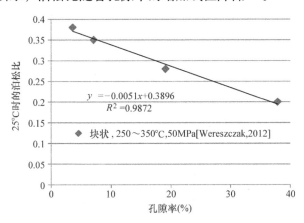

图 1-20　泊松比与孔隙率 [79]

1.5.5　孔隙率对热导率的影响

多个对孔隙率与热导率关系的研究结果如图 1-21 所示 [72, 79, 87]。从图 1-21 可以看出，材料的热导率随着孔隙率的增加而降低。这清楚地说明了热能是通过电子在 Ag 材料中传递的，而气孔的存在限制了热传递通道。

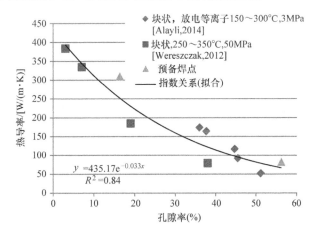

图 1-21　不同参考文献中的热导率和孔隙率

⊖　ppm，即 parts per million，意为百万分之一，后文同。

气孔的形状同样影响热导率，其关系如图1-22所示[88]。球形气孔是高导热性的理想气孔形状，而饼形气孔则严重降低导热性。

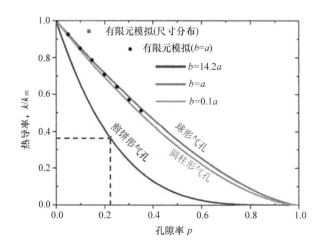

图1-22 不同气孔形状下的热导率和孔隙率（彩图见插页）

1.5.6 孔隙率对电导率的影响

电导率与材料中的电子有关。金属内部充满了大量的自由电子，它们漫无目的地移动。当在导体两端施加电场时，这些自由电子就会朝着电场力的方向冲去，从而形成电流。因此，电导率与电子传到通道的数量直接相关。孔隙率限制了电子传导通道的可用率，从而降低了电导率。不同文献对比的总结如图1-23所示[72, 79, 87, 89]。

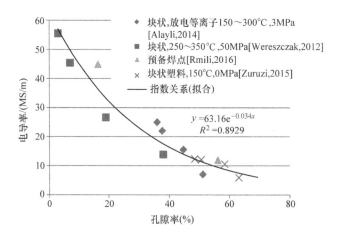

图1-23 不同银烧结参考文献中的电导率与孔隙率

对烧结 40nm 级别的纳米颗粒 Ag 膜的研究表明，测得的电导率与厚度减小程度和致密程度有关，即导电通道的形成与之有关[90]。另一项使用 3 ~ 10nm 级别的纳米颗粒的研究也表明，当完全除去表面稳定剂时，电导率增加了 3 个数量级以上，说明了导电通道的重要性[91]。

1.6　总结与结论

在全球无铅电子领域，Ag 烧结材料是替代高铅焊料作为连接材料的充满前景的候选材料之一，特别是在混动和电动汽车、高速列车、飞机/航空、深井石油/天然气开采等需要在 200℃恶劣条件下工作的应用。机理研究表明，Ag 烧结材料和钎焊材料是截然不同的材料。银烧结的形成机理是颗粒表面能的还原，它通过固态原子传输，如各种扩散和黏性流动过程。非化学计量相互扩散层是通过 Ag 和连接面金属化层之间的相互原子扩散产生的。相比之下，焊点是通过熔化的焊层和连接面之间的冶金相互作用形成的，焊点凝固后，在界面处通常观察到化学计量的金属间化合物。Ag 烧结连接处具有固有的孔隙率，影响其弹性模量、屈服强度、应力失效、极限抗拉强度、泊松比等机械性能，并影响其热导率和电导率。与焊点相比，Ag 烧结材料具有良好的热学性能和电学性能。其成本比高铅焊料高，但比含金焊料便宜得多。Ag 烧结材料在工业应用的未来发展方向有以下几个方面：利用回流焊炉开发无压条件下的烧结材料，以"直接"代替高铅材料；烧结材料可以在铜表面结合，进一步降低购置成本；通过高温储存、温度循环和功率循环实验以控制烧结连接层的孔隙率，实现高可靠性。

致谢

非常感谢李宁成博士在本章写作过程中的支持。张宏文博士执笔 1.2 节；其余内容由陈思海博士撰写。

参考文献

1. C. Buttay, D. Planson, B. Allard, D. Bergogne, P. Bevilacqua, C. Joubert, M. Lazar, C. Martin, H. Morel, D. Tournier, C. Raynaud, State of the art of high temperature power electronics. Mater. Sci. Eng. B: Solid-State Mater. Adv. Technol. **176**(4), 283–288 (2011)
2. R. Kirschman, *High Temperature Electronics* (IEEE press, New York, 1999)
3. S. Chen, C. LaBarbera, N.C. Lee. Silver sintering paste rendering low porosity joint for high power die attach application. *IMAPS Conference & Exhibition on HiTEN* (Albuquerque, NM, 2016), pp. 237–245
4. M. Knoerr, S. Kraft, A. Schletz, Riliability assessment of sintered nano-silver die attachment for power semiconductors. *12th Electronics Packaging Technology Conference*, 2010. pp. 56–61
5. E. Bradley, C.A. Handwerker, J. Bath, R.D. Parker, R.W. Gedney, *Lead-Free Electronics* (John Wiley & Sons, Hoboken, 2007)

6. J.G. Bai, Z.Z. Zhang, J.N. Calata, G.-Q. Lu, Low-temperature sintered nanoscale silver as a novel semiconductor device-metallized substrate interconnect material. IEEE Trans. Compon. Packag. Technol. **29**(3), 589–593 (2006)

7. Y. Mei, T. Wang, X. Cao, G. Chen, G.-Q. Lu, X. Chen, Transient thermal impedance measurements on low-temperature-sintered nanoscale silver joints. J. Electron. Mater. **41**, 3152–3160 (2012)

8. G. Chen, L. Yu, Y. Mei, X. Li, X. Chen, G.-Q. Lu, Uniaxial ratcheting behavior of sintered nanosilver joint for electronic packaging. Mater. Sci. Eng. A **591**, 121–129 (2014)

9. V.R. Manikam, K.Y. Cheong, Die attach materials for high temperature applications: a review. IEEE Trans. Compon. Packag. Manuf. Technol. **1**, 457–478 (2011)

10. S. Fu, Y. Mei, G.-Q. Lu, X. Li, G. Chen, X. Chen, Pressureless sintering of nanosilver paste at low temperature to join large area ($\geq$100 mm^2) power chips for electronic packaging. Mater. Lett. **128**, 42–45 (2014)

11. J.F. Yan, G.S. Zou, A.P. Wu, J.L. Ren, J.C. Yan, A.M. Hu, Y. Zhou, Pressureless bonding process using Ag nanoparticle paste for flexible electronics packaging. Scr. Mater. **66**, 582–585 (2012)

12. H. Schwarzbauer, Method of securing electronic components to a substrate. 4810672 United States, 1987

13. H. Schwarzbauer, R. Kuhnert, Novel large area joining technique for improved power device performance, in *Conference Record of the 1989 I.E. Industry Applications Society Annual Meeting*, (IEEE, New York, 1989), pp. 1348–1351 (2016)

14. H. Schwarzbauer, R. Kuhnert, Novel large area jointing technique for improved power device performance. IEEE Ind. Appl. Soc. Annu. Meet. **27**, 93–95 (1991)

15. C. Gobl, J. Faltenbacher, Low temperature sinter technology die attachment for power electronic applications. *Proceedings of 6th International Conference on Integerated Power Electronic Systems* (Nuremburg, Germany, 2010), pp. 1–5.

16. H. Zheng, J. Calata, K. Ngo, S. Luo, and G.-Q. Lu. Low-pressure (<5 MPa) low-temperature joining of large-area chips on copper using nanosilver paste (Nuremberg, Germany, 2012), CIPS 2012. p. Paper12.3

17. J.G. Bai, G-Q Lu, Thermomechanical reliability of low-temperature sintered silver die attached SiC power device assembly. IEEE. T. Device Mat. Re. **6**, 436–441 (2006)

18. T. Wang, M. Zhao, X. Chen, G.Q. Lu, K. Ngo, S. Luo, Shrinkage and sintering behaviorof a low-temperature sinterable nanosilver die-attach paste. J. Electron. Mater. **41**(9), 2543–2552 (2012)

19. F. Yu, R.W. Johnson, M. Hamilton, Pressureless, low temperature sintering of micro-scale silver paste for die attach for 300 °C applications. *IMAPS Conference & Exhibition on HiTEN*, 2014. pp. 165–171

20. G. Lewis, G. Dumas, S.H. Mannan, Evaluation of pressure free nanoparticle sintered silver die attach on silver and gold surface. *IMAPS Conference & Exhibitionon HiTEN*, 2013. pp. 237–245

21. K.S. Siow, Are sintered silver joints ready for use as interconnect material in microelectronic packaging? *J. Electron. Mater.* **43**, 947–961 (2014)

22. K.S. Siow, Mechanical properties of nano-Ag as die attach materials. J. Alloys Compd. **514**, 6–19 (2012)

23. K.S. Siow, Y.T. Lin, Identifying the development state of sintered silver (Ag) as a bonding material in the microelectronic packaging via a patent landscape study. J. Electron. Packag. **138**, 020804-1–020804-13 (2016)

24. R. Khazaka, L. Mendizabal, D. Henry, Review on joint shear strength of nano-silver paste and its long-term high temperature reliability. J. Electron. Mater. **43**(7), 2459–2466 (2014)

25. G. Humston, D. Jacobson, Principles of soldering and brazing. Materials Park, OH, USA: ASM International, 1993

26. A. Rahn, *The Basics of Soldering* (John Wiley & Sons, New York, 1993)

27. D. Shangguan, *Lead-free Solder Interconnection Reliability* (ASM International, Materials Park, 2005)

28. M. Thomas, Die-attach materials and processes – a lead-free solution for power and high-power applications. Adv. Packag. **30**, 32–34 (2007)

29. F.P. McCluskey, M. Dash, Z. Wang, D. Huff, Reliability of high temperature solder alternatives. Microelectron. Reliab. **46**, 1910–1914 (2006)
30. X. Xie, X. Bi, G. Li, Thermal-mechanical fatigue reliability of PbSnAg solder layer of die attachement for power electronic devices. *2009 International Conference on Electronic Packaging Technology & High Density Packaging* (IEEE Xplore, 2009), pp. 1181–1186
31. I. Okamoto, T. Yasuda, Selection of optimum Cu content in Cu bearing tin-lead solder. Transaction of JWRI, 1986. pp. 245–252
32. K.N. Tu, K. Zeng, Tin–lead (SnPb) solder reaction in flip chip technology.Material Science and Engineering Report, 2001. pp. 1–58
33. E.A. Moelwyn-Hughes, *The Kinetics of Reactions in Solution* (Oxford University Press, London, 1947)
34. M. Schaefer, W. Laub, R.A. Fournelle, J. Liang, *Design and Reliability of Solders and Solder Interconnections* (The Minerals, Metals & Materials Society, Orlando, 1997), pp. 247–257
35. F. Bartels, J.W. Morris, G. Dalke Jr., W. Gust, Intermetallic phase formation in thin solid-liquid diffusion couples. J. Electron. Mater. **23**, 787–790 (1994)
36. Y. Wu, J.A. Sees, C. Pouraghabagher, L.A. Foster, J.L. Marshall, E.G. Jacobs, R.F. Pinizotto, The formation and growth of intermetallic in composite solder. J. Electron. Mater. **22**, 769–777 (1993)
37. D.F. Frear, P.T. Vianco, Intermetallic growth and mechanical behavior of low and high melting temperature solder alloys. Metall. Mater. Trans. A. **25**, 1509–1513 (1994)
38. C.E. Ho, S.C. Yang, C.R. Kao, Interfacial reaction issues for lead-free electronic solders. J. Mater Sci. Electron. **18**, 155–174 (2007)
39. T. Laurila, V. Vuorinen, J.K. Kivilahti, Interfacial reactions between lead-free solders and common base materials. Mater. Sci. Eng. R **49**, 1–60 (2005)
40. G. Zeng, S. McDonald, K. Nogita, Development of high-temperature solders: Review. Microelectron. Reliab. **52**, 1306–1322 (2012)
41. L.P. Lehman, Y. Xing, T.R. Bieler, E.J. Cotts, Cyclic twin nucleation in tin-based solder alloys. Acta Mater. **58**, 3546–3556 (2010)
42. T.K. Lee, T.R. Bieler, C.U. Kim, H.T. Ma, *Fundamentals on Lead-free Solder Interconnect Technology from Microstructures to Reliability* (Springer, London, 2015)
43. T.H. Courtney, *Mechanical Behavior of Materials* (Waveland Press, Long Grove, 2005)
44. L. Vitos, A. Ruban, H.L. Skriver, J. Kollar, The surface energy of metals. Surf. Sci. **411**(1), 186–202 (1998)
45. E.C. Garnett, W.S. Cai, J.J. Cha, F. Mahmood, S. Connor, M.G. Christoforo, Y. Cui, M.D. McGehee, M.L. Brongersma, Self-limited plasmonic welding of silver nanowire junctions. Nat. Mater. **11**(3), 241–249 (2012)
46. M. Hosel, F.C. Krebs, Large-scale roll-to-roll photonic sintering of flexo printed silver nanoparticle electrodes. J. Mater.Chem. **22**(31), 15683–15688 (2012)
47. M.K. Kim, H. Kang, K. Kang, S.H. Lee, J.Y. Hwang, Y. Moon, S.J. Moon, Laser Sintering of Inkjet-Printed SilverNanoparticles on Glass and PET Substrates. *10th IEEE Conference onNanotechnology (IEEE-NANO)* (IEEE, New York, 2010), pp. 520–524
48. H. Huang, M. Sivayoganathan, W. Duley, Y. Zhou, Efficient localized heating of silver nanoparticles by low-fluence femtosecond laser pulses. Appl. Surf. Sci. **331**, 392–398 (2015)
49. S. Magdassi, M. Grouchko, O. Berezin, A. Kamyshny, Triggering the sintering of silver nanoparticles at room temperature. ACS Nano **4**, 1943–1948 (2010)
50. M. Grouchko, A. Kamyshny, C.F. Mihailescu, D.F. Anghel, S. Magdassi, Conductive inks with a "Built-in" mechanism that enables sintering at room temperature. ACS Nano **5**(4), 3354–3359 (2011)
51. D. Wakuda, M. Hatamura, K. Suganuma, Novel method for roomtemperature sintering of Ag nanoparticle paste in air. Chem. Phys. Lett. **441**(4–6), 305–308 (2007)
52. D. Wakuda, K.S. Kim, K. Suganuma, Room temperature sinteringof Ag nanoparticles by drying solvent. Scr. Mater. **59**, 649–652 (2008)
53. S.-J.L. Kang, *Sintering: Densification, Grain Growth and Microstructure* (Elsevier, 2005)
54. P. Peng, A.M. Hu, A.P. Gerlich, G.S. Zou, L. Liu, Y.N. Zhou, Joining of silver nanomaterials at low temperatures: Processes, properties, and applications. ACS Appl. Mater. Interfaces **7**, 12597–12618 (2015)

55. J.K. Mackenzie, R. Shuttleworth, A phenomenological theory of sintering. Proc. Phys. Soc. Sect. B **62**(12), 833–852 (1949)
56. J. Frenkel, Viscous flow of crystalline bodies under the action of surface tension. J. Phys. (USSR) **9**, 385–391 (1945)
57. V. Tikare, M. Braginsky, D. Bouvard, A. Vagnon, Numerical simulation of microstructural evolution during sintering at the mesoscale in a 3D powder compact. Comput. Mater. Sci. **48**, 317325 (2010)
58. C. Herring, Effect of change of scale on sintering phenomena. J. Appl. Physiol. **21**, 301–303 (1950)
59. Q. Jiang, F.G. Shi, Size-dependent initial sintering temperature of ultrafine particles. J. Mater. Sci. Technol. **14**, 171172 (1998)
60. H.A. Alarifi, M. Atis, C. Özdoğan, A. Hu, M. Yavuz, Y. Zhou, Molecular dynamics simulation of sintering and surface premelting of silver nanoparticles. Mater. Trans. **54**(6), 884–889 (2013)
61. S. Chen, C. LaBarbera, N.C. Lee, Low temperature sinterable silver paste for high power die attach application. *Proceedings of the International Conference on Soldering & Reliability,* SMTA, Markham, 2017
62. S. Chen, C. LaBarbera, N.C. Lee, *Pressure-less* silver sintering pastes for low porosity joint and large area dies. *Proceedings of SMTA International* (Rosemont, IL, 2016), pp. 379–387
63. S. Fu, Y. Mei, X. Li, P. Ning, G.-Q. Lu, Parametric study on pressureless sintering of nanosilver paste to bond large area (≥100 mm2) power chips at low temperatures for electronic packaging. J. Electron. Mater. **44**, 3973–3984 (2015)
64. D.R. Frear, P.T. Vianco, Intermetallic growth and mechanical behavior of low and high melting temperature solder alloys. Metall. Mater. Trans. A. **25A**, 1509–1603 (1994)
65. S.P. Lim, B.H. Pan, H.W. Zhang, W. Ng, B. Wu, K.S. Siow, S. Sabne, M. Tsuriya, High-temperature Pb-free die attach material project phase 1: Survey result, in *2017 International Conference on Electronics Packaging (ICEP)*, (IEEE, Yamagata, 2017), pp. 51–56
66. D.J. Green, O. Guillon, J. Rodel, Constrained sintering: A delicate balance of scales. J. Eur. Ceram. Soc. **28**(7), 1451–1466 (2008)
67. N.-C. Lee, *Reflow Soldering Processing and Troubleshooting SMT, BGA, CSP, and Flip Chip Technologies* (Newnes, 2001), pp. 127–133
68. N.-C. Lee, G.P. Evans, Solder paste – meeting the SMT challenge, 1987. SITE Magazine
69. W.B. Hance, N.C. Lee, Voiding mechanisms in SMT, in *China Lake's 17th Annual Electronics Manufacturing Seminar*, (China Lake, 1993)
70. T.A. Krinke, D.K. Pai, Factors affecting thermal fatigue life of LCCC solder joints. Weld. J. **67**, 33–40 (1988)
71. D.J. Xie, Y.C. Chan, J.K.L. Lai, An Experimental Approach to Pore-free Reflow Soldering. IEEE Trans. Compon. Packag. Manuf. Technol. Part B: Adv. Packag. **19**(1), 148–153 (1996)
72. W. Rmili, N. Vivet, S. Chupin, T. Le Bihan, G. Le Quilliec, C. Richard, Quantitative analysis of porosity and transport properties by FIB-SEM 3D imaging of a solder based sintered silver for a new microelectronic component. J. Electron. Mater. **45**(4), 2242–2251 (2016)
73. E.A. Wargo, T. Kotaka, Y. Tabuchi, E.C. Kumbur, Comparison of focused ion beam versus nano-scale X-ray computed tomography for resolving 3-D microstructures of porous fuel cell materials. J. Power Sources **241**, 608–618 (2013)
74. A. Madra, N. El Hajj, M. Benzeggagh, X-ray microtomography applications for quantitative and qualitative analysis of porosity in woven glass fiber reinforced thermoplastic. Compos. Sci. Technol. **95**, 50–58 (2014)
75. L. Vergara, R. Miralles, J. Gosálbez, F.J. Juanes, L.G. Ullate, J.J. Anaya, M.G. Hernández, M.A.G. Izquierdo, NDE ultrasonic methods to characterize the porosity of mortar. NDT&E Int. (Elsevier) **34**(8), 557–562 (2001)
76. V.S. Maalej, Z. Lafhaj, M. Bouassida, Micromechanical modelling of dry and saturated cement paste: Porosity assessment using ultrasonic waves. Mech. Res. Commun. **51**, 8–14 (2013)
77. W. Shen, L. Feng, A. Lei, Z. Liu, Y. Chen, Effects of porosity and pore size on the properties of AgO-decorated porous diatomite ceramic composites. Ceram. Int. **40**(1), 1495–1502 (2014)
78. X. Milhet, P. Gadaud, V. Caccuri, D. Bertheau, D. Mellier, M. Gerland, Influence of the porous microstructure on the elastic properties of sintered Ag paste as replacement material for die attachment. J. Electron. Mater. **44**(10), 3948–3956 (2015)

79. A.A. Wereszczak, D.J. Vuono, H. Wang, M.K. Ferber, Z.X. Liang, Properties of bulk sintered silver as a function of porosity. Oak Ridge National Laboratory, 2012, pp. ORNL/TM-2012/130

80. V. Caccuri, X. Milhet, P. Gadaud, D. Bertheau, M. Gerland, Mechanical properties of sintered Ag as a new material for die bonding: influence of the density. J. Electron. Mater. **43**, 4510–4514 (2014)

81. J. Carr, X. Milhet, P. Gadaud, S.A.E. Boyer, G.E. Thompson, P.D. Lee, Quantitative characterization of porosity and determination of elastic modulus for sintered micro-silver joints. J. Mater. Process. Technol. **225**, 19–23 (2015)

82. G. Bai, Virginia Polytechnic Institute and State University PhD thesis, Blacksburg, VA, 2005

83. G. Ondracek, On the relationship between the properties and the microstructure of multiphase materials Part III: Microstructure and Young's modulus of elasticity. Z. Werkstofft. **9**, 96–100 (1979)

84. N. Ramakrishnan, V.S. Arunachalam, Effective elastic moduli of porous solids. J. Mater. Sci. **25**, 3930 (1990)

85. T. Herboth, M. Guenther, A. Fix, J. Wilde, *Failure Mechanisms of Sintered Silver Interconnections for Power Electronic Applications* (IEEE, 2013), pp. 1621–1627

86. P. Gadaud, V. Caccuri, D. Bertheau, J. Carr, X. Milhet, Ageing sintered silver: Relationship between tensile behavior, mechanical properties and the nanoporous structure evolution. Mater. Sci. Eng. A **669**, 379–386 (2016)

87. N. Alayli, F. Schoenstein, A. Girard, K.L. Tan, P.R. Dahoo, Spark plasma sintering constrained process parameters of sintered silver paste for connection in power electronic modules: Microstructure, mechanical and thermal properties. Mater. Chem. Phys. **148**, 125–133 (2014)

88. J. Ordonez-Miranda, M. Hermens, I. Nikitin, V.G. Kouznetsova, O. van der Sluis, M.A. Ras, J.S. Reparaz, M.R. Wagner, M. Sledzinska, J. Gomis-Bresco, C.M. Sotomayor Torres, B. Wunderle, S. Bolz, Measurement and modeling of the effective thermal conductivity of sintered silver pastes. Int. J. Therm. Sci. **108**, 185–194 (2016)

89. A.S. Zuruzi, K.S. Siow, Electrical conductivity of porous silver made from sintered nanoparticles. Electron. Mater. Lett. **11**, 308–314 (2015)

90. J.R. Greer, R.A. Street, Thermal cure effects on electrical performance of nanoparticle silver inks. Acta Mater. **55**, 6345–6349 (2007)

91. J. Scola, X. Tassart, C. Cilar, F. Jomard, E. Dumas, Y. Veniaminova, P. Boullay, S. Gascoin, Microstructure and electrical resistance evolution during sintering of a Ag nanoparticle paste. J. Phys. D. Appl. Phys. **48**, 145302 (2015)

第2章   烧结银材料在LED领域的应用

H.Zhang, K.Suganuma

2.1   LED 芯片的连接应用简介

2.1.1   LED 介绍

LED（Light-Emitting Diode，发光二极管）是有两根引线的光电半导体，可将电能直接转换为光能。如图 2-1 所示，当对引线施加足够大的电压时，电子和电子空穴发生复合并释放光子，这称为电致发光。LED 优于白炽灯和荧光灯是因为以下特性：更高的发光效率、更小的尺寸、更长的使用寿命、更强的物理鲁棒性以及更快的开关速度。例如，大多数 LED 灯泡的平均使用寿命为 25000 ~ 100000h，这等于它们连续照明 3 ~ 10 年[1]。虽然 LED 灯具的成本仍高于其他的照明灯具，但是 LED 具有出色的性能，环保特性和经济的运行成本，因此已经得到了广泛的开发和应用。LED 灯泡能够将 80% 的电能转化为光能，其余 20% 电能转化为热能。典型的 LED 灯泡即使发光温度也不会很高[1]。

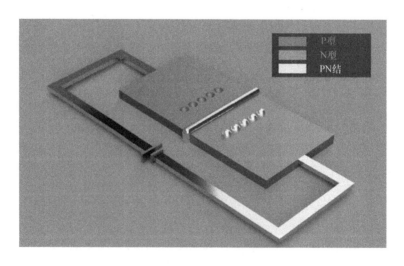

图 2-1   LED 示意图（彩图见插页）

根据释放光子的频率，LED 大致可被分为可见光 LED 和不可见光 LED。可见光 LED 已被开发来覆盖可见光的光谱，并且主要用于显示或照明[2-4]。覆盖紫外和红外波长的不可见光 LED 主要用于光电传感器，例如光电二极管或 CMOS 图像传感器[5, 6]。

随着 LED 行业的快速发展，能够找到提高 LED 性能的新方法的组装商将最终在用户市场中抢占先机，真正的挑战不仅是将具有合格性能的产品推向市场，而且还要获得最佳的成本效益。作为决定 LED 模块性能和成本的决定性因素之一，芯片连接材料在发光效率和超高功率 LED 的可靠性中起着关键作用。

作为从芯片到基板或散热器的不可避免的传热介质，芯片连接层对大功率 LED 模块的热性能影响最大。有机硅、焊料、填充银的环氧树脂、共晶金锡（Au-Sn）和烧结银等材料全部均已用于从低功耗指示灯到超高功率 LED 聚光灯的 LED 芯片连接中。

在本节中，将简要介绍不同输出功率的 LED 和芯片结构相对应的各种芯片连接材料。在这些芯片连接材料中，用于超高功率 LED 的烧结银材料将是我们的主要重点；首先将说明 LED 芯片的结构，因为它与芯片连接材料的选择密切相关。

2.1.2　常见的 LED 芯片结构

如图 2-2 所示，根据两个电极的排列方式，常见的 LED 芯片结构有三种，分别是横向结构、垂直结构和倒装芯片结构。两个电极之间的连接与 PN 结界面具有各种取向关系，分别是相交、垂直和平行。

图 2-2　常见 LED 芯片的结构（彩图见插页）

横向结构由横向隔开的电极组成，电极分别用一根导线连接。横向结构通常用于低功耗应用中。垂直结构由导电底部组成，该导电底部起着一个电极的作用。这种结构允许电流垂直流动，并大多数用于高功率和超高功率应用。倒装芯片结构将两个电极都放在一侧，并倒装在基板上。它以低于垂直结构的成本提供了最高的流明密度。这三种类型的结构全部可以直接安装在基板上，以形成板载芯片（Chip-on-Board，CoB）模块。

2.1.3 用于 LED 芯片连接的芯片贴装技术平台

1. 硅酮

硅酮被广泛应用于中低功率 LED 的组装和封装。它的用途不限于作为芯片连接材料；硅酮密封剂和透镜是 LED 模块设计中的常见解决方案，如图 2-3 所示[7,8]。高透射率有助于构建低损耗的光学系统；特别是在户外应用中，耐泛黄和抗紫外线性能可确保其具有长期可靠性，而不会降低发光效率；高耐湿性提高了对敏感电子元件的保护。但是，当用作芯片连接材料时，相对较低的热导率限制了其在大功率 LED 中的应用[9]。

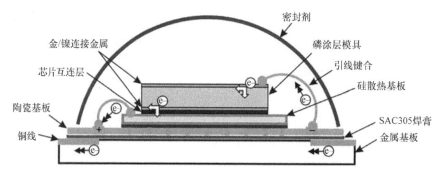

图 2-3　LED 封装的横截面[7]

2. 银填充导电胶

银填充导电胶是半导体封装中应用最广泛的材料，其应用不仅限于 LED 封装。得益于形态的多样性包括交界面焊盘、液体和胶带，极大地扩展了其应用范围——从热界面材料到芯片连接。它们是嵌入聚合物基体中的银导热填料的混合物。各种高导热填料，如纳米颗粒、纳米线、纳米管、微粒或微片，正被用于其制造过程中。

银填充导电胶是导热胶（Thermally Conductive Adhesive，TCA）中的一种类型。如表 2-1 所示[1, 10, 11]，改变导电填料的组成、制备方法和形态，可为这些 TCA 提供高达 30W/（m·K）的可调热导率[12]。根据性能和成本限制的各种要求，这些选项增加了 TCA 选择的灵活性。由纳米填料组成的导电胶通常比由微米填料制成的导电胶具有更低的固化温度和更高的导热性。图 2-4 比较了由银（Ag）微粒组成的复合材料和在相似固化条件下加工的纳米颗粒之间的热导率[13]。从该比较中可以观察到明显的热导率差异；固化过程中发生的自构纳米结构网络是由纳米填料的烧结引起的。

由于纳米填料的制造成本和黏度，在相同体积分数下比微米填料的填充物高得多，因此微米填料具有易成形、易表面扩散、提高小间隙填充能力等优点。鉴于商用银填充导电胶的电导率小于 10W/（m·K）[1]，当注入电流提高时，由于 LED 产生的热量无法有效地散去，常常会遇到功率饱和现象[14]。

表 2-1　TCA 的热导率[10]

材料	方法	热导率 / [W/（m·K）]	占比	黏合剂
碳纳米管	形态控制	0.43	1vol%	PSS/PE /EGMA
	使用定向碳纳米管	4.87	16.7vol%	环氧树脂
石墨烯	非共价功能化	1.53	10wt%	环氧树脂
	多层石墨烯的合成	5.40	10vol%	环氧树脂
	滚铣	3.15	25wt%	硅
氮化硼	POSS- 氮化硼纳米管	2.77	30wt%	环氧树脂
	低温等离子体改性	2.40	55vol%	硅
	高混合速度和温度	1.97	28vol%	环氧树脂
氮化铝	溶液共混	2.02	66.7wt%	LCP
银 - 石墨烯	银和石墨烯混合	9.90	—	环氧树脂
银球	采用 15wt % 的纳米粒子	6.00 ~ 7.00	85wt%	环氧树脂
片状银	采用 15wt % 的纳米粒子	约 27.00（平面内） 约 4.00（垂直）	85wt%	环氧树脂
	使用稀释剂	约 27.00（平面内） 约 5.00（垂直）	85wt%	环氧树脂 - 稀释剂
银粒子	烧结纳米颗粒	27.00	45vol%	环氧树脂
	碘表面改性	13.50（各向同性）	85wt% （约 45vol%）	环氧树脂

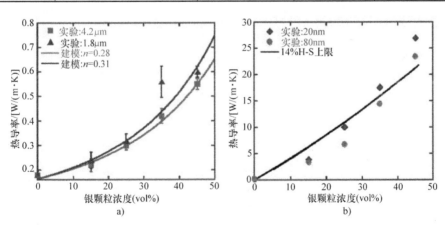

图 2-4　由银微粒和纳米颗粒组成的复合材料的导热系数比较[13]（彩图见插页）

　　此外，银填充导电胶的优点包括与现有后端封装设备的兼容性和二次回流兼容性。因此，TCA 提供了有吸引力的成本与性能之间的平衡，并在中高功率 LED 应用中得到了商业应用。

3. SAC 基焊料合金

　　通常，SAC（锡银铜）基焊料合金的导热性能比硅酮环氧树脂和导电银胶更好。SAC 合金具有低成本、快速的组装过程和合理的热性能 [约 60W/ (m · K)] 这些非凡的价值 [15]。与传统的导电胶相反，使用 SAC 焊料在 LED 封装中不可避免地要进行回流焊工艺。回流温度升高到焊料的熔点以上，以熔化和润湿 LED 芯片和基板的背面金属化层。液化焊料与金属化层之间反应之后会形成界面金属间化合物（IMC），与硅酮环氧树脂和导电胶相比，这会引起界面可靠性问题 [16-18]。另一方面，SAC 焊料在与半导体封装以及 SMT 生产线的广泛兼容性方面独树一帜。

但是，SAC 焊料会在 217 ~ 221℃ 的范围内熔化。在 200℃下，24h 的短时间老化试验中，其结合会处快速老化，如图 2-5 所示 [19]。因此，在需要高温下稳定或需要进一步加热工艺（例如二次回流焊）的应用中，应避免使用它。

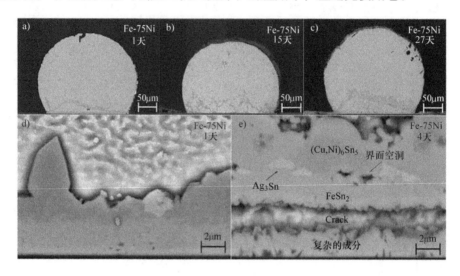

图 2-5　SAC/Fe-Ni 结构的老化结果 [19]：200℃下不同时间时效的 Fe-75Ni 钎料界面形态
a）1 天　b）15 天　c）27 天　d）1 天（微观形貌）　e）4 天（微观形貌）

4. 共晶金锡合金

共晶金锡（Au80Sn20）曾经被认为是大功率 LED 应用长期高可靠性的芯片连接材料的主要选择。从理论上讲，共晶金锡焊料满足了可接受的电性能、热性能以及大功率 LED 行业所需的制造量挑战。尽管共晶金锡的成本是所有芯片连接材料中最高的，但它仍然适合大功率应用。除了拥有良好的导热性外，共晶金锡还具有较高的抗蠕变性和抗疲劳性，并拥有二次回流兼容性，非常适合大功率 LED 的芯片封装要求。

当前的共晶金锡键合工艺取决于键合设备，由于其高熔点以及相应高空隙率和高残余应力，不可避免地会增加工艺复杂性 [20-22]。已经提出了改进共晶键合技术的解决方案。解决方案之一是在 LED 背面金属化层上制备共熔金锡层作为预涂层，Au80Sn20 的熔点为 300 ~ 320℃，超过了 280℃ [21]。

5. 银微 / 纳米烧结填料

烧结银材料已发展成为最有前途的高温芯片连接候选材料。其由微 / 纳米级银填料组成，它们在 180 ~ 300℃的温度下融合在一起，由原子扩散形成微 / 纳米多孔的纯银接头。这种多孔结构的熔点（961℃）与块状银相似，即键合的接头具有极高的熔点和热导率的潜质。因此，可在恶劣条件下工作的前景，使烧结银材料引起了广泛的兴趣研究。如图 2-6 所示[23, 24]，是过去几年来越来越多的研究论文和专利申请的数量。

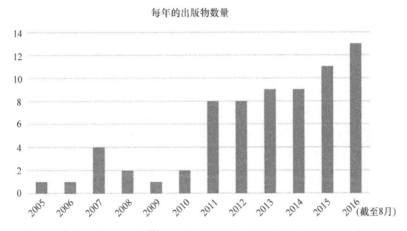

每年的出版物数量

图 2-6　与纳米银有关的研究论文数[23]：每年发表的论文数量中银纳米颗粒占了芯片连接膏的重要比例

尽管有烧结银的功率模块的目标工作温度很少超过 250℃，因为金属化、引线键合和封装的限制，烧结银在此温度范围内没有竞争技术。烧结银材料可以以各种形式进行应用，例如制成糊剂、轧制成银箔和溅射膜[25-27]。对于最常见的烧结银浆、银填料和有机溶剂的组合不同会产生不同的成品品质，其涵盖了广泛的温度范围以及各种接头孔隙率和不同的制造工艺。

事实证明，烧结银材料的成本介于焊锡和 Au80Sn20 之间，其机械可靠性和热性能优于 Au80Sn20。对于超大功率 LED，通过使用烧结银材料，流明输出提高了 30%。

同源温度是用开尔文标度将材料的温度定义为其熔点温度的一部分。烧结银可以在超过 300℃的温度下工作，其同源温度仅为约 0.46（573K/1235K）。但是，焊料在高温应用中需要承受的同源温度高达约 0.8，这意味着在恶劣环境下使用时，其机械强度有限且蠕变很大[23]。

银的其他主要优点是具有高的导热性和导电性，这在超高功率 LED 应用中至关重要。LED 的发展趋势是在更高的电流密度和温度下工作，从而以较低成本获得更高的光输出。芯片连接材料作为热量和电流的传导路径，越来越成为大功率 LED 散热的瓶颈，并阻碍了 LED 在普通照明领域成为成熟技术的发展。烧结银的热导率比锡基焊料高 3 ~ 5 倍，比金基焊料高 2 ~ 4 倍[28]。烧结银的这种优势使其取代了其他芯片连接材料，成为超高功率 LED 应用的首选芯片连接材料。

2.1.4　LED 连接材料的选择

前文简要介绍了常见商业芯片的连接材料。本小节将从技术平台的特性和性能以及制造过程的方面阐明选择 LED 芯片连接材料的标准。前者包括最终应用的可靠性要求，而后者则包括模块设计和成本控制。

最终应用取决于使用环境和生命周期等方面。例如，设计用于恶劣环境而无须频繁更换的户外应用，更偏向于使用大功率芯片和可靠的封装方式，而在室内的应用（例如台灯灯泡），中低功率芯片及其相应的封装方式可能就能很好地满足要求。

在讨论的所有材料中，烧结银材料具有最高的热导率。根据实验结果，它们的热导率通常高于100W/（m·K），甚至与块状银的热导率 [约423W/（m·K）] 一样高[26]。共晶金锡合金的热导率约为57W/（m·K），与 SAC 焊料的热导率相当[15, 29]。通常，金属焊料合金的热导率要比银填充导电胶好。后者几乎不提供高于 30W/（m·K）的热导率。

在上述的烧结材料中，按照长期可靠性的排序：烧结银 > 共晶金锡合金 > 银填充导电胶 > SAC 焊料 > 硅酮环氧树脂。烧结银材料，尤其是压力辅助烧结材料，具有最高的热可靠性并且使用寿命长。它们出色的性能使其有可能在最恶劣的环境中使用，例如用于超大功率户外照明，汽车、航空航天和航海信号。一些硅酮环氧树脂或填充银的黏合剂可能会产生挥发性的有机化合物，这些物质会损坏荧光粉并缩短LED器件的寿命[1]，建议将其使用条件限制在良性条件下的中低功率。图 2-7 显示了适用于各种芯片连接材料的合适功率范围。

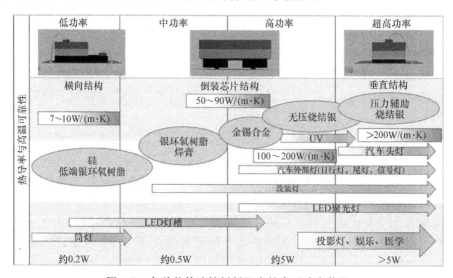

图 2-7　各种芯片连接材料平台的合适功率范围

在其他方面，在选择芯片连接材料时设计和成本控制也起着重要作用。二次回流焊接过程通常出现在板载芯片（CoB）LED 模块的组装中，通过该过程，将黏合的芯片和框架封装到散热器上。共晶金锡合金、银填充导电胶以及烧结银材料可以轻松承受二次回流，而 SAC 焊料则无法承受。但是，对于将 CoB 模块固定到散热器的应用中，因为没有二次回流焊，因此可以使用 SAC 焊料。

芯片键合机的成本使芯片连接成为 LED 封装中最耗成本的步骤之一。因此，在确定 LED 的设计和封装方法时，最好采用不需要专用设备和相应新资本支出的压模连接工艺。焊料、银填充导电胶、硅酮和无压银烧结芯片连接可以与现有的芯片连接器兼容，与共晶金锡合金和压力辅助银烧结材料相比，它们提供了更多的工艺可行性。表 2-2 比较了各种 LED 芯片连接材料的主要特性，作为本小节的总结。

表 2-2　各种 LED 芯片连接材料的主要性能

性能	Ag 烧结膏[30]	SAC 105 焊料[19, 31]	Au-20Sn	导电胶黏合剂[32, 33]	Ag 与 Ag 直接连接[34]
剪切强度 /MPa	约 50	约 45	约 65	1 ~ 15	约 50
电阻率 /（×10⁻⁶Ω·m）	约 7.5	N/A	约 16.4[19]	200 ~ 1000[32]	约 1.59（纯银）
热导率 /[W/(m·K)]	120 ± 5 @25~ 200℃	60	57ᵃ@ 85 ℃	N/A	405 ~ 411（纯银）@25℃
高温存储	约 40MPa（@ 250℃，约 200h）	24h 失效[19]（@250℃）	约 5.5MPa[35]（@250℃，约 200h）	约 16MPa（@150℃，约 1000h）	—
材料成本	高	最低	最高	中到高	高
加工范围	250℃ 30min 0.4MPa	250℃ 2min	310℃ 1min	140℃ 1h	250℃ 60min
熔化温度 /℃	961	217 ~ 221	280	N/A	961
CTE/（ppm/K）	18 ~ 23	20（@45 ℃）	16	N/A	19.5（纯银）
弹性模量 /GPa	33	95（@25 ℃）	69	N/A	82（纯银）
优点	优良的特性	最兼容当前 SMT 流程	与焊料工艺兼容	部分兼容焊料工艺	良好的接头
缺点	银迁移 & 粗化	高温长期退火	金的成本	力学性能和物理性能较差	尚未成熟

电阻率单位应为 ×10⁻⁶Ω·m，即 $\times 10^{-6}\Omega \cdot m$

2.1.5　结论

在 LED 的照明技术从低端和中端市场快速发展到高端工业市场的背景下，与其他的照明技术相比，使用寿命长和环保特性通常被认为是基于 LED 的照明系统最大的优势。LED 封装的最新进展方面，已经提高了磷光体和密封剂的热稳定性，这突出了提高芯片连接性能的紧迫性。在 LED 应用中，选择合适的芯片连接材料时，导热性和长期可靠性是影响性能的核心考虑因素，本节比较了几种常用的 LED 芯片连接材料。总而言之，烧结银材料在一般性能和可靠性方面都比其他材料更具有明显优势，它们几乎是超大功率和高可靠性应用中的唯一选择，例如在汽车、飞机、太空探索和核工业方面等。但是，在对成本敏感的中低端市场中，烧结银材料的竞争力较弱，在中低端市场中，硅酮、SAC 焊料和银填充导电胶就可以满足要求。

2.2 大功率 LED 应用的烧结银浆

2.2.1 用于 LED 的烧结银浆介绍

在一般的照明工业中，LED 逐渐成为具有高能量转换率、高亮度和长寿命等一系列优点的成熟技术。为了以较低的成本获得较高的光输出，以高电流密度和温度运行的 LED 自然成为 LED 技术的发展方向。作为一种有前景的 LED 芯片连接材料，烧结银可以使 LED 模块在更高的温度下工作，而损失的能量更少，材料的可靠性更高。尽管其成本高得令人望而却步，比环氧芯片连接材料或焊料的价格高 4～5 倍，但烧结银浆仍在许多高端商业中获得应用。

2.2.2 烧结银：分类、工艺条件及比较

自 20 世纪 80 年代末以来，烧结银已被开发为用于电力电子封装的芯片连接材料，并且被公认为是未来宽禁带半导体的潜在候选材料。目前已经提出了几种具有耐高温等优良性能的烧结银技术，例如烧结银浆和银与银的直接连接[34, 36-38]。根据是否需要压力，将烧结银浆分为压力烧结银浆和无压力烧结银浆，并根据它们填充剂的尺寸和组成进一步分类。尽管彼此之间的工艺条件存在很大差异，但与其他的芯片连接解决方法相比，它们具有相同的优点，即优异的物理性能和固有的高熔点。银与银直接连接将在下一部分重点介绍，它是一种最新的技术，其进程和应用仍在发展中[27]。

早期，微米级银填料在 9～40MPa 的压力下和 250℃的温度下烧结形成银连接。纳米银浆发明于 21 世纪头几年，在相似的温度范围内可将烧结压力降低至 1～5MPa，这可能是由于银纳米颗粒的有效表面积增加导致的[39, 40]。低成本、低温及低/无压力烧结是当前烧结银浆的发展趋势。纳米银填料通常可以在较低的温度和较短的时间内完成烧结，然而，将其用作芯片连接材料，纳米填充剂在制造和储存中都还存在许多不便[23, 41]。

不同于微米银填料制备的研磨方法，纳米银填料一般通过化学反应合成，这限制了其生产率并增加了生产成本。此外，为了克服纳米颗粒的聚合特性，在合

成纳米填料时，纳米填料的表面是被有机化合物层包裹的。因此，为了改善烧结，通常不可避免地需要长时间的进行预热过程以除去有机化合物，这增加了工艺成本并对其长期可靠性产生了不利影响[42, 43]。考虑到纳米材料的巨大比表面积，该涂层的绝对量可能非常大，并且其在烧结银中的残留量可能也很大。为了减少这些包覆在纳米颗粒上的有机化合物含量并保持低温烧结的性能，需要对这些纳米颗粒的尺寸设计进行优化。例如，有研究提出了一些多元醇合成方法来制备具有定制尺寸和尺寸分布的亚微米银颗粒，这两者都可以自由调节反应条件，例如温度和反应时间。这些合成的亚微米颗粒具有良好的烧结能力和连接孔隙率。此外，合成是通过简单的多元醇方法完成的，该方法无需复杂的仪器和昂贵的原料[44]。

　　同样地，开发出的那些所谓的混合糊剂产品，由微米薄片和亚微米颗粒组成，可用于降低材料成本和改善浆料性能。微米薄片起着骨架的作用，亚微米颗粒改善其互连，并填充薄片之间的空隙。可以调整银填料的成分，以制备出系列的孔隙率和黏度的糊剂[45]。

　　在对有机溶剂的作用重新评估后，研究人员开始重视开发先进的有机溶剂。一些由微米薄片和获得专利的多溶剂组成的新开发的银烧结膏，已经实现了高连接质量和热可靠性的低温（约 200℃）、无压烧结[46]。

　　总之，混合尺寸的填料和混合溶剂正成为烧结银浆的发展趋势。图 2-8 总结了各种 Ag 烧结技术平台的烧结条件，还提供了高温焊料铜（Cu）烧结和瞬态液相（TLP）烧结中选择的条件作为参考。此外，仅提取了其作者选择的优化条件，以提高清晰度和理解力。

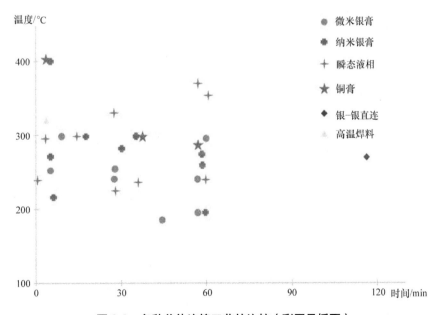

图 2-8　各种芯片连接工艺的比较（彩图见插页）

从图 2-7 可以看出，TLP 和 Cu 烧结首选较高的工艺温度，这也是两种芯片连接解决方案的主要缺点。高温焊料可以缩短烧结时间，但是，其工艺温度仍明显高于 Ag 烧结温度。微米银浆烧结具有相对温和的烧结条件，其无压烧结的仪器与传统焊料工艺使用的仪器相同。

2.2.3 烧结银浆的可靠性问题

作为一项新开发的技术，在工艺建立和银膏优化的同时，可靠性问题也随之陆续被发现并解决。工业界在导入新材料和新工艺时，更倾向与使用传统技术。然而必须承认的是，Ag 烧结技术与目前的无铅焊料工艺并不是高度兼容的。更高的工艺温度、更长的烧结时间和更高的使用温度要求对封装中使用的材料进行重新评估和重新设计。

1. 与金属化有关的可靠性问题

Ag 烧结过程中最明显的变化之一是需要在芯片和基板上进行特殊的金属化处理。因为原子扩散是烧结 Ag 与表面金属化层之间结合的驱动力，所以在短时间的烧结过程中不能有效扩散的元素在外金属化层中起不到作用。从技术上来讲，Cu、Ag 和 Au 是唯一报道可作为外部连接的金属化层的候选材料。Cu 衬底是电力电子封装的首选衬底，Cu 引线框架和 DBC 衬底是电力电子工业中最常用的衬底。但是，Cu 的氧化趋势通常会导致 Cu 与多孔 Ag 界面处产生大量的 Cu 的氧化物 [43]。这种厚的 Cu 氧化物具有独特的生长方式，该方式会导致 Ag 原子被 Cu 氧化物取代，从而将多孔 Ag 挤压成更紧密的状态 [30]。在这个过程中，由于各种材料之间的热膨胀系数（CTE）不匹配引起的界面应力会导致裂纹或分层，并且导致界面电阻增大。

由于 Au 的成本高，所以使用最少。然而，在一些多次回流的工艺中，Au 是首选的金属化方法，因为在回流的过程中，Ag 也会被氧化，并会降低普通无铅焊料在金属化层的润湿性 [47]。

Ag 金属化与烧结 Ag 具有天然的相容性，因此，其已被用于大多数外部金属化中。Ag 金属镀层的制备方法包括电镀、化学镀和溅射，这些方法都可以确保 Ag 层与多孔 Ag 之间工艺过程的合格 [30, 44, 48]。衬底金属化通常通过电镀的方法来制备，而芯片金属化通常通过溅射方法来制备。

然而，外表面金属化不足以确保高温测试中的稳定性，所以特定的金属化方案至关重要，特别是在衬底侧。Ag 烧结技术的常规金属化方案通常由应力消除层、扩散阻挡层和表面粘附层组成。

镍（Ni）作为一种应力消除层和扩散阻挡层的合适材料，其在电子封装中已被广泛应用。与 Cu 相比，它具有一系列优势，例如成本效益、镍/焊料界面中较低的界面间 IMC 生长速率以及较高的抗氧化性。在焊接过程中，Au/Ni/Cu 的三层金属化方案是一种常用的下凸面金属化结构。最外层的 Au 层起抗氧化和抗腐蚀层的作用，增加了可焊性[16, 18, 49]。Ni 层起扩散阻挡的作用，以防止焊料和 Cu 层之间的快速反应[50-53]。但是，在大功率 LED 等高温电子器件的封装中，由于周围的温度作用，Ni 阻挡层失去了抗扩散能力，在 Ag/Ni 界面上会形成一层薄的氧化物层[54]。

与 Ni 相似，钛（Ti）也具有消除应力的作用，因为 Ti 的 CTE（8.6×10^{-6}/K）低于 Ag（18×10^{-6}/K）和 Cu（17×10^{-6}/K）。在 Cu 和 Ag 之间插入 Ti 层能够调节各种材料之间的 CTE 不匹配问题，并在热冲击测试过程中提高接头性能。Ti 通常也用作扩散阻挡层，特别是在芯片金属化中。厚度为 500nm 的 Ti 层在 250℃ 的温度下储存 1000h 时，可具有抑制 Cu 氧化的能力[30, 48]。然而，在电子工业中制备 Ti 涂层唯一可用的方法是使用高成本的溅射工艺，这限制了 Ti 金属化的应用范围。

以上对各种表面金属化方案进行了系统的评估，所有的评估方案列于表 2-3 中，如 Ag/Cu、Ag/Ni/Cu、Ag/Ti/Cu、Ag/Ni/Pd/Cu，以及 Ag/Pt/Pd/Cu。

表 2-3　一些评估的金属化方案

金属化	制备方法	厚度 /μm	粘接结构	本章参考文献
Ag/Cu	电镀	0.2/Cu	Si-DBC	[30, 54]
Ag/Ni/Pd/Cu	化学镀	2/5/0.13/Cu	Si-Cu	[48]
Ag/Ni/Cu	溅射	2/2/Cu	Si-DBC	[54]
Ag/Ti/Cu	溅射	2/0.5/Cu	Si-DBC	[30, 54]
Ag/Pt/Pd/Cu	化学镀	2/0.3/0.05/Cu	SiC-Cu	[55, 56]

这里总结了一些结论：

1）镀 Ag 层有助于确保烧结状态下合格的粘接。尽管 Au 和 Cu 也被认为是最外层的候选材料，但 Ag 仍是主要的选择，因为 Ag 比 Cu 具有更高的可靠性，和 Au 相比成本更低。此外，Au 的存在增加了界面的复杂性，这可能导致未知的可靠性问题[43, 47]。

2）在高温存储过程中，Ag/Cu 和 Ag/Ni 界面处会形成氧化物。在 Ag/Cu 界面处，随着粗化过程中 Ag 金属化层的消耗，在裸露的 Cu 表面上方会形成 Cu 的氧化物。这种氧化物层的生长是以由于占据 Ag 原子的位置造成的，并且氧的来源被推测为多孔 Ag 中的残留的氧（如图 2-9 所示）。在 Ag/Ni 界面上，分化为几微米厚的氧化层，在 250℃ 左右，只能观察到一层薄的氧化物，而氧气的来源仍不清楚（如图 2-10 所示）。在 Ag/Cu 和 Ni/Cu 界面形成的氧化物层，表明有适当厚度阻挡层的必要性[30, 43, 54]。

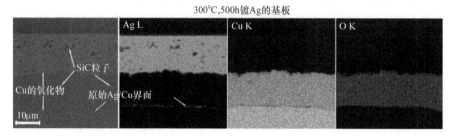

图 2-9　镀 Ag 的 Cu 基板 350℃持续 500h 时效的烧结银接头的 EDX 元素图 [30]

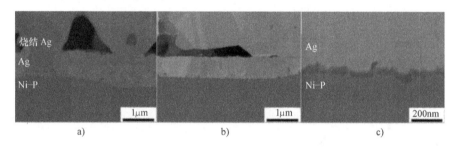

图 2-10　Ag / Ni 基体上的烧结 Ag 接头的横截面形态

a）烧结　b）退火 200h　c）图 b 的高倍率图像

3）Ti 和铂（Pt）有效地抑制了界面处的相互扩散，因此可以用作高温应用中的阻挡层，如图 2-11 和图 2-12 所示。溅射的 Ti 在芯片金属化的制造中具有良好的工艺兼容性。作为典型的贵金属，Pt 在材料成本上有明显的缺点，但是可以通过相对简单的化学方法涂覆，从而降低工艺成本 [55]。

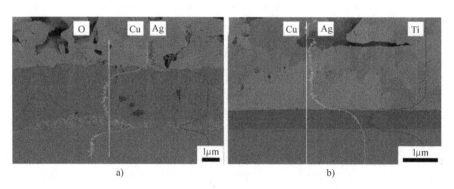

图 2-11　500 次循环后金属化的烧结银接头的 EDS 元素线扫描 [54]

a）Ag/Cu　b）Ti/Cu

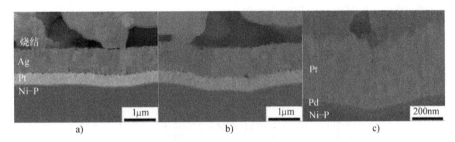

图 2-12　在 Ag/Pt/Pd/Ni 基体上的烧结 Ag 接头的横截面图

a）烧结　b）退火 200h　c）图 b 的高倍率图像

2. Ag 迁移

Ag 是相对活泼的贵金属，因此，当在两个电极之间施加电压时，Ag 的迁移非常敏感。由于电荷的移动，Ag 的迁移体现为导体中银离子的定向流动。电场起着驱动力的作用，迁移的 Ag 离子在没有电场的情况下只进行随机的热扩散。根据环境条件不同，Ag 迁移分为两种类型。在干燥环境中相对较高的温度（约150℃）下，Ag 电迁移是涉及固态电子动量转移为主要类型的 Ag 迁移形式。另一方面，在潮湿环境和相对低温（<100℃）下，发生银电化学迁移（Electrochemical Migration，ECM），这意味着水和 Ag 的相互作用占主导地位。

Ag 电迁移是与多孔 Ag 本身相关的可靠性问题之一，它会在包装产品中造成电气短路。在包含金属导体的电路中，导电电子与扩散的金属原子之间的动量转移驱动导体中的离子从阴极传输到阳极，这被称为电迁移。随着现代电子设备中结构尺寸的日益紧凑，电迁移的影响越来越大。氧气在高温电迁移过程中起着关键作用，较低的氧分压会有更长的电迁移寿命。在 400℃ 和 0.03 atm 的氧分压下，可以观察到银树枝状晶体的生长速度明显降低，此时的电迁移寿命是 0.4atm 氧分压的 100 倍 [57]。该结果表明了封装的重要性，当在高温应用中使用烧结银进行芯片连接时，这种包装可将接头与氧气隔离。

Ag ECM 在 1950 年由 Kohman 提出，他给出了 Ag ECM 的定义，如下所示：Ag ECM 可以定义为这样一种过程，Ag 在电势下与绝缘材料接触时，以离子的形式从初始位置移开，并且在另一个位置以金属的形式重新沉积 [58]。ECM 可分为三个过程，即电溶解、离子迁移和电沉积。电溶解过程要求水在绝缘表面（如硅片）上吸附 [59]。通过电解反应生成 Ag 离子后，绝缘表面上的吸附水转化为电解质 [60]。运输过程中，在电势的驱动下，Ag 离子通过绝缘表面上的电解质层从阳极移动到阴极。在电沉积过程中，金属 Ag 是通过 Ag 离子在阴极处接受电子而产生的，在阴极沉积的金属 Ag 聚集成为两个电极之间的"Ag 桥"。图 2-13 显示了ECM 现象的机理 [59]。该 Ag 桥可能会导致电子设备短路，因其是树枝状形貌而被称为枝晶（如图 2-14 所示）。

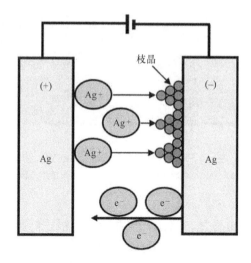

图 2-13 ECM 现象示意图（Ag 电极）[59]

图 2-14 带有 Ag 电极的 Si 衬底上枝晶结构的 SEM 图

a）宽图像 b）区域 A 的放大图像 c）区域 B 的放大图像 d）区域 C 的放大图像[59]

由于电子封装中导体之间的间距小型化趋势增加，ECM 失效的潜在风险也在增加。随着尺寸的缩小，Ag 在被吸收的电解质中更容易被氧化和还原。此外，它没有钝化倾向，从而确保了反应的连续性。其他金属没有实际的迁移危害，然而，上述 Ag 的独特性在考虑其应用时带来了复杂性。因此可以得出结论，Ag 的使用应格外谨慎，特别是在潮湿的环境中。

3. Ag 的粗化

Ag 的粗化描述了在高温测试（例如高温存储和热循环）过程中多孔 Ag 的晶粒生长过程。Ag 粗化的驱动力是原子扩散。银的粗化过程作为一种热敏过程，在100℃或者更低温度下可以忽略不计，但是，在高温（200℃）环境下却可以观察到，这是下一代功率器件和超高功率 LED 的预期工作条件。

粗化过程本身不会损害接头的强度。相反，粗化过程有助于增加接头的强度。但是，多孔 Ag 的过度粗化会改变接头的形态，并且可能会降低界面处的可靠性。例如，在高温测试中通常观察到银金属化界面润湿。这种润湿现象暴露了下阻挡层，并且由于应力状态的变化会导致其破裂。

事实证明，树脂成型和陶瓷添加两种方法可以有的抑效制 Ag 的粗化。

树脂成型是一种常见的模块制造工艺，通过该过程，可以将烧结 Ag 中的纳米孔 / 微米孔填充并固定接头的形态。Nagao 等人提出了一种耐热的封装方法，该方法是通过将耐热成型与烧结 Ag 芯片连接的良好组合实现的。倍半硅氧烷纳米复合材料的酰亚胺基聚合物是成型品的主要成分，注射成型在温度 180℃下保持 5min，然后在 270℃下进行 5h 的模后固化。烧结 Ag 和纳米复合聚合物形成理想的微米级网络结构，能够缓解热应力并抑制多孔银的粗化[56]。

减轻 Ag 粗化的另一种方法是添加陶瓷颗粒。Zhang 等人系统地评价了各种平均尺寸和尺寸分布的 SiC 颗粒的抑制效果，SiC 亚微米粒子的平均粒径为 600nm时，抑制效果以及分布状态最佳[48]。

添加 SiC 亚微米颗粒能起到抑制作用，是由于其在相对较低的温度（<300℃和在多孔 Ag 中的适当分散）中的化学稳定性。SiC 颗粒的大量存在使 Ag 颗粒之间分离，因此阻碍了它们的烧结过程和晶粒长大。根据公布的结果，含 SiC 的接头 Ag 晶粒尺寸保持不变，而纯烧结 Ag 的晶粒尺寸从 1.1μm 增加到 2.5μm。因此，以稍微降低剪切强度以及电导率和热导率为代价，可抑制了多孔 Ag 的粗化，如图 2-15 所示[48]。

在功率器件的封装中，讨论了用含 SiC 亚微米颗粒的 Ag 浆用于新型高温芯片连接材料的可能性。高温测试中实际使用的有由硅芯片和 DBC 基板组成的连接结构。SiC- 多孔 Ag-DBC 接头是通过在温和的条件下（250℃和 0.4MPa 的条件下烧结 30min）烧结含 2wt% 亚微米 SiC 颗粒的 Ag 微片状糊状物制成的[30, 54]。

高温贮存实验结果表明，在 150℃、250℃和 350℃等温度下，添加了 SiC 颗粒的烧结 Ag 膏比不添加 SiC 颗粒的烧结 Ag 膏的稳定性更好[30]。

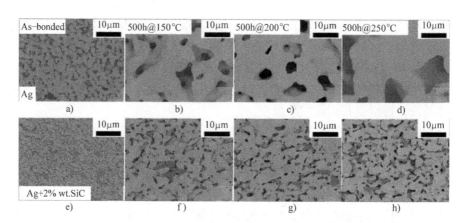

图 2-15 在 150℃、200℃和 250℃下 500h 时效后的断面形貌变化
[a)~d)不含添加剂的接头；e)、f)接头中添加了 SiC；a)和 e)是连接状态][48]

在温度为 40～250℃的热冲击试验中也使用了类似的连接结构。当测试的样品升温速率超过 150℃/min 并且经历 1000 次热循环时，产生的总热应力非常显著。SiC 颗粒均匀地分布在多孔 Ag 网络中，并在热冲击试验中抑制了合金的形态变化。经过 1000 次热循环后，纯 Ag 接头和添加 SiC 颗粒接头的剪切强度与最大值相比分别降低了 58% 和 42%。在纯 Ag 接头中，多孔 Ag 发生了粗化，而在添加 SiC 的接头中，热循环过程中其形貌演变得到了缓解[54]。

在高温贮存和热循环测试中，添加 SiC 颗粒接头中的界面比没有添加 SiC 颗粒接头具有更高的可靠性。在添加 SiC 颗粒接头中，由于缓解了多孔 Ag 的粗化，因此很少出现金属化 Ag 的去润湿现象。

2.2.4 结论

在本节中，介绍了烧结 Ag 的可靠性问题和抑制方法。作为高温和高功率应用最有前景的芯片连接解决方案，烧结 Ag 的研究重点已从优化烧结过程转变为在实际器件和模块中的长期可靠性问题。希望本节中讨论并提出的可靠性问题能引起学术界和工业界的进一步研究。在下一节中，将介绍一种新开发的银与银（Ag-Ag）直接键合技术。

2.3 银 - 银直接键合及其在 LED 芯片连接中的应用

2.3.1 银 - 银直接键合的基础介绍

在 LED 的制造中，要求要相对较低的工艺温度，这是因为使用的封装树脂在暴露在 300℃以上时会被降解。因此，在功率 LED 的制造中，能够提供高性能和长期可靠性的低温芯片连接解决方案是我们追求的。在本节中，将详细介绍大功率

LED 芯片连接的 Ag-Ag 直接键合方法并对激光二极管进行了详细的介绍，即工艺步骤和相关机制。其低温和无压工艺条件温和，同时由于界面处有块状纯银连接区域，因此可以提供优良的耐热性和电阻率。在 Ag 和氧之间的微弱相互作用以及残余应力的参与下，异常生长的 Ag 小丘是实现 Ag-Ag 直接键合的关键角色。

典型的 Ag-Ag 直接连接工艺如图 2-16 所示[61]。粘接的 LED 芯片的外形尺寸为 600μm × 600μm，厚度为 80μm。在蓝宝石基板的底面涂有厚度为 2.0μm 的 Ag 层。安装基板具有以下结构：使用溅射法在载玻片上形成厚度为 0.035μm 的 Ti 种子层，然后在载玻片上制备厚度为 2.0μm 的 Ag 溅射层。Ti 层起粘附层的作用，在 Ag 层和载玻片之间形成稳定的界面[61]。

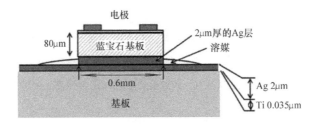

图 2-16 使用银直接连接的芯片连接工艺示意图[61]

在发光二极管管芯的接触表面和玻璃基板上制备一层银溅射层后，在不借助重量辅助的情况下，在 200℃ 以上的空气中进行 Ag-Ag 通过烧结以直接键合。加热的 Ag 溅射层沿结合线出现异常的晶粒生长，并形成无孔隙的纯 Ag 接头。

2.3.2 氧在银 - 银直接键合中的作用

据 Kuramoto 等人的论文，Ag- Ag 直接键合的接头强度超过了微米级 Ag 颗粒低温烧结的接头强度，而且接头的强度取决于烧结气氛中的氧气浓度，如图 2-17 和图 2-18 所示。从图中可以清楚地观察到，氧气浓度对连接强度的影响，这表明在微观尺度上，Ag 与氧的相互作用在异常的 Ag 小丘生长机制中起关键作用。由此得出结论，Ag 材料的低温烧结加速是由于 Ag 的异常晶粒生长和在 Ag 表面附近的氧吸附。氧化还原反应会加速 Ag 的表面扩散，从而导致 Ag 沿接合面异常晶粒长大，从而形成接头。

2.3.3 残余应力在银 - 银直接键合中的作用

Oh 等人发现在溅射 Ag 薄膜上小丘的异常生长与金属薄膜中的应力迁移有关[34, 37, 62]。涉及小丘 / 晶须形成的应力迁移通常会导致器件故障，因此，在电子封装设计时不可避免地要考虑小丘 / 晶须形成的最小化问题。然而，通过控制沉积的 Ag 薄膜中的晶粒织构和残余应力，可以在大气氧环境中调节 Ag-Ag 键合的小丘生长，并在 Ag 薄膜上形成小丘，从而最大限度地实现良好的晶圆连接[34, 37, 62]。

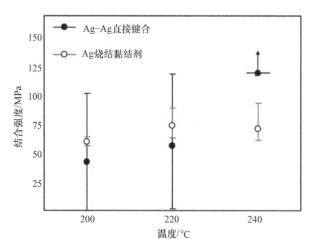

图 2-17　直接焊接 LED 的 Ag 溅射层的温度与结合强度之间的关系 [61]

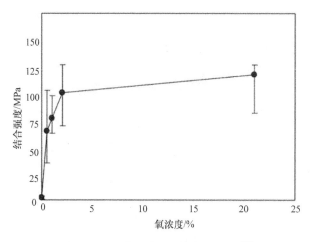

图 2-18　氧浓度对结合强度的影响 [61]

　　图 2-19 所示为在粘接过程前后，模具剪切强度与应力变化 Δσ 的函数关系图，更大的应力松弛导致更高的模具剪切强度 [38]。该结果表明，薄膜中贮存的压应力与晶粒的异常生长有关。因此，结合强度是由镀 Ag 薄膜中的初始残余应力和压缩时的总应力松弛 Δσ 决定。在研究中提出了以应力迁移作为粘接机制，并且通过最大限度的实现异常小丘的生长来实现高强度粘接。这表明，在优化压应力松弛后，该机制还可以降低粘接温度。Oh 等人的研究结果表明残余应力影响异常 Ag 小丘的生长，但在讨论中排除了氧，因此，他们的机理无法解释不同氧浓度下的粘接强度的变化 [34, 37, 62]。

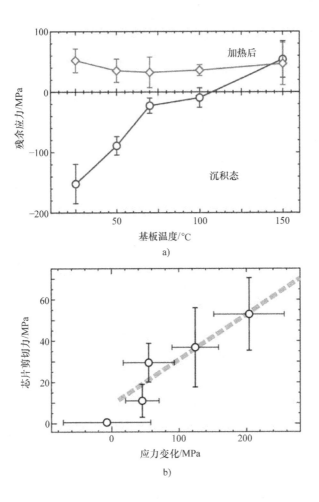

图 2-19　加热前后的银膜中的压缩残余应力

a) 粘接强度与压缩应力之间的相关性会因加热而发生变化

b) 溅射时较高的衬底温度会阻碍沉积薄膜的残余压应力, 并且会损失固态直接连接所需的内能 [38]

2.3.4　纳米银小丘机制

为了统一氧浓度和残余压应力这两个因素, 对于异常的银小丘生长, Lin 等人利用 Ag- 氧二元体系相平衡作为其统一模型 [27]。计算出的相图如图 2-20 所示, 结果表明, fcc-（Ag）相的熔化温度（液相线温度）随温度的升高而升高, 随着氧分压的增加而下降。

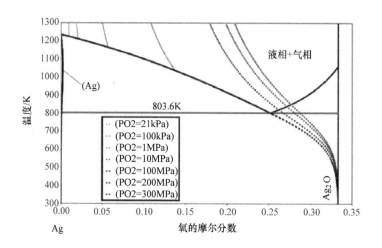

图 2-20　计算的 Ag- 氧图

穿透 Ag 薄膜后，氧原子在氧气烧结之前在 Ag 晶界处被完全吸收，从而与环境氧气达到平衡。晶界处的有限空间抑制了这些被吸收的氧原子与 Ag 结合成氧化银。这些在每个晶粒表面银原子下面的屈曲氧原子能够产生类似氧化物结构[63]。在较高的氧分压下，屈曲结构的 Ag- 氧混合物在晶界处的融化温度明显降低。在热处理的过程中，Ag 与 Si 衬底之间 CTE 的较大的失配会导致非常大的热应力，约为数百 MPa[38]。Ag- 氧混合物额处理过程中的巨大应力会引起晶界的液化。可确定 Ag- 氧晶界液化的临界温度大约是 150℃，接近氧化银的分解温度。同时，在巨大的压应力下，晶界处的 Ag- 氧液体被压向自由表明。随着喷射压力和温度的突然降低，Ag- 氧液体不再稳定并且立即凝固。因此，异常 Ag 小丘的形成是通过银的非常快速的聚集转移和后面的结晶来实现的。

下面详细说明一下 Ag- 氧凝固的原理。喷射出的 Ag- 氧液体转变为氧气和游离态的 Ag 和 Ag 氧化群，与火山喷发一样，当火山喷发灰烬下降后，悬浮的 Ag 和氧化银团簇会重新沉积在 Ag 膜上。再沉积的 Ag 和氧化银转变为共形的 Ag- 氧涂层，因为 Ag 膜的温度是 250℃，所以它会立即分解。沉积反应释放出 O_2 气体，该气体从 Ag- 氧涂层溢出以沉积共形无定形银涂层。

非晶态银涂层的均匀结晶化和随后的纳米晶粒的 Ostwald 熟化导致了大量银小丘的形成。这普遍的 "Ag 纳米火山喷发" 机制为涉及无定形 Ag 小丘的形成的新应用提供了启示，例如 Ag-Ag 直接金属键合，如图 2-21 所示。

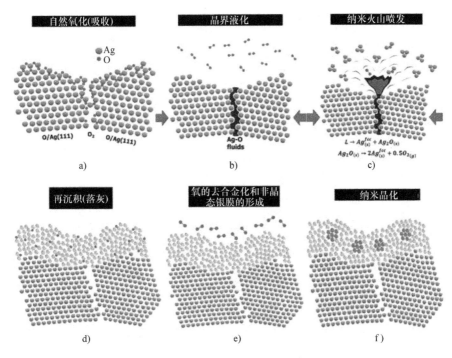

图 2-21　Ag 纳米火山喷发示意图

a）自然氧化　b）晶界液化　c）Ag 和氧化银团簇和氧气的纳米火山喷发　d）Ag- 氧涂层的再沉积（落灰）
e）氧的去合金化和非晶态 Ag 膜的形成　f）纳米 Ag 晶粒的均匀成核 [27]

2.3.5　结论

　　Ag 由于其独特的物理和化学特性，在电子封装行业中是一种重要的工程材料。Ag 薄膜由于其抗氧化性而被广泛的应用在现代电子领域。通过阐明 Ag 纳米火山喷发的机理，认为残余应力和吸附氧两个因素在异常 Ag 小丘的形成中和 Ag-Ag 直接键合中起着关键作用，揭示了 Ag-Ag 直接键合的新应用，这种新应用可以形成完美的纯 Ag 接头，并发展成为新型高质量的功率 LED 芯片连接。

参考文献

1. T.H. Chiang, Y.-C. Lin, Y.-F. Chen, E.-Y. Chen, Effect of anhydride curing agents, imidazoles, and silver particle sizes on the electrical resistivity and thermal conductivity in the silver adhesives of LED devices. J. Appl. Polym. Sci. **133**(26), 181–189 (2016)
2. G. Zhang, S. Feng, Z. Zhou, J. Liu, J. Li, H. Zhu, Thermal fatigue characteristics of die attach materials for packaged high-brightness LEDs. IEEE Trans. Compon. Packag. Manufact. Technol. **2**(8), 1346–1350 (2012)
3. J.A. Edmond, H.-S. Kong, C.H. Carter Jr., Blue LEDs, UV photodiodes and high-temperature rectifiers in 6H-SiC. Phys. B Condens. Matter **185**(1), 453–460 (1993)
4. J. Edmond, J. Lagaly, Developing nitride-based blue LEDs on SiC substrates. JOM **49**(9), 24–26 (1997)

5. M. Schneider, B. Leyrer, C. Herbold, S. Maikowske, High power density LED modules with silver sintering die attach on aluminum nitride substrates. Presented at the 2014 I.E. 64th electronic components and technology conference (ECTC), 2014, pp. 203–208

6. Z. Gong, M. Gaevski, V. Adivarahan, W. Sun, M. Shatalov, M. Asif Khan, Optical power degradation mechanisms in AlGaN-based 280nm deep ultraviolet light-emitting diodes on sapphire. Appl. Phys. Lett. **88**(12), 121106 (2006)

7. A. Jayawardena, N. Narendran, Analysis of electrical parameters of InGaN-based LED packages with aging. Microelectron. Reliab. **66**, 22–31 (2016)

8. Y.-P. Kim, Y.-S. Kim, S.-C. Ko, Thermal characteristics and fabrication of silicon sub-mount based LED package. Microelectron. Reliab. **56**, 53–60 (2016)

9. Y.S. Lee, C. Yun, K.H. Kim, W.H. Kim, S.-W. Jeon, J.K. Lee, J.P. Kim, Laser-sintered silver nanoparticles as a die adhesive layer for high-power light-emitting diodes. IEEE Trans. Compon., Packag. Manufact. Technol. **4**(7), 1119–1124 (2014)

10. H. Wu, S. Chiang, W. Han, Y. Tang, F. Kang, C. Yang, Surface iodination: A simple and efficient protocol to improve the isotropically thermal conductivity of silver-epoxy pastes. Compos. Sci. Technol. **99**(C), 109–116 (2014)

11. H. Zhang, Y. Lin, D. Zhang, W. Wang, Y. Xing, J. Lin, H. Hong, C. Li, Graphene nanosheet/silicone composite with enhanced thermal conductivity and its application in heat dissipation of high-power light-emitting diodes. Curr. Appl. Phys. **16**(12), 1695–1702 (2016)

12. Y. Tang, D. Liu, H. Yang, P. Yang, Thermal effects on LED lamp with different thermal interface materials. IEEE Trans. Electron Devices **63**(12), 4819–4824 (2016)

13. K. Pashayi, H.R. Fard, F. Lai, S. Iruvanti, J. Plawsky, T. Borca-Tasciuc, High thermal conductivity epoxy-silver composites based on self-constructed nanostructured metallic networks. J. Appl. Phys. **111**(10), 104310–104317 (2012)

14. B.-H. Liou, C.-M. Chen, R.-H. Horng, Y.-C. Chiang, D.-S. Wuu, Improvement of thermal management of high-power GaN-based light-emitting diodes. Microelectron. Reliab. **52**(5), 861–865 (2012)

15. C.-J. Chen, C.-M. Chen, R.-H. Horng, D.-S. Wuu, J.-S. Hong, Thermal management and interfacial properties in high-power GaN-based light-emitting diodes employing diamond-added Sn-3 wt.%Ag-0.5 wt.%Cu solder as a die-attach material. J. Electron. Mater. **39**(12), 2618–2626 (2010)

16. K.N. Tu, A.M. Gusak, M. Li, Physics and materials challenges for lead-free solders. J. Appl. Phys. **93**(3), 1335–1353 (2003)

17. J. Shen, Y.C. Chan, S.Y. Liu, Growth mechanism of bulk Ag3Sn intermetallic compounds in Sn–Ag solder during solidification. Intermetallics **16**(9), 1142–1148 (2008)

18. K. Zeng, K.N. Tu, Six cases of reliability study of Pb-free solder joints in electronic packaging technology. Mater. Sci. Eng. R-Rep. **38**(2), 55–105 (2002)

19. H. Zhang, Q.-S. Zhu, Z.-Q. Liu, L. Zhang, H. Guo, C.-M. Lai, Effect of Fe content on the interfacial reliability of SnAgCu/Fe–Ni solder joints. J. Mater. Sci. Technol. **30**(9), 928–933 (2014)

20. N.-S. Lam, C.-Y. Lee, M.-Y. Wan, D. Tian, M. Li, High quality & low thermal resistance eutectic flip chip LED bonding. Presented at the 2013 14th international conference on electronic packaging technology (ICEPT), 2013, pp. 1197–1201

21. Y. Liu, J. Zhao, C.C.-A. Yuan, G.Q. Zhang, F. Sun, Chip-on-flexible packaging for high-power flip-chip light-emitting diode by AuSn and SAC soldering. IEEE Trans. Compon. Packag. Manufact. Technol. **4**(11), 1754–1759 (2014)

22. A.A. Mani, M. Arch, Direct attach led soldering by new printable AuSn paste. Presented at the 20th European microelectronics and packaging conference and exhibition: enabling technologies for a better life and future, EMPC 2015, 2016

23. S.A. Paknejad, S.H. Mannan, Review of silver nanoparticle based die attach materials for high power/temperature applications. Microelectron. Reliab. **70**, 1–11 (2017)

24. K.S. Siow, Y.T. Lin, Identifying the Development State of Sintered Silver (Ag) as a Bonding Material in the Microelectronic Packaging Via a Patent Landscape Study. Journal of Electronic Packaging **138**(2), 020804 (2016)

25. A.A. Bajwa, Y. Qin, R. Reiner, R. Quay, J. Wilde, Assembly and packaging technologies for high-temperature and high-power GaN devices. IEEE Trans. Compon. Packag. Manufact.

Technol. **5**(10), 1402–1416 (2015)

26. T. Kunimune, M. Kuramoto, S. Ogawa, T. Sugahara, S. Nagao, K. Suganuma, Ultra thermal stability of LED die-attach achieved by pressureless Ag stress-migration bonding at low temperature. Acta Mater. **89**, 133–140 (2015)

27. S.-K. Lin, S. Nagao, E. Yokoi, C. Oh, H. Zhang, Y.-C. Liu, S.-G. Lin, K. Suganuma, Nano-volcanic eruption of silver. Sci. Rep. **6**, 34769 (2016)

28. F. Le Henaff, S. Azzopardi, J.Y. Deletage, E. Woirgard, S. Bontemps, J. Joguet, A preliminary study on the thermal and mechanical performances of sintered nano-scale silver die-attach technology depending on the substrate metallization. Microelectron. Reliab. **52**(9), 2321–2325 (2012)

29. K. Suganuma, S.-J. Kim, K.-S. Kim, High-temperature lead-free solders: properties and possibilities. JOM **61**(1), 64–71 (2009)

30. H. Zhang, S. Nagao, K. Suganuma, H.-J. Albrecht, K. Wilke, Thermostable Ag die-attach structure for high-temperature power devices. J. Mater. Sci. Mater. Electron. **27**(2), 1337–1344 (2015)

31. T. Nguyen et al., Characterizing the mechanical properties of actual SAC105, SAC305, and SAC405 solder joints by digital image correlation. J. Electron. Mater. **40**(6), 1409–1415 (2011)

32. L. Ho, H. Nishikawa, J. Mater. Eng. Perform. **23**(9), 3371–3378 (2014)

33. H. Nishikawa et al., Mater. Trans. **51**(10), 1785–1789 (2010)

34. C. Oh, S. Nagao, K. Suganuma, Pressureless bonding using sputtered Ag thin films. J. Electron. Mater. **43**(12), 4406–4412 (2014)

35. W. Liu et al., Mater. Sci. Eng. A **651**, 626–635 (2016)

36. R. Khazaka, L. Mendizabal, D. Henry, Review on joint shear strength of nano-silver paste and its long-term high temperature reliability. J. Electron. Mater. **43**(7), 2459–2466 (2014)

37. C. Oh, S. Nagao, T. Sugahara, K. Suganuma, Hillock growth dynamics for Ag stress migration bonding. Mater. Lett. **137**, 170–173 (2014)

38. C. Oh, S. Nagao, T. Kunimune, K. Suganuma, Pressureless wafer bonding by turning hillocks into abnormal grain growths in Ag films. Appl. Phys. Lett. **104**(1), 161603 (2014)

39. K. Park, D. Seo, J. Lee, Conductivity of silver paste prepared from nanoparticles. Colloids Surf. A Physicochem. Eng. Asp. **313**, 351–354 (2008)

40. K.S. Siow, Are sintered silver joints ready for use as interconnect material in microelectronic packaging? J. Electron. Mater. **43**(4), 947–961 (2014)

41. H. Zheng, K.D.T. Ngo, G.-Q. Lu, Temperature cycling reliability assessment of die attachment on bare copper by pressureless nanosilver sintering. IEEE Trans. Device Mater. Relib. **15**(2), 214–219 (2015)

42. J. Li, C.M. Johnson, C. Buttay, W. Sabbah, S. Azzopardi, Bonding strength of multiple SiC die attachment prepared by sintering of Ag nanoparticles. J. Mater. Process. Technol. **215**(1), 299–308 (2015)

43. S.T. Chua, K.S. Siow, Microstructural studies and bonding strength of pressureless sintered nano-silver joints on silver, direct bond copper (DBC) and copper substrates aged at 300 °C. J. Alloys Compd. **687**, 486–498 (2016)

44. J. Jiu, H. Zhang, S. Koga, S. Nagao, Y. Izumi, K. Suganuma, Simultaneous synthesis of nano and micro-Ag particles and their application as a die-attachment material. J. Mater. Sci. Mater. Electron. **26**(9), 7183–7191 (2015)

45. K. Suganuma, S. Sakamoto, N. Kagami, D. Wakuda, K.-S. Kim, M. Nogi, Low-temperature low-pressure die attach with hybrid silver particle paste. Microelectron. Reliab. **52**(2), 375–380 (2012)

46. J. Jiu, H. Zhang, S. Nagao, T. Sugahara, N. Kagami, Y. Suzuki, Y. Akai, K. Suganuma, Die-attaching silver paste based on a novel solvent for high-power semiconductor devices. J. Mater. Sci. **51**(7), 3422–3430 (2015)

47. S.A. Paknejad, G. Dumas, G. West, G. Lewis, S.H. Mannan, Microstructure evolution during 300°C storage of sintered Ag nanoparticles on Ag and Au substrates. J. Alloys Compd. **617**, 994–1001 (2014)

48. H. Zhang, S. Nagao, K. Suganuma, Addition of SiC particles to Ag die-attach paste to improve high-temperature stability; grain growth kinetics of sintered porous Ag. J. Electron. Mater. **44**(10), 3896–3903 (2015)

49. M.O. Alam, Y.C. Chan, K.N. Tu, Elimination of Au-embrittlement in solder joints on Au/Ni metallization. J. Mater. Res. **19**(5), 1303–1306 (2011)

50. H.G. Tompkins, M.R. Pinnel, Relative rates of nickel diffusion and copper diffusion through gold. J. Appl. Phys. **48**(7), 3144–3146 (1977)

51. K.M. Chow, W.Y. Ng, L.K. Yeung, Barrier properties of Ni, Pd and Pd-Fe for Cu diffusion. Surf. Coat. Technol. **105**(1), 56–64 (1998)

52. M.O. Alam, Y.C. Chan, K.C. Hung, Interfacial reaction of Pb-Sn solder and Sn-Ag solder with electroless Ni deposit during reflow. J. Electron. Mater. **31**(10), 1117–1121 (2002)

53. M.O. Alam, Y.C. Chan, K.C. Hung, Reliability study of the electroless Ni-P layer against solder alloy. Microelectron. Reliab. **42**(7), 1065–1073 (2002)

54. H. Zhang, C. Chen, S. Nagao, K. Suganuma, Thermal fatigue behavior of silicon-carbide-doped silver microflake sinter joints for die attachment in silicon/silicon carbide power devices. J. Electron. Mater. **46**(2), 1055–1060 (2017)

55. H. Zhang, S. Nagao, S. Kurosaka, H. Fujita, K. Yamamura, A. Shimoyama, S. Seki, T. Sugahara, K. Suganuma, Thermostable electroless plating optimized for Ag sinter die-attach realizing high T J device packaging, 2016, pp. 1–4

56. S. Nagao, T. Sugioka, S. Ogawa, T. Fujibayashi, Z. Hao, K. Suganuma, High thermal stability of SiC packaging with sintered Ag paste die-attach combined with imide-based molding. Int. Symp. Microelectron. **2015**(1), 000349–000352 (2015)

57. Y. Mei, G.-Q. Lu, X. Chen, S. Luo, D. Ibitayo, Effect of oxygen partial pressure on silver migration of low-temperature sintered nanosilver die-attach material. IEEE Trans. Device Mater. Reliab. **11**(2), 312–315 (2011)

58. G.T. Kohman, H.W. Hermance, G.H. Downes, Silver migration in electrical insulation. Bell Syst. Tech. J. **34**(6), 1115–1147 (1955)

59. B.-I. Noh, J.-W. Yoon, K.-S. Kim, Y.-C. Lee, S.-B. Jung, Microstructure, electrical properties, and electrochemical migration of a directly printed Ag pattern. J. Electron. Mater. **40**(1), 35–41 (2010)

60. S. Yang, A. Christou, Failure model for silver electrochemical migration. IEEE Trans. Dev. Mater. Reliab. **7**(1), 188–196 (2007)

61. M. Kuramoto, T. Kunimune, S. Ogawa, M. Niwa, K.-S. Kim, K. Suganuma, Low-temperature and Pressureless Ag-Ag direct bonding for light emitting diode die-attachment. IEEE Trans. Compon. Packag. Manufact. Technol. **2**(4), 548–552 (2012)

62. C. Oh, S. Nagao, K. Suganuma, Silver stress migration bonding driven by thermomechanical stress with various substrates. J. Mater. Sci. Mater. Electron. **26**(4), 2525–2530 (2015)

63. A. Michaelides, M.L. Bocquet, P. Sautet, A. Alavi, D.A. King, Structures and thermodynamic phase transitions for oxygen and silver oxide phases on Ag{1 1 1}. Chem. Phys. Lett. **367**(3), 344–350 (2003)

第 3 章 烧结银焊点工艺控制

K.S.Siow, V.R.Manikam, S.T.Chua

3.1 引言：利用烧结银作为芯片连接材料

银（Ag）烧结为一些高温工作的功率器件提供了一种可替代的低温芯片连接（Die-Attach, DA）工艺。如图 3-1 所示，对于高温应用的功率器件，几乎没有能够同时满足经济性、可靠性以及可扩展性的替代方案。此外，高温 DA 材料必须拥有优异的导热性和导电性；芯片和基板之间的 CTE 要低；材料对被黏结表面（主要是 Cu）拥有良好的润湿性和黏附力；烧结后拥有适当的机械性以提供应力松弛；拥有抗蠕变疲劳和耐腐蚀性的良好的寿命行为；以及在大规模制造环境中易于加工和返工（如有必要）[1]。

在典型的功率器件例如功率模块或分立功率器件的封装中，DA 表面为硅或宽带隙芯片提供热、电、结构以及机械支持，以保证被焊接的芯片能够在最佳范围内工作[3]。DA5 联盟⊖ 为功率芯片的连接材料的选用做了以下 5 个规定[4]：

1）符合 AEC-Q100/ Q1010 级；

2）高于典型结温 175℃，甚至达到 200℃；

3）表面贴片设备能够在 260℃下实现回流焊；

4）3 级及以上的湿敏度；

5）能够承受 260℃以上的引线键合温度。

基于以上这些要求，Ag 烧结是符合高性能芯片连接的优选材料之一，这在图 3-2 中与 Ag 烧结相关的整个价值链中的主要制造商申请以及拥有的专利数量得以体现[5]。本章将对在制造环境中选择和实现 Ag 烧结作为 DA 焊点工艺进行讨论。

⊖ DA5 联盟由博世、英飞凌科技、恩智浦半导体、意法半导体以及安世半导体五家公司组成，成立的目的是寻找替代性无铅技术，以符合欧盟 2011/65/EU 有害物质限制（ROHS）指令。

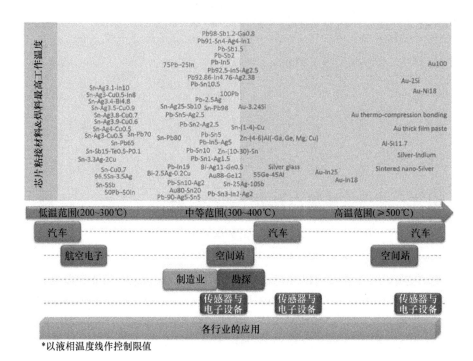

图 3-1 芯片连接材料按工作温度和应用分类 [2]

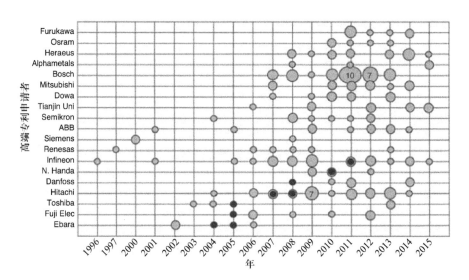

图 3-2 1996—2015 年间的主要半导体和电子制造商的应用专利申请

3.2 选择烧结银的因素

图 3-3 所示为一种选择烧结 Ag 作为 DA 焊点材料的方法。由于施加压力需要重新研究材料规格、材料特性、设备、以及功率封装对工艺的要求，所以在上述烧结过程中施加压力成为关键的问题。

图 3-3 一种选择烧结 Ag 作为 DA 焊点材料的方法

除了材料规格外，还需要了解设备对材料规格的需求，因为并非所有的元器件都需要烧结 Ag 的这种优越特性。而如果设备的性能需要烧结 Ag 的高温性能，那么在接下来则需要研究在大规模制造中的材料特性以及工艺和设备在开发方面的投资。如图 3-4 所示，烧结 Ag 的材料性能可靠性与工艺路线的选择相关。如图 3-5 所示，设备的处理能力如模板印刷或点胶，以及其处理材料特性的能力都会影响烧结工艺的选择。图 3-4 与图 3-5 显示的这些因素是相互关联的，并且会影响封装设备的整体性能，而在这个阶段，对于烧结炉改进、烧结过程中惰性气体或还原气体（或真空）的填充、以及晶圆背面金属化等相关成本等都需要与总产品的体积一起考虑。

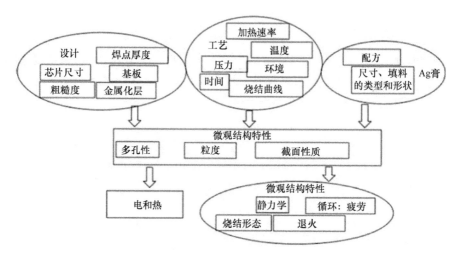

图 3-4　影响烧结 Ag 焊点可靠性的因素 [5]

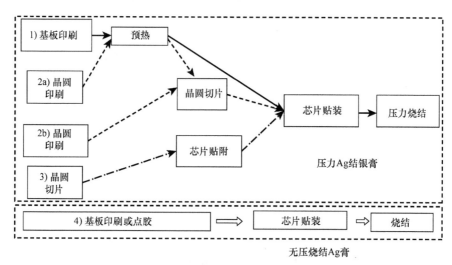

图 3-5　形成烧结 Ag 焊点的四个主要工艺 [5, 7]

3.3　压力烧结与无压烧结的烧结银焊点比较

无压烧结成本低廉，易实现，应用于一些小型应用设备能够达到预期的可靠性，但这种技术产生的 Ag 焊点是不稳定的多孔微结构，而且在一些严苛的应用可靠性测试中会不断的恶化 [8, 9]。在另一个方面，压力辅助烧结 Ag 焊点拥有均匀的微结构以及大约 80% 的致密性，能够"吸收"疲劳载荷下的热机械应力。压力辅助烧结 Ag 焊点的微观结构稳定性归因于烧结金属焊点在烧结中的最终孔隙率与初始孔隙率的相似比 [11]。因此，一个拥有低孔隙率的初始结构，通过压力烧结，可能会形成高致密性的烧结 Ag 焊点。对于微观结构，施加压力能够增加 Ag

纳米粒子的内在驱动力，使其聚结、烧结以形成 Ag 焊点。烧结步骤基于如下的麦肯齐 - 沙特尔沃斯（Mackenzie-Shuttleworth）方程式[12]：

$$\frac{\mathrm{d}\rho}{\mathrm{d}t} = \frac{3}{2}(\frac{\gamma}{r} + P_{施加})(1-\rho)[1-\alpha(\frac{1}{\rho}-1)^{\frac{1}{3}}\ln\frac{1}{1-\rho}]\frac{1}{\eta} \qquad (3\text{-}1)$$

式中，$\mathrm{d}\rho/\mathrm{d}t$ 是致密化率；r 为粒子的直径；（$\gamma/r + P_{施加}$）是致密化的驱动力；α 为几何常数；$P_{施加}$是施加的烧结应力；ρ 为密度；γ 为表面能；η 致密黏度。

当纳米颗粒的表面反应不能致密到所需的机械力、电力、以及热力性能时，施加的烧结应力（$P_{施加}$）给烧结 Ag 颗粒提供了额外的黏结驱动力。烧结压力、烧结时间以及烧结温度是能否形成可靠的 Ag 焊点的铁三角，减小三个参数中的一个，可以通过增加其他两个参数进行补偿。在生产性能方面，这个铁三角也间接地决定了芯片连接工艺的循环次数。如图 3-6 所示的 TO263 封装，应用烧结压力能够将传统的无压烧结时间的 1 ~ 2 个 h 的循环时间减少至 2min 依旧能够达到预期的烧结剪切应力。

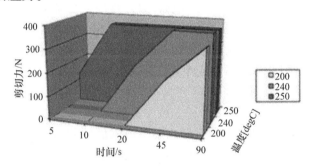

图 3-6　10MPa 压力烧结时烧结温度和烧结时间对 TO263 封装芯片的剪切强度的影响
（彩图见插页）

除了能够缩短循环时间，生产面积大于 100mm² 的芯片的烧结 Ag 焊点同样也需要烧结辅助压力。直到目前为止，可靠性无压烧结 Ag 焊点依旧被限制于尺寸小于 100mm² 的芯片，而这种小型芯片通常应用于 LED 或者功率模块中使用的较小二极管中。而较大的芯片由于会阻碍氧气向内部的扩散，从而使得处于芯片中间的 Ag 膏分散剂和黏合剂难以分解，残余黏合剂可防止烧结 Ag 纳米粒子的颈缩，并为烧结 Ag 焊点提供长期可靠性[14]。

3.4　银烧结中的关键步骤

图 3-5 描述了在制造环境中烧结 Ag 焊点的工艺步骤。如前所述，在烧结中施加辅助压力或者无压力都能够形成烧结 Ag 焊点，具体取决于烧结 Ag 膏、烧结设备以及烧结工艺要求。无压烧结工艺与目前使用的导电胶直连工艺类似，而压力辅助烧结的烧结 Ag 焊点则需要增加额外的芯片贴片步骤以及额外的烧结压力

以形成 Ag 焊点。

3.4.1 基板或晶圆印刷

虽然 Ag 膏的印刷过程与焊料的印刷类似，但是用作电子封装中的 DA 材料的烧结 Ag 焊膏配方却跟 Sn-Pb 或 Sn-Ag-Cu 不同且不容易理解。因此，对基板或者晶圆的印刷开发一些工艺是有必要的，而且公司对于这项工作是保密的，并且这会随着开发所需要的高成本 Ag 焊膏材料进一步加剧。

3.4.2 预热

预热是为了防止在加压烧结过程中焊料被挤出，同时保证半导体芯片和基板的结合界面能够拥有足够的粘附性。但是过度预热会导致 Ag 膏硬化而抑制在压力烧结过程中与半导体芯片的粘接[15]。另外一些学者对贴片半导体芯片之后进行预热的 Ag 烧结可行性进行研究，发现这种方法烧结连接的芯片拥有较低的芯片剪切强度和较小的工艺窗口。在芯片贴片后进行预热会夹带焊膏中的溶剂，这些夹带溶剂会导致在压力烧结过程中出现大量的空隙。如图 3-7 所示，预热过程并非烧结，预热只是让 Ag 填料发生颈缩，而随后的压力烧结会引导 Ag 颗粒与颗粒之间发生合并最后粘接形成 Ag 界面（见图 3-7b）。

关于预热参数的设定，一些研究人员规定气压在 $4.0 \times 10^{-4} \sim 5.5 \times 10^{-3} Pa$ 下的空气流速 $0.5 \sim 3 L/min$，温度介于 $100 \sim 150 ℃$ 进行预热 $30 \sim 60 min$[17]。而在过度的预热的情况下，在进行压力烧结之前可以添加增黏剂以提高芯片的定位精度以及附着力[18]。而这种增黏剂可能会带来烧结残留的问题，因为这个工艺以及 Ag 带的设计是为了去除在烧结后的清洁工艺。这个工艺通常是利用芯片焊接机或者倒装芯片焊接机来完成，芯片的贴片时间能够缩短至 $50 ms$[19]。

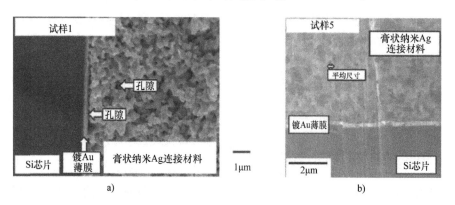

图 3-7　a）130℃预热 30min 后烧结 Ag 焊点在镀 Au 的 Si 处的贴合面　b）在 130℃预热 30min，然后在 10MPa 压力下以 250℃烧结 90s 后，在镀 Au 的 Si 和烧结 Ag 焊点之间界面微结构的聚焦离子束的 SEM 照片

3.4.3　压力烧结设备

原则上，所有的伺服液压机都可以用于进行压力烧结。添加硅橡胶和特氟龙胶带用以缓冲对芯片表面的直接接触，同时还可以用来调节安装在不同的基板上的半导体芯片之间的微小高度差。在商业应用中，半导体封装中的压力烧结所使用的压模、烧结炉以及压力机进行压力施加（供应商如 ASM Technology、Boschman Technology、Locatelli Meccanica，PINK GmbH Thermosystem）。其中 Locatelli Meccanica 公司致力于使用液压方式，Boschman 公司在烧结过程中采用气压或者更为常见的动态驱动嵌入。有意思的是，一些半导体器件生产厂家 [如英飞凌（Infineon）科技 [20]、ABB 研究院 [21]、飞思卡尔半导体 [22]（现在隶属于 NXP 半导体公司）以及国际整流公司 [23]（现在隶属于英飞凌科技）等] 也持有该领域的专利，不过如果烧结 Ag 在未来成为一个关键的粘接技术，相信其申请专利的主要目的在于以获得自由经营的权利以及进行合理的专利交换。

就烧结工艺而言，典型的压力烧结方式是在烧结温度为 220 ～ 270℃时施加 3 ～ 30MPa 的烧结辅助压力。而在压力烧结中，需要使用高达 10MPa 的模具夹紧力以固定基板，这个需要特殊的工具来将这些力传递到烧结区而不至于损坏厚度小于 500μm 的半导体芯片。保证压力设备的上下两个压力板之间的平行度对确保施加在半导体芯片与基板上的压力相等至关重要。正如前面所提到的，可以利用硅橡胶（一般只有几毫米厚）和特氟龙薄膜（50 ～ 200μm 厚）用来缓冲压力板和半导体芯片顶面之间的冲击。在这种情况下，使用带有更厚 Ag 膏的半导体芯片比带有较薄银膏的半导体芯片能够承受更高的压力。

因此，使用垫片能够补偿固定在经过干燥后的 Ag 印刷基板上的半导体芯片的不同高度。图 3-8 所示为在烧结加压中使用的不同插入块，弹簧加载垫片常被用于补偿不同芯片厚度的高度，但是弹簧在温度高于 250℃的压力烧结中会发生脆化。因此，气压动态嵌入技术用于补偿压力烧结循环过程中补偿相邻芯片或基板之间的高度差 [24]。动态嵌入设备图如图 3-9 所示。

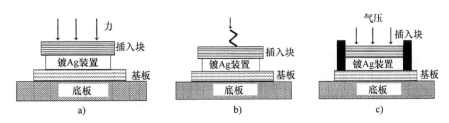

图 3-8　烧结压力机用垫片的演变
a）静压插入技术　b）弹簧插入技术　c）动态插入技术

图 3-9　压力烧结设备底部工具（左）和冲压烧结工具（右）（由 Boschman 公司提供）[13]

烧结压力的单位每小时（Units Per Hour，UPH）值取决于循环时间以及产品每周期的工具更换时间。目前模块化设计允许在不同的封装设计之间更换设备工具的时间不能超过 5min。压力烧结的典型循环时间为 2 ~ 3min，这个由前面所提到的烧结温度、烧结时间以及烧结压力决定。所需要烧结的产品数量取决于模块或者封装区域的大小。一台压力烧结机的有效烧结面积为 350mm × 270mm[25]。因此，可以根据烧结面积、封装尺寸和"死区面积"计算出 UPH 的近似值。死区指的是在封装设计中不能于烧结压力机完全平齐的周围区域。在一项研究中表明，烧结机的日产量能够达到 800 张 / 天 [26]。

3.4.4　芯片塑封 - 贴片 - 压力烧结

压力烧结也应用于包括芯片贴片前以及前面所提到的单步压力烧结的 Ag 带塑封切片（参见图 3-5 中的 3）。这种采用芯片焊接机或倒装芯片焊接机 [如 EVO2200（Datacon）或 SETFC-150（Smart Equipment Technology）] 的压力辅助烧结方法由 Alpha Metals 公司首创 [104]。图 3-10 对 Ag 膏在预热阶段的黏合剂的升华和分解所形成空隙（图 3-10a）与烧结阶段中纳米 Ag 带中的 Ag 纳米颗粒形成的粘接 Ag 颈（图 3-10b）进行对比，由图可见，在初始烧结和形成镀 Au 的 Si 需要进行压力烧结。

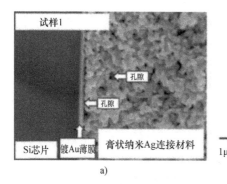
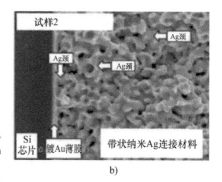

a)　　　　　　　　　　　　　　　　　　b)

图 3-10　a）Ag 膏在 130℃预热 30min 后的 SEM 图　b）纳米 Ag 带在 10MPa 压力下 250℃烧结 90s 的贴合面处的 SEM 图

再看图 3-11，由于 Ag 浆中残留的黏合剂可能会限制晶粒的生长，导致 Ag 浆烧结银焊点比纳米 Ag 带烧结 Ag 焊点的晶粒尺寸要小[16]，而这种残留碳化物能够在电镀 Au-Ni 基板上 Ag 膏烧结形成的烧结 Ag 焊点中被观察到[27]。

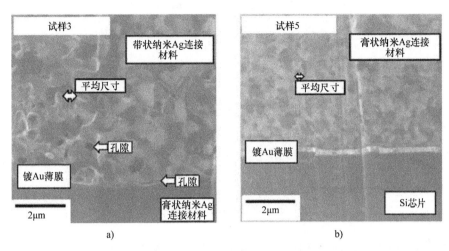

图 3-11　a）10 MPa 压力下 250℃烧结 180s 后的镀 Au 的 Si 与纳米 Ag 带
b）镀 Au 的 Si 与在 130℃预热 30min 后的纳米 Ag 膏的界面微结构的聚焦离子束

使用纳米 Ag 带作为黏结材料的工艺发展中，晶圆按标准单位锯片，然后放置在叠片包装机、馈线机，或者凝胶封装®（Gel-Pak®），最后保存在锯环中。利用倒装芯片的焊接头（EVO2200 或 FC150）拾起已经分锯好的芯片放置在纳米 Ag 带上，将焊点的焊接温度升高至超过 120℃，以提高纳米 Ag 带的粘附性[19]。然后，焊接头将按顺序在基板的指定位置放置并加压烧结镀 Ag 层的芯片。虽然这种顺序压力烧结产量低于图 3-5 中所示的其他量产工艺，但是这种工艺方法在粘接不同尺寸的半导体管芯和贴片精度小至 30μm 时提供了灵活性。由于发光二极管模块将发射器贴片在仅有狭窄的 100μm 的区域内，所以精确贴片对于发光二极管模块来说是非常重要的。SETFC-15 的贴片精度小至 1μm[28]，以及 EVO2200（Datacon）的贴片精度小至 7μm，这些贴片精度都完全在芯片贴片机的精度范围内。因为这种方法采用的是器件的顺序的串联式烧结，所以 UPH 会低于前面所提到的压力烧结（即基板或晶圆印刷），但是这种芯片塑封方法为半导体芯片在基板上提供了可选择性和精确贴片。

3.5　大规模生产中银烧结的工艺控制

在一个制造环境中，需要对 Ag 烧结工艺进行过程控制，以确保在不同的封装设计中所生产的 Ag 焊点的质量。除非另有说明，类似于图 3-12 的过程工具可用于检测烧结 Ag 焊膏和塑封 \Ag 带 \Ag 膜工艺过程，尽管有的时候需要进行微小的调整以适应这两种形式下的 Ag 烧结材料的物理性质以及化学性质。

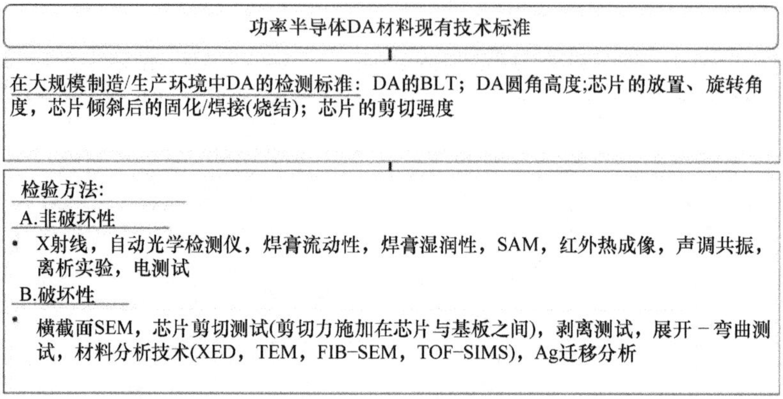

```
┌─────────────────────────────────────────────────────────────┐
│              功率半导体DA材料现有技术标准                        │
└─────────────────────────────────────────────────────────────┘
┌─────────────────────────────────────────────────────────────┐
│ 在大规模制造/生产环境中DA的检测标准：DA的BLT；DA圆角高度;芯片的放置、旋转角 │
│ 度，芯片倾斜后的固化/焊接(烧结)；芯片的剪切强度                     │
└─────────────────────────────────────────────────────────────┘
┌─────────────────────────────────────────────────────────────┐
│ 检验方法：                                                      │
│   A.非破坏性                                                    │
│ • X射线，自动光学检测仪，焊膏流动性，焊膏湿润性，SAM，红外热成像，声调共振， │
│   离析实验，电测试                                               │
│   B.破坏性                                                      │
│ • 横截面SEM，芯片剪切测试(剪切力施加在芯片与基板之间)，剥离测试，展开－弯曲测 │
│   试，材料分析技术(XED，TEM，FIB-SEM，TOF-SIMS)，Ag迁移分析       │
└─────────────────────────────────────────────────────────────┘
```

图 3-12　Ag 烧结 DA 工艺中的检测工具

3.5.1　烧结银焊点的键合线厚度、孔隙率和圆角高度的控制

优化控制 Ag 烧结中的键合线厚度（Bond Line Thickness，BLT）与焊接（膏体及其制备）技术或者环氧基技术同等的重要。在 Ag 烧结中，BLT 会影响芯片下的孔隙形成以及封装中的 Ag 迁移失效。虽然孔隙能够提供柔顺性并降低 DA 层的 CTE，但是孔隙（尤其是形状不规则的孔隙）会给界面裂纹扩展提供路径。由于孔隙具有隔热性和电绝缘性，所以过多的烧结孔隙会将会导致芯片过热失效或电气性能下降。因此，有效量化烧结 Ag 焊点中的孔隙率是生产可靠烧结 Ag 焊点的首要一步，也是关键一步。

与孔隙率相关问题虽已在第 1 章中有所讨论，但在本节依然需要强调生产烧结 Ag 焊点的过程控制对孔隙率的影响。总的来说，由于不同的量化法、被测位置（中心与侧面）、优化的回流焊曲线，以及已发表结果中不同 Ag 膏配方，在烧结过程中即使施加类似压力都可能导致烧结 Ag 焊点中测量的孔隙率不同。大部分的学者使用图像处理软件以过滤其他的干扰并且将图像"二值化"到灰度中的期望阈值，以获得孔隙率的百分比（参见图 3-23）。但这种主观方法很少在研究学者间和已经发表及出版的文章或者书籍中有所讨论。其他的一些学者则是在成像步骤之前利用腐蚀剂（例如 $25\%NH_4$/ 蒸馏水 $/100\%H_2O_2 = 11:10:16$）腐蚀烧结 Ag 焊点以及去除机械抛光过程中出现的 Ag 污渍以显露出烧结 Ag 焊点的微观结构[30]。但是这个腐蚀步骤给烧结 Ag 焊点的孔隙率的百分比也带来了额外的不确定性。一些学者会使用聚焦离子束抛光法来减少这种不确定性，但这种抛光方法却比机械抛光成本更高，并且抛光后的面积测量也受限。

　　就位置而言，由于在烧结过程中有机挥发物从黏合剂挥发并释放气体，导致孔隙往往会在芯片边缘堆积[31]。优化烧结工艺曲线能够减少烧结 Ag 焊点中的密度不均匀性以及不规则形状孔隙。在烧结之前，芯片的贴片步骤也会从 Ag 膏中挤压出"液体"，这种现象称为挤压膜流动，这个会导致在烧结工艺期间芯片中心的孔隙率较低[32]。不过幸运的是，芯片中心的低的孔隙率能为在芯片中心产生的热量提供了很好的散热路径。

　　就尺寸而言，由于在烧结的预热阶段除去了 Ag 焊膏中的溶剂，所以印刷的 Ag 膏通常会收缩至原来厚度的一半[33]。不过关于老化过程中厚度的进一步收缩，依旧存在着分歧。Chua 等人在参考文献 [9] 中指出，Ag 膏厚度会由于孔隙融合而减少 25%，不过在其他学者的文章中把这一老化过程中所产生的厚度变化忽略不计，因为他们认为烧结 Ag 膏的厚度收缩被与衬底或半导体管芯的界面拉伸应力持平[31]。这种差异的存在可归因于不同的初始致密性为致密化提供热力学驱动。此外，孔隙率与烧结 Ag 焊点中的 BLT 存在着一种相反的关系，这是由于与高剪切应力相关的较薄的 BLT 抑制了烧结 Ag 焊点内的孔隙率的收缩[31]。因此，需要定义好初始工艺条件（即烧结曲线和烧结 BLT），以获得 BLT 厚度和孔隙率百分比的平衡[31]。

　　此外，由于 Ag 倾向于向衬底表面迁移，从而在 BLT 的芯片外侧产生孔隙，所以 BLT 也会影响 Ag 的迁移行为[31]。这些由于 Ag 迁移产生的孔洞将会导致易断裂层从 BLT 的基板边缘向芯片的金属化层转移。

　　另外，在进行芯片的贴片前需要对 BLT 及 BLT 内的孔隙进行监控。无论是 Ag 烧结材料的工艺选择以及材料特性，还是膏状或者带状，在这里都起着主要作用。使用压力烧结来得到最为理想的最优 BLT，需要平衡材料的利用率、材料的属性以及材料选择（Ag 膏或者 Ag 带）。与 Ag 膏相比，使用 Ag 带进行压力烧结提供了对孔隙尺寸、孔隙分布以及对芯片下方银迁移阻力的更好控制如图 3-13 所示。

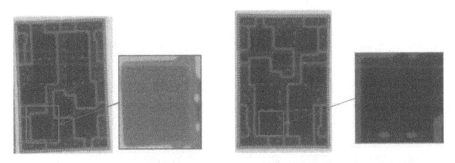

图 3-13　扫描声学显微镜图像：（左）预热过的 Ag 膏通过压力烧结在有明显除气孔的裸 Cu -DBC 板上可以清晰可见；（右）在 Ag 带通过压力烧结在裸 Cu DBC 板上未观察到任何孔隙

除了孔隙的性质之外，尽管芯片厚度比烧结 Ag 焊点的圆角高度更能决定机械应力，但焊点的圆角高度也需要控制，以避免在芯片的边缘产生不必要的机械应力。最佳 DA 圆角高度应该在芯片厚度的一定的百分比内，以减少这种应力的产生[34, 35]。在无压烧结的情况下，圆角高度将沿着芯片的边缘自然形成，这个圆角高度由 Ag 膏配方、点胶 / 印刷以及 Ag 膏的预热所确定。另外，压力烧结中利用施加的压力控制 Ag 焊点的挤压量以及焊点密度。图 3-14 与图 3-15 所示为因为使用烧结压力与其他的工艺参数不当而导致的烧结缺陷。例如压力烧结 Ag 膏和 Ag 带分别出现的芯片 - DA 分离（分层）、芯片 -DA 出现裂纹 DA 层翘起等。

图 3-14　预热后的 Ag 膏通过压力烧结在裸 Cu DBC 基板上的 SEM 图像，可以看到部分 DA
圆角（左）和 DA 从芯片中分离（中和右）

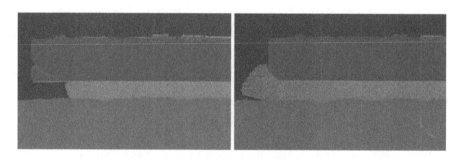

图 3-15　Ag 带通过压力烧结在裸 Cu DBC 基板上的 SEM 图像（左），压力烧结后，由于贴片
误差以及 DA 圆角翘起而导致的芯片破裂（右）

在这里，结合 SAM 技术与 SEM 技术可以监测烧结 Ag 焊点中的孔隙在压力烧结过程中的生长过程。SAM 可以作为一种过程中的控制工具，利用无水浸没系统来对 IGBT 功率模块中的烧结银焊点内的孔隙成像[36]。虽然这种无水浸没设置不会弄湿芯片顶部，但它仍有可能在烧结银焊点的孔隙内截留一些水分，这对器件的可靠性构成风险。而 SEM 能够通过提供坏点的失效分析来弥补这一过程控制。

3.5.2　银烧结的模具设备控制：芯片的贴片、旋转和倾斜

不同于焊料，烧结 Ag 焊点不会经历从固态向液态转变的这种固相线到液相线的转变[37]。在烧结过程中，Ag 烧结材料当有机物和挥发物燃尽时发生收缩。

这种缓慢的重量损失不会导致贴片后已经粘接的芯片发生倾斜或移动。这种几乎可以忽略不计的运动能够很好地控制芯片的贴片、旋转和倾斜，而这些都会关系到 DA 材料的挤出、芯片底部覆盖率以及芯片顶部的 DA 蠕变。然而，Ag 烧结焊膏材料的流变性需要根据所选择的工艺进行调整，即钢网印刷或点胶。Ag 烧结焊膏的覆盖范围还取决于点胶或印刷参数，即印刷速度、印刷图案（点胶）等，如图 3-16 所示。而另一方面，烧结 Ag 带在芯片贴片时需要比印刷或点胶中有更稳定的过程控制方案。

图 3-16　由于黏度和配料参数不当导致的 Ag 膏拖尾的不同结果（彩图见插页）

由于 Ag 烧结材并没有固—液—固转变，因此在进行烧结之前需要调整芯片的覆盖率。图 3-17 所示为由于粘接压力产生的"缓冲效应"而形成了圆角[38]。与焊料不同，由于 Ag 膏在焊点形成的过程中不会转化为液态，因此 Ag 膏不会回流到芯片和基板之间的缝隙中以形成完整的芯片覆盖。即圆角高度保持不变，仅会随着 Ag 焊膏在烧结过程中的重量损失和收缩而有所降低。所以，芯片下方的 Ag 烧结焊膏覆盖需要在芯片粘接时完成。

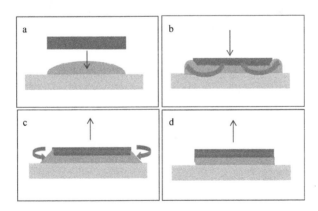

图 3-17　典型芯片贴片材料（如黏性环氧树脂、焊料，以及烧结 Ag）在芯片粘接中的变化

3.5.3　确保芯片粘接强度

芯片粘接强度能够作为半导体芯片和基板之间的导热率以及导电率的实用且简单的指标；由于在接合面和烧结 Ag 焊点内的紧密粘结驱使基板 - 烧结 Ag 芯片

焦点的连续性，所以高的芯片剪切强度表明也会拥有高的热导率。烧结 Ag 材料需要氧气（O$_2$）辅助分解烧结 Ag 膏中的有机 / 黏合物以及引导烧结 Ag 颗粒在烧结过程中的聚结和致密化[37, 39]。如图 3-18 所示，尽管 Cu 引线框基板在烧结过程中发生氧化，但提高 N$_2$-O$_2$ 气体中 O$_2$ 百分比能够提高连接的粘接强度[40]。然而，其他的研究表明，氧化铜基板所产生的不良键合，只能通过使用还原气体 H$_2$-N$_2$ 气体来进行改善[41]。此外，含氧烧结还有另一个不利影响，即 Ag 在高于 250℃ 迁移失效[42]。

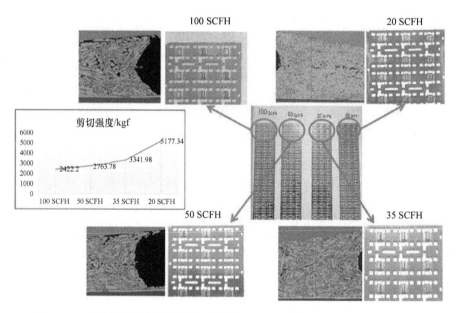

图 3-18　在充满惰性气体的烧结炉中烧结 Ag 焦点在裸 Cu 表面的剪切强度

一些研究者指出，无压烧结 Ag 焦点的芯片结合的剪切强度的增加并不是由烧结 Ag 的致密效应所引起的，而是由于 Ag 相的连续生长引起，即致密的 Ag 合金区域正好在 DBC 表面正上方，且宏观均匀烧结 Ag 焦点增加了结合强度[31]。连续的烧结 Ag 焦层可以通过适当的工艺参数选择来获得，这包括烧结环境，烧结温度、烧结时间、以及在烧结过程中施加的压力等。这种类型的烧结参数适用于烧结 Ag 膏和 Ag 带的烧结。

3.5.4　电气和可靠性测试

功率器件，尤其是像电源模块的这种高压器件，都需要进行良好的隔离，以为器件创造安全可靠的应用环境。传统的电隔离技术侧重于通过使用不导电的环氧树脂、聚酰亚胺，以及在芯片上镀上硅背以抑制和隔离 DA 区，而功率模块则使用不导电的硅胶来创造这种隔离环境。使用绝缘硅胶创建的隔离环境有助于避免晶粒生长和电化学迁移，而晶粒生长和电化学迁移都会导致功率器件发生早期寿命失效[43]。因此，需要标准化测试以确保这些电气隔离措施的可靠性。这些测试方法的细节（如热冲击、热循环、振动、高温储存等）在 JEITA EIAJ ED4701 以及他们相对应的 IEC68 标准都有详细的说明[44]。

3.6　烧结银焊点的失效分析技术

以下这些分析工具被用于分析不同的烧结银焊点的工艺进程研发以及封装可靠性的研究：差示扫描量热 - 热重分析仪（Differential Scanning Calorimetry-Thermal Gravimetric Analyzer，DSC-TGA）、热机械分析仪（Thermomechanical Analyzer，TMA）、扫描电子显微镜 - 能谱仪（Scanning Electron Microscopy-Energy Dispersive Spectroscopy，SEM-EDS）、聚焦离子束（Focused Ion Beam，FIB）、透射电子显微镜（Transmission Electron Microscopy，TEM）、飞行时间二次离子质谱仪（Time-of-Flight Secondary Ion Mass Spectroscopy，TOF-SIMS），热成像、X 射线成像技术和扫描声学显微镜以及 C- 扫描声学显微镜（C-Scanning Acoustic Microscopy，C-SAM）。除了分析工具，有限元分析以及热阻分析也为烧结 Ag 焊点的形成和可靠性提供了新的理论依据。

3.6.1　差示扫描量热 - 热重分析仪（DSC-TGA）

如前文所述，Ag 膏是由粘结剂、钝化剂 / 封端剂组成，这些有机物的添加能够防止 Ag 填料的结块和聚集。在缺少封端剂的情况下，Ag 填料（尤其是纳米 Ag）的颗粒会发生自烧结的现象。Ag 填料中的有机物分解同样是烧结 Ag 发生烧结的开始，因此，确定这些有机物的分解温度对于烧结而言是非常的重要。DSC 和 TGA 尽管操作原理有所不同，但是都能够测量出有机物的分解温度。

就 TGA 而论，温度范围在 150 ~ 300℃下，能够观察到有机物的分解或去除伴随着明显的重量损失，而分解温度范围取决于所选的有机物类型[45]。类似于其他的 DSC 热像图，将烧结曲线中的起始温度设定为最小峰值温度。图 3-19 进一步阐述了在当烧结 Ag 膏在空气或者氮气气氛中加热时的质量减少相关的起始温度和偏移温度的差异[47]。从中可以看出，空气气氛比氮气气氛更容易氧化分解烧结纳米 Ag 浆料中的有机物[39, 47]。由于氧化分解替代在惰性气体下的有机物纯解吸，所以这种差异会使重量减少情况加剧。因此，为了补偿这种差异，一般会对在氮气气氛中施加比空气气氛更高的烧结温度来对 Ag 膏进行烧结。

然而，一种错误的看法是认为有机物的去除只和唯一的放热事件相关联，因为将黏合剂从 Ag 浆中除去时也会出现吸热峰，如图 3-20 所示。这种不确定性归因于稀释剂在不同的烧结环境下所经历的分解反应。在一个含氧的气氛中，有机物的燃烧会产生放热峰[39]，而在惰性或还原气氛中加热时，有机黏合剂从银浆中脱附产生吸热峰[39, 49]。在加入 Ag$_2$O 和三甘醇（TEG）的 Ag 浆在 150℃左右出现了类似的放热峰，这个峰值大概在 DSC 峰值的 150℃左右，表明 Ag$_2$O 还原为 Ag 纳米粒子，Ag 纳米粒子与周围的 Ag 填料结合形成 Ag 焊点。而 TGA 的补充信息证实了 TEG 作为还原剂在烧结过程中的作用。

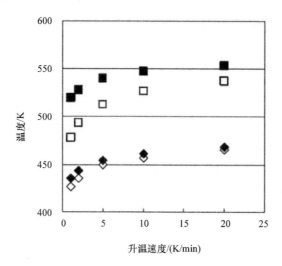

图 3-19　当分别在空气（白色）和氮气（黑色）下加热纳米银膏时。TGA 热分析图中质量损失的起始温度和偏移温度（菱形是起始温度，正方形是偏移温度）[47]

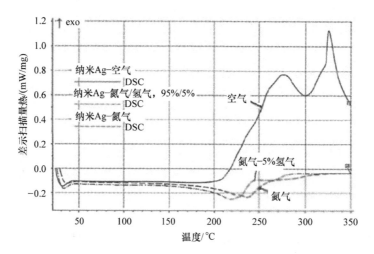

图 3-20　纳米 Ag 膏在空气、氮气以及 N$_2$-5%H$_2$ 气氛下烧结后的 DSC 热分析图

　　虽然去除 Ag 颗粒周围的有机涂层会启动烧结工艺，但 Ag 颗粒的尺寸也在确定最低烧结温度方面发挥重要的作用。图 3-21 所示为 Ag 纳米颗粒在退火前以及在 100℃、150℃、200℃和 250℃退火后的 DSC 曲线对比[50]。其中放热峰尖端标

志着 Ag 纳米颗粒烧结的开始。当纳米 Ag 完成退火后，与此烧结中相关的放热峰以及反应热开始减少并降至较低的温度。微观结构分析表明，退火使纳米 Ag 的初始尺寸增大，减小并改变了放热峰。当退火温度提高到 200℃时，放热峰完全消失，这个结果表明 DSC 分析中没有烧结步骤。

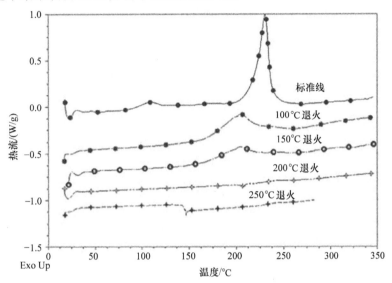

图 3-21　不同温度退火前后 Ag 纳米颗粒的 DSC 热像图，DSC 加热在 N₂ 气氛中进行，以较小杂质燃烧时所产生的放热

3.6.2　热机械分析仪（TMA）

　　在烧结工艺后，Ag 含量高的 Ag 膏的尺寸变化比 Ag 含量低的 Ag 膏的小[14]。因此，烧结 Ag 可能具有不同于纯 Ag 块的 CTE，但也有实验表明烧结 Ag 的 CTE 类似于纯 Ag 块能够达到 19ppm/℃，这是利用 TMA 根据烧结 Ag 厚度随温度增加而变化测量得到的[51]。有一些学者使用膨胀计来测量不同密度的烧结 Ag，尽管相对密度从 62% 到 97% 不等，但是 CTE 是没有变化的。

　　尽管 CTE 相似，但是 TMA 分析仪显示 Ag 颗粒在烧结过程中尺寸是在变化的。图 3-22 显示的是在不同温度下烧结的 Ag 纳米颗粒的 TMA 结果图[50]。Ag 块的初始尺寸增长归因于 Ag 的热膨胀。对于初始纳米 Ag 块以及分别在 150℃和 250℃烧结致密的致密烧结体，它们的大小都在 60℃、150℃和 250℃开始减小。出现这种收缩是由于纳米 Ag 颗粒在远超于烧结温度达到 400℃的峰值温度进行烧结。类似于这种放热减少，初始 Ag 纳米颗粒经历了较高的烧结温度并增加了纳米颗粒的有效尺寸，这导致在烧结过程中原子固态扩散的产生较低表面能以及较低的尺寸变化或尺寸收缩，参见图 3-21。对于在 500℃烧结的 Ag 纳米颗粒，压块中没有收缩，尺寸增加纯粹归因于热膨胀效应，这个表明在 TMA 试验之前烧结

Ag 已经完全烧结和收缩。

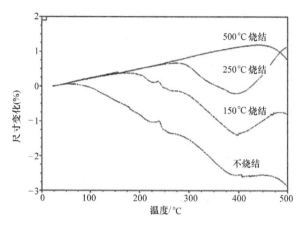

图 3-22   多尺度纳米 Ag 烧结以及分别在 150℃、250℃、500℃峰值温度烧结下的
TMA 热成像图[50]

3.6.3   扫描电子显微镜 - 能谱仪（SEM-EDS）

焊料焊接和烧结 Ag DA 在芯片的覆盖率方面的主要区别是它们在芯片的接合区域的润湿行为。在没有污染的情况下，熔融的 Sn 基焊料通过金属间化合物的形成完全润湿 Cu 或 Ag 基板，并能够在接合区域中自对准芯片。另一方面，Ag 膏中的 Ag 原子粒子仅通过在原子级水平的通孔上固态扩散润湿这些基板以形成粘接，而没有经历类似于焊料焊接中的固化过程。因此，需要对 Ag 焊点的界面和微观结构性能检查清楚，以确保 Ag 焊点的质量和可靠性。例如，在经历 300℃热老化 24h 后，芯片金属化为 Au 的烧结 Ag 连接出现了分层，而使用 Ag 金属化的在同样老化条件下未出现这种现象[52]。镀 Ag 芯片的附着力较好的原因在于金属化层与 Ag 膏中的原子结构和间距相似。这个发现为烧结 Ag 的金属化选择以及可靠性评估提供了有价值的信息。

除了能够提供晶粒尺寸以及其他的微观结构特性之外，SEM 还能够提供烧结 Ag 层中的孔隙率的额外信息。孔隙率不仅能够反映焊点密度，而且还会直接地影响到烧结 Ag 焊点的机械、热，以及电性能特性[53]。幸运的是，孔隙率是一种可以调节的特性，这个取决于在工艺过程中所施加的烧结压力[54]、烧结温度[55]、烧结时间[55]以及烧结气氛等[41]。

虽然大多数的 SEM 提供了基本的测量特征，但孔隙率的量化通常还需要借助 Image J 图像处理软件和 MATLAB 数值计算工具等进行图像处理。如 3.5.1 小节所述，使用这些图像处理工具的图像滤波来去除不想要的干扰，然后通过在灰度中设置想要的阈值"二值化"图像，如图 3-23 所示。然后，操作者可以利用图像处理软件通过所选择的区域内的白色或黑色覆盖的区域以量化孔隙率。

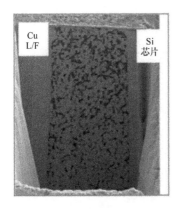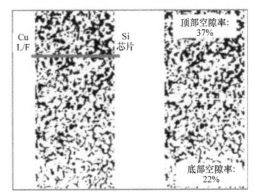

图 3-23　量化烧结 Ag 焊点中的孔隙率的 SEM 图像：左边为图像处理前，右边为图像处理后（"二值化"）[51]

孔隙度的定量分析可以用总孔隙度面积、孔径分布和孔形状因子来表征。这些孔隙率特征受到烧结参数[55]和可靠性试验期间热老化影响[9]。如图 3-24 与图 3-25 所示，在高的烧结温度、低的升温速率、长的烧结保持时间形成小尺寸的球形孔隙，而这种小孔隙能够提高烧结 Ag 焊点的机械性以及柔韧性[55]。这些信息对开发工程师优化烧结 Ag 的微观结构和连接性能具有重要的参考价值。

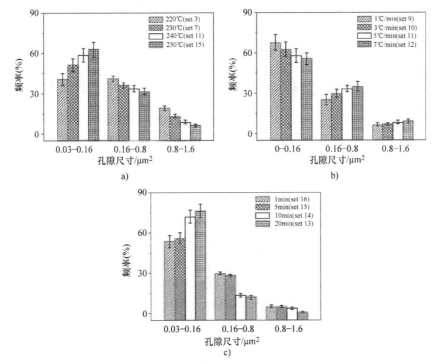

图 3-24　烧结纳米 Ag 在不同的烧结温度、升温速率、烧结保持时间下的孔隙尺寸分布[55]

a）不同烧结温度　b）不同升温速率　c）不同烧结保持时间

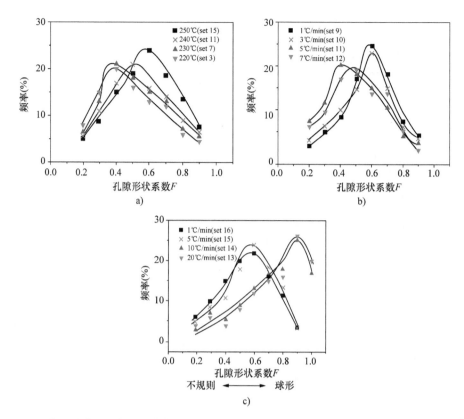

图 3-25 烧结纳米 Ag 在不同的烧结温度、升温速率、烧结持续时间的孔隙形状系数变化 [55]

a）不同烧结温度　b）不同升温速率　c）不同烧结持续时间

不同于焊料焊接，无论金属化层是 Au 还是 Ag，或者在烧结过程中与烧结后的热处理，烧结 Ag 在焊点焊接区域都不会形成任何 IMC。如它们各自的相图所示，IMC 层的缺失是由于这些金属元素之间的固溶体造成。如图 3-26 所示，进一步老化会产生高频的小球形孔隙，而这些球形孔隙能够为 Ag 焊点提供理想的机械性能。因此，在这一工艺的开发中，对烧结 Ag 焊点孔隙形态的表征提供了繁琐但非常重要的关键信息。

断裂分析通常能够提供焊点的失效原因，因为它能够揭示断裂机理和材料或焊点的最薄弱路径。在芯片的剪切试验中，芯片剪切强度能够测量 DA 层内的最薄弱环节的最高强度。粘接强度的变化与断口形貌密切相关。图 3-27 所示为纯 Ag 纳米颗粒、纯 Cu 纳米颗粒以及 Ag 和纳米 Cu 混合颗粒的烧结层的断裂表面 [57]。Ag 含量超过 50wt% 的烧结 Ag-Cu 混合焊点以细长韧窝断裂结构，这个表明韧性断裂对应高的剪切强度，如图 3-28 所示。相反，烧结 Ag-Cu 焊点中如果含有超过 50wt% 的 Cu 纳米颗粒，断裂时不会有太大的变形和屈服。而这种沿晶粒间断裂的行为属于脆性断裂，脆性断裂对应于低的剪切强度。

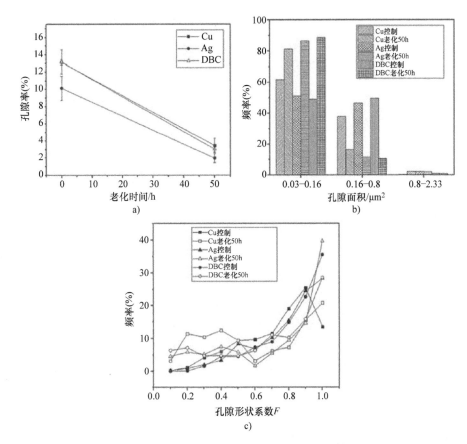

图 3-26　烧结纳米 Ag 焊点在 Cu、镀 Ag 基板以及 DBC 基板在 300℃老化 50h 后的各因数分布
a）孔隙率　b）孔隙尺寸　c）孔隙形状系数

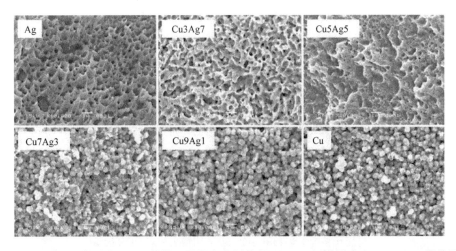

图 3-27　纳米 Ag 与纳米 Cu 颗粒的不同混合比例的断口 SEM 扫描图（注：Cu3Ag7 指的是金属焊膏中有 30wt% 的 Cu 与 70wt% 的 Ag 混合）

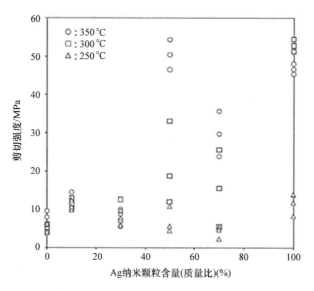

图 3-28　使用纳米 Ag 粒子和纳米 Cu 粒子的不同混合比例制造的烧结焊点的剪切强度，剪切
强度结果对应于图 3-27 中的 SEM 断裂面

类似于焊料中的助焊剂，Ag 膏中包含着黏合剂和其他溶剂，以去除 Ag 金属化基板或裸 Cu 基板上的氧化物，从而为 Ag 膏和基板之间提供有效的烧结。结合 SEM 成像，EDS 经常用于测量氧化物去除的效果。例如，点 EDS 结果显示烧结 Ag 焊点的断裂面中的 Cu 元素与 O 元素，以确定在不同的烧结气氛环境下的烧结 Ag 焊膏的烧结可行性（如图 3-29 所示）。Cu 氧化也表明 Ag 基板表面缺乏金属键合，相反这种粘接区域的脆性断裂面处并非能够说明没有提供明显的屈服强度，而只能说明提供了低的芯片剪切强度。

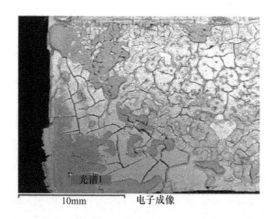

图 3-29　对空气中烧结银纳米颗粒的断口形貌进行 SEM 分析，
对应于参考文献 [39] 中的 SEM 图像上的点 EDS 能谱

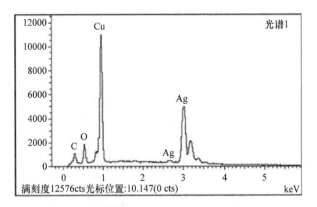

**图 3-29　对空气中烧结银纳米颗粒的断口形貌进行 SEM 分析，
对应于参考文献 [39] 中的 SEM 图像上的点 EDS 能谱（续）**

　　尽管点 EDS 有助于分析局部区域的化合物，但是需要线 EDS 和元素映射研究界面区域处的扩散行为。例如，一个研究小组在扫描 TEM 模式下使用线 EDS 分析了烧结 Ag 纳米孔与 ENIG 之间的界面反应[58]，结果如图 3-30 所示，EDS 线的虚线证实了 Ni 和 Au 层能够扩散到烧结 Ag 中。然而，Ni 层能够有效地阻止 Ag 层和 Au 层向 Ni 阻挡层的反向扩散。因此，Ni（P）层是一个很好的阻挡层，可以防止 Ag 扩散到底下的基板中。

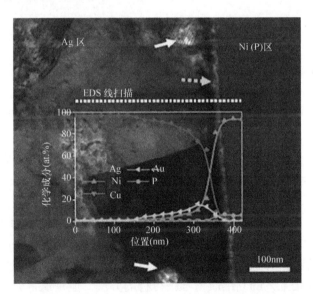

图 3-30　烧结 Ag 层和 ENIG 层界面的 EDS 谱线分析图[58]（彩图见插页）

　　EDS 元素图还提供了孔隙、元素 Ag 和 Au 在烧结 Ag 粘接区域的扩散。在一项开创性的研究中，Paknejad 等人证明了 Au 能够快速地扩散到烧结 Ag 层的晶界中（如图 3-31 所示）[32]。如 SEM 图像显示，烧结 Ag 经过烧结后占据了 Au 金属化层，EDS 元素图表明高孔隙率层是由于 Ag 向 Au 层快速迁移所导致。

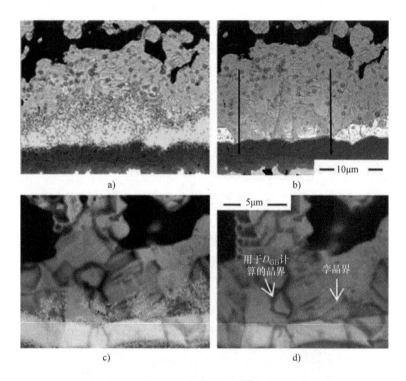

图 3-31　Au 的 EDS 元素反射 [32]（彩图见插页）

a）老化 100h 后，Au 分布映射在 SEM 图像上的叠加　b）图 a 没有 Au 映射，部分 Au 金属化可能已经熔化　c）老化 24h 后 Au 元素图显示金聚集在烧结 Ag 晶界上　d）图 c 没有 Au 映射，晶界和孪晶界的晶格缺陷明显可见

　　由于烧结 Ag 的柔软性，它在机械研磨抛光过程中很容易被弄脏，如图 3-32 所示。这些污染物会隐藏在烧结 Ag 层中不规则的结构孔隙中。如 3.5.1 小节所述，一些学者建议使用酸性蚀刻法⊖去除精细抛光后的残留污染物，但是这个步骤对操作者的主观性与技能有很高的依赖性。另外的一些学者使用 FIB 和离子铣床以产生精细且无污迹的微结构，然而这种加工方法与使用 SEM 成像的机械抛光相比，成本非常的高，而且产量也非常的低。然而，由于粘结面积大，所以机械抛光是确定芯片连接工艺的黏结质量唯一可行的方法，但是通常会使用离子研磨进行最终抛光以呈现出更好的烧结 Ag 微观结构的详细信息。

⊖　这种酸的典型配比为：25% NH₄/ 蒸馏水 /100% H₂O₂ = 11：10：16，反应 2 ～ 3s[30]。

图 3-32　Ag 烧结试样的横截面分析的 SEM 图像实例

3.6.4　透射电子显微镜（TEM）

　　SEM 的高分辨率提供了一个详细而有用的界面区域的微观结构分析，即烧结层与芯片间芯片的芯片背面金属化和烧结层与基板间的基板表面金属化 [47, 59]。TEM 样品（即电子透明片层）用高精度的铣削和抛光等离子 FIB 机进行稀释 [47,59]。然后 TEM 成像可以通过检查界面区域的不连续性来确定粘接质量。由于烧结 Ag 和芯片之间的分层可以薄到几纳米，这种分层只有在 TEM 下才能看到 [59]。除此之外，EDS 线扫描界面也确认 Ag 含量的纯度，以检测焊接区域内的硫污染的任何可能性。

　　除 Ag 金属化外，基板还使用了 Cu 或者 Al 来进行金属化，但由于不同材料间的不同原子间距，可能会导致烧结 Ag 焊点产生弱界面。因此，使用晶像和 HRTEM 分析来对该界面处的粘接机理进行阐述。在镀 Au 基板的情况下，图 3-33 和图 3-34 在晶像对应的高分辨透射电镜上显示了 Au-Ag 界面上相同的衍射图样 [60]。此外，Au-Ag 界面的晶像显示 Au 和 Ag 之间具有相似的晶向。这种相似的晶向表明 Ag 在 Au 表面的外延生长是由于 Au 和 Ag 的原子间距相同。而这种 Ag 在 Au 基板上的烧结实验结果是经过分子动力学模拟的 [60]。

　　此外，TEM 还可以提供 Ag 膏中 Ag 的粒径分布，但在微电子封装厂里却很少有进行这方面的研究。如图 3-35 所示，由于工作原理不同，TEM 图像中标准 Ag 膏的 Ag 纳米粒子尺寸分布比动态光散射（Dynamic Light Scattering，DLS）测量得窄。TEM 是基于有限数量的样品的物理计算，而 DLS 依赖于标准常数和假设进行计算，而这个可能跟真实值不相符。Ag 膏的生产商依靠其尺度的分布信息来对 Ag 膏的性能进一步优化。如果不优化 Ag 膏的配方，Ag 颗粒将可能聚集并产生大的有效半径，从而使 Ag 膏失去了低温烧结性能。

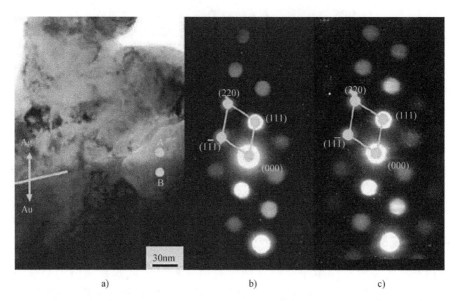

a)　　　　　　　　b)　　　　　　　　c)

图 3-33　烧结 Ag 黏结由 Ag₂O-TEG 浆加热至 433K，压力为 5MPa 产生 [60]（彩图见插页）
a）TEM 图像　b）A 点的衍射图　c）B 点的衍射图

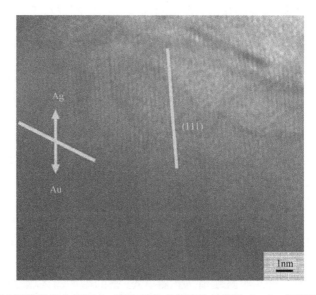

图 3-34　HRTEM 图像显示由相同 Ag 膏和烧结参数产生的烧结 Ag-Au 界面的晶格结构，参数与图 3-33 相同 [60]（彩图见插页）

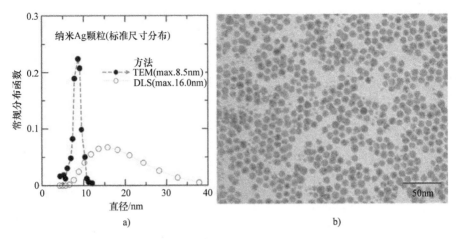

图 3-35　a）纳米 Ag 颗粒的标准尺寸分布　b）纳米 Ag 颗粒的平均粒径在 8.5nm 处测量，用于量化纳米 Ag 颗粒的尺寸分布标准的 TEM 图像 [62]

3.6.5　飞行时间二次离子质谱仪（TOF-SIMS）

相比于只能提供基本信息的 EDS，TOF-SIMS 能够提供 DA 焊点的分子以及化合基的基本碎片。这种性能使 TOF-SIMS 能够确定芯片背面金属化层与烧结 Ag 层之间的表面分离的根本原因 [59]。在分析中，芯片的背面金属化层的初始 TEM 成像显示在烧结 Ag 层的外表面有少许的纳米非晶层，而在后面的对 TOF-SIMS 的深度剖面分析证实了在这个烧结 Ag 层中有硫化银（Ag_2S）的存在。而在其工艺步骤中单独进行的 TOF-SIMS 研究表明，芯片背金很可能会与环境中的 S 发生反应生成 Ag_2S。这项研究的发现改变了工艺控制，以避免这种烧结 Ag 焊点被硫污染的风险。

TOF-SIMS 技术还可以用于推断烧结 Ag 膏的研制中使用的脂肪酸的碳链长度 [48]。碳链越长，脂肪酸所需要的分解温度就越高。对于 Ag 膏中使用的有机混合物，分解化合物以形成可靠烧结 Ag 焊点所需的最低烧结温度由拥有最长碳链的脂肪酸所决定。这一结果通常是对 DSC-TGA 结果进行补充，而 DSC-TGA 的结果非常依赖加热速率和烧结环境。同样的，TOF-SIMS 也可以用于检测烧结 Ag 焊点上的有机残留物，因为这些有机残留物也会抑制 Ag 的烧结 [63]。

3.6.6　软件建模与仿真

虽然很少在生产环境中使用，但是分子动力学（Molecular Dynamics，MD）和基于蒙特卡罗方法（Monte Carlo-based）的仿真能够提供在烧结过程中分子与微观粒子间的相互作用的额外信息 [64]。在一项研究中，Ogura 等人将 MD 模型和镀 Au 基板上 Ag_2O 衍生的 Ag 纳米粒子键合的 TEM 结果进行了对比 [60]。

图 3-36 为晶向为（011）取向的 Au 基板上的 4nm 大小的 Ag 粒子的模拟原子排列在 523K 下进行烧结。在 0 时刻，Ag 纳米颗粒紧密地聚集在金基板上，在两个 Ag 纳米颗粒与 Au 基板之间形成可见纳米孔隙。Ag 纳米颗粒在烧结过程开始的时候颈缩以减少孔隙。原子迁移速度加速，使大的表面能和晶界能快速的最小化，从而进一步加速了孔收缩。模拟结果证实，当孔隙在 10ps 内消失时，键合通过外延生长进行，Ag 原子排列并黏附在 Au 衬底上。

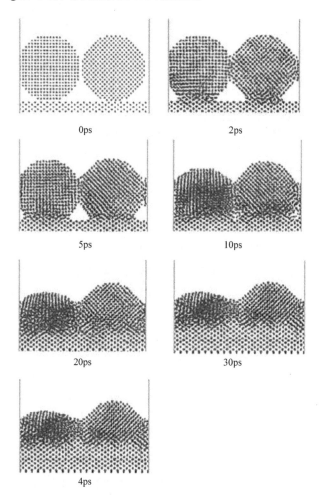

图 3-36　两个 4nm 的银颗粒以（011）取向在 523K 的温度下粘结在金基板上的
分子动力学模拟[60]

1. 有限元分析（FEA）

　　虽然 FEA 以及相关结果的使用已作为本书可靠性和热机械建模研究的一部分进行了讨论，但是 FEA 再次被包含在设计工具的上下文中，以在制造环境中实现烧结 Ag 焊点。FEA 方法已被用于解决许多工程问题，包括应力应变分析、传热等。

两组不同的参数，即自然特性和扰动，影响任何工程系统的行为[65]。自然行为是指工程系统的内在物理特性，如弹性模量、热容量、CTE 等；扰动是指对工程系统产生影响的外部因素，如差动力、温度、压力等。

虽然烧结 Ag 焊点的材料性能或大块 Ag 的性能并非新名词，但这些数值都因加工条件而异。因此，在为烧结 Ag 选择合适的性能时需要非常的谨慎。在 FEA应用中，根据烧结 Ag 焊点和芯片的热机械应力和应变，FEA 可以指出最弱的界面区域。进一步的数值评估也能够优化封装中的芯片键合布局。一些研究人员利用本文报道的材料特性，结合 FEA 分析烧结纳米 Ag 颗粒在单面和双面冷却封装中的温度和应力分布 [在参考温度为 298K 时，弹性模量 = 6.28GPa；泊松比 = 0.37；CTE = 19.6ppm/K；热导率 = 220W/（m·K）][66, 67]。结果表明，与单面冷却相比，双面冷却组件的峰值温度更低，温度分布更窄，导致双面封装上的热应力比单面封装上的热应力更大[66]。这些信息在封装的设计和布局中很有用。

除了封装设计外，其他的研究也表明烧结 Ag 本身具有比焊料焊接作为 DA应用焊点更好的热疲劳寿命，因为烧结 Ag 具有较低的弹性模量（9GPa[69]）以及较低的热机械应力，如参考文献 [10，68] 中的 FEA 模拟所示。此外，Bailey 小组提出了一种用于经历了如图 3-37 中的拉应力和温度循环曲线后的功率电子模块中的烧结 Ag 结构上的热循环应力的模拟系统流程[70]。

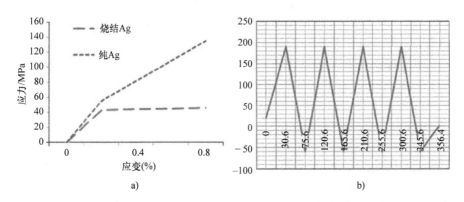

图 3-37　a）烧结 Ag 和纯 Ag 的拉伸应力变化曲线　b）有限元模型上的热循环温度曲线

在他们的研究中，他们还利用由于 CTE 失配引起的累积塑性应变来模拟Coffin-Manson 疲劳寿命模型，如式（3-2）所示：

$$N_f = C\left(\Delta\varepsilon_{pl}\right)^{-k} \tag{3-2}$$

式中，$\Delta\varepsilon_{pl}$ 为热循环过程中累积的塑性应变；纳米 Ag 烧结焊点的 C 值和 k 值可以在其他文献或者相关刊物上可以查询到[10]。式（3-3）是根据烧结 Ag 层的不同厚度和体积的平均技术计算累积塑性应变：

$$\Delta\varepsilon_{pl} = \frac{\sum_j \Delta\varepsilon_{pl}^j V_j}{V_{total}}t \qquad (3-3)$$

式中，V_{total} 是所有元素的总体积；$\Delta\varepsilon_{pl}^j$ 是累积塑性应变；V_j 是第 j 个元素的体积，烧结 Ag 焊点的塑性应变分布如图 3-38 所示。模拟结果还表明，较厚的烧结 Ag 层能够降低热循环试验中的塑性应变。

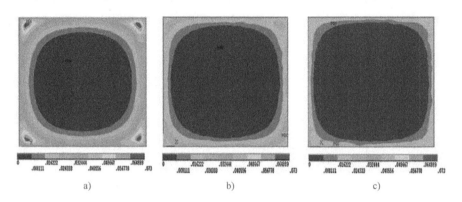

图 3-38　不同烧结 Ag 厚度上的累积塑性应变（彩图见插页）
a）20μm　b）40μm　c）60μm [70]

进一步的分析表明，累积塑性应变一般都集中在芯片的边角和边缘处，如图 3-39a 所示 [70]。如果从芯片的中心到角画一条线，可以看到塑性应变相对于与中心距离呈指数增长，如图 3-39b 所示 [70]。FEA 得到的塑性应变分布与实验中呈现的 Ag 焊点烧结的芯片边缘会产生裂纹的结果一致 [10]。然而，较厚的烧结 Ag 焊点的好处应与烧结 Ag 焊点的热阻抗增加和过度收缩的不利影响相平衡 [49]。

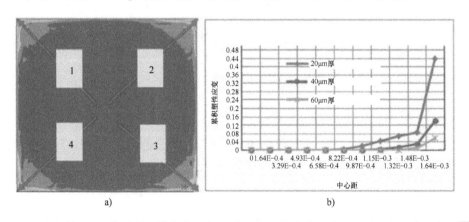

图 3-39　a）烧结 Ag 的累积塑性应变分布　b）累积塑性应变随中心距到边角距离的变化 [70]
（彩图见插页）

2. 热阻分析

热阻，即 DA 层中的 Z_{th}，通常用于表征不同的 DA 材料；较低的热阻能够提高整个器件的性能和可靠性[71, 72]。根据 Cao 等人的实验结果，纳米烧结 Ag 焊点在 500 次热循环后，热阻抗比其他焊接材料的焊点低 12%[71]。纳米烧结 Ag 焊点优异的热性能归因于烧结 Ag 的热导率比 SN100C 和 SAC305 分别高出 1.56 倍和 1.76 倍[71, 72]。

在另一项研究中，Sabbah 等人研究了 Ag 浆料的类型（即微米尺度和纳米尺度的 Ag）和热界面材料（Thermal Interface Materials，TIM）对整个封装的热阻的影响[72]。他们发现，Ag 膏的类型对热阻的影响并不显著，但黏性 TIM 的性能优于油性非黏的 TIM 性能，因为油性非黏 TIM 沉积物的厚度不受控制，从而会在界面处会产生不连续性[72]。此外，研究发现热阻测量在可靠性试验期间有效地检测分离，如 Rudzki 等人所证明的，分离区域与烧结银焊点处的热阻变化之间呈正相关[73]。

3.6.7 热成像

在半导体封装中，热成像技术被用来检测器件在工作环境中的热分布。热分布研究提供了释放大量热量的电力电子和功率模块的重要特性。在一项热成像研究中证明，Ag 烧结的器件经历的低的最高烧结温度对应于烧结 Ag 的高导热性[74]。在封装层面，类似的热成像研究还表明，烧结 Ag 焊点的高热导率能够引导整个封装的热阻降低，从而提高模具的载流能力[74]。热成像也被证明是检测烧结 Ag 焊点的分离的有效手段。基于锁相热成像技术，IGBT 芯片的局部发热对应于短电流脉冲偏置时的分离区域[75]。这项技术也适用于特定固定周期性频率的调强热源。除此之外，在主动温度循环的过程中，热成像仪通常用于监测芯片释放的热能[76]。在温度循环过程中给当烧结 Ag 层失效导致材料的散热性能下降时，栅电流降低，循环时间变长。这项研究还表明，热机械应力会从边缘向芯片的中心转移，这是由于从中心辐射出的最大热能所致，对比于热循环实验，整个芯片区域的加热都是均匀的[75]。

3.6.8 X 射线成像

X 射线检查是检查封装缺陷（如 DA 层中的孔隙）的一种非常常用的一种工具，但是 X 射线在检测分离时灵敏度较差[77]。当 DA 材料更换为 Ag 膏时，烧结 Ag 焊点的孔隙加剧恶化了 X 射线检测的图像对比度。薄的 BLT 和孔隙导致不确定的差异吸收是产生低对比度图像的原因[78]。此外，功率模块中 DBC 的尖晶石结构与烧结 Ag 孔隙所产生的图像相似并且重叠而混淆了分析[78]。

然而，由于 X 射线探伤周期短、无污染，所以它仍然是对大孔隙引线框架封装焊点质量的一种快速的、首选的检验方法。

3.6.9 C - 扫描声学显微镜（C-SAM）

声学显微镜是指利用高频超声检测技术产生图像的一种检测技术。超声波能检测材料变化引起的不连续性、如裂纹、孔洞和分层、以及干扰超声波传输和/或反射的夹杂物的内部缺陷。类似于 X 射线检查，声学显微镜可以对光照不到的样品进行内部检查。

然而，如果烧结 Ag 焊点中的孔隙小于声波长，则可能无法被声学电镜检查出。C-SAM 无法解析烧结 Ag 层中的孔隙率，因为孔隙率的尺寸范围是从纳米级微米级不等，而典型的超声波波长要比这个大好几个数量级[79]。基 Brand 等人对烧结银焊点中使用 C-SAM 的研究，不建议从芯片边缘扫描器件，以避免芯片与引线键合上的图案表面出现假影[79]。Brand 等人还对优化的 C-SAM 的各种检测参数进行了系统研究，以获得最佳的缺陷检测质量和图像质量[79]。换能器的焦距对最终的声图像有一定的影响，一个短的换能器焦距能够产生更清晰声学图像。然而，当从基板的边缘描时，通常使用低频和高焦距换能器，因为低频换能器能够透过基板转换到更高的穿透深度到达 DA 层。由于基板层一般都会比芯片要厚，所以成像特性在换能器的选择过程中是非常重要的。

就利基应用而言，C-SAM 由于其在相位差中的高灵敏度，所以更适合于检测功率器件/模块中的裂纹失效[59]。压力烧结产生的这些芯片或者 DBC 裂纹通常只有几微米宽，这个在 X 射线检查中几乎是看不到的。C-SAM 除了可以用于作为在线仪器监测产品质量外，还可以用于分析可靠性试验期间和之后烧结焊点的质量，以区分可靠性试验期间未优化的烧结参数或热机械应力造成的孔隙。按照一般工业的惯例，使用 20% 的未粘接区域作为可靠性测试后芯片粘接层的失效标准。

SAM 机器除了主要功能的检测封装层内的缺陷外，还可以用于预估 DA 层的厚度[79]。基于烧结 Ag 层厚度的参数图像，通过分析芯片回波相位的差异，可以利用颜色来反映烧结 Ag 层的厚度变化。厚度是通过嵌入材料的声速来计算的。然而，由于烧结层中薄的 Ag 焊点与长超声脉冲的耦合会导致进出回波重叠，从而混淆了这一分析，所以在分析时必须考虑烧结层入口回波和出口回波的选择。

3.7 结论和展望

无论是有压烧结还是无压烧结，烧结 Ag 技术在未来几年肯定可以实现大批量生产且工艺会不断成熟。大型制造设备的发展以及多家制造商将烧结 Ag 材料商业化为这一想法提供了强有力的依据和支持。在汽车领域与航空航天等领域中，对功率半导体封装可靠性的要求越来越严格，这意味着烧结 Ag 有一个利基市场补充。在本质上，烧结 Ag 焊点的过程控制方法和控制工具与其他芯片贴片材料非常相似。然而，由于其物理结构决定了焊点的形成，所以还需要额外的注意评估焊点的特性。该方法为封装焊点的失效分析提供了新的评估方法。

致谢

本章作者非常感谢 MarcoKoelink（Boschman Technologies BV）、Giulio Locatelli（Locatelli Meccanica S.r.l.）、Eric Kuah（ASM Technology）等同事、经理以及朋友的反馈和支持，感谢他们参与了将烧结 Ag 技术引入主流市场的工作。同时 Siow 还感谢马来西亚国立大学的研究资助（GUP-2017-055 "工业用金属导电纳米线的制备"）。

参考文献

1. H.S. Chin, K.Y. Cheong, A.B. Ismail, Metall. Mater. Trans. B Process Metall. Mater. Process. Sci. **41**, 824–832 (2010)
2. V.R. Manikam, C. Kuan Yew, IEEE Trans. Compon. Packag. Manuf. Technol. **1**, 457–478 (2011)
3. B.J. Baliga, IEEE Electron Device Lett. **10**, 455–457 (1989)
4. Infineon, Die Attach -5 Project (2018), https://www.infineon.com/dgdl/DA5_customer_presen tation_1612016.pdf?fileId. Accessed 22 Feb 2018
5. K.S. Siow, Y.T. Lin, J. Electron. Packag. **138**, 020804-1–020804-13 (2016)
6. K.S. Siow, M. Eugénie, in *2016 I.E. 37th International Electronic Manufacturing Technology (IEMT) & 18th Electronics Materials and Packaging (EMAP) Conference*, 2016. pp. 1–6
7. K.S. Siow, J. Electron. Mater. **43**, 947–961 (2014)
8. F. Yu, J. Cui, Z. Zhou, K. Fang, R. Johnson, M. Hamilton, IEEE Trans. Power Electron. **32**, 7083–7095 (2017)
9. S.T. Chua, K.S. Siow, J. Alloys Compd. **687**, 486–498 (2016)
10. M. Knoerr, S. Kraft, A. Schletz, *12th IEEE Electronics Packaging Technology Conference*, Singapore, 2010. pp. 56–61
11. V.A. Ivensen, Densification of metal powders during sintering, Consultants Bureau, 1973
12. J.K. Mackenzie, R. Shuttleworth, Proc. Phys. Soc. Sect. B **62**, 833 (1949)
13. M.B.G. Koelink (Boschman Technologies), Private Communication, 2017
14. T. Wang, M. Zhao, X. Chen, G.Q. Lu, K. Ngo, S. Luo, J. Electron. Mater. **41**, 2543–2552 (2012)
15. W. Ng, K. Kumagai, K. Sweatman, T. Nishimura, *17th IEEE Electronics Packaging and Technology Conference*, Singapore, 2015, pp 1–6
16. H. Mutoh, N. Moriyama, K. Kaneko, Y. Miyazawa, H. Kida, in *IOP Conference Series: Materials Science and Engineering, Vol. 61*, Institute of Physics Publishing, 2014
17. E.N. Kablov, V.I. Lukin, N V S. Ryl, A.F. Cherkasov, E.K.A.N. Afanas, Method of drying coating of silver-coating paste, Federal Noe Gup Vrnii Aviat Materialov Fgup Viam, RU2564518, 2014
18. O. Khaselev, E. Boschman, Method for die and chip attachment, Alpha Assembly & Adv Packaging Ctr B.V., WO2016100470, 2016
19. Heraeus, Heraeus Sinter Materials (2016), http://www.heraeus.com/en/het/products_and_solu tions_het/sinter_materials/sinter_materials___page.aspx. Accessed on 24 Oct 2016
20. R. Bayerer, O. Hohlfield, Method for producing a composite and a power semiconductor module, Infineon Tech, US20130203218A1, 2012
21. W. Knapp, Method for mounting electronic components on substrates, ABB Res. US6935556B2, 2005

22. L. Viswanathan, L.M. Mahalingam, D. Abdo, J. Molla, Packaged semiconductor devices and methods of their fabrication, Freescale Semiconductor, US9099567B1, 2015

23. H. Hauenstein, Sintering utilizing non-mechanical pressure, International Rectifier Corporation, US20140224409A1, 2014

24. L. Wang, 16th IEEE International Conference Electronic Packaging Technology, Changsha, China, 2015, pp. 1317–1320

25. Boschman, Advanced molding and sintering systems: sinterstar innovate F-XL (2016), http://www.boschman.nl/index.php/sintering-systemplatforms/sinterstar-innovate-f-xl.html. Accessed on 9 Mar 2016

26. C. Gobl, J. Faltenbacher, in 6th IEEE International Conference Integrated Power Electron System, Nuremberg, 2010. p. 1

27. Y. Zhao, Y. Wu, K. Evans, J. Swingler, S. Jones, X. Dai, 15th IEEE International Conference on Electronic Packaging Technology, ed. by K. Bi, Z. Tian, Z. Xu. 2014, pp. 200–204

28. Smart Equipment Technology, FC150 Automated Die/Flip Chip Bonder (2016), http://www.set-sas.fr/en/cat422408%2D%2DFC150.html?Cookie=set

29. Datacon 2200 Evo plus BESI (2017), https://www.besi.com/products-technology/product-details/product/datacon-2200-evo/. Accessed on 24 Feb 2018

30. S.Y. Zhao, X. Li, Y.H. Mei, G.Q. Lu, Microelectron. Reliab. 55, 2524–2531 (2015)

31. S. Chen, G. Fan, X. Yan, C. LaBarbera, L. Kresge, N. C. Lee, 16th IEEE International Conference on Electronic Packaging Technology, 2015, pp. 367–374

32. S.A. Paknejad, G. Dumas, G. West, G. Lewis, S.H. Mannan, J. Alloys Compd. 617, 994–1001 (2014)

33. C. Buttay, A. Masson, J. Li, M. Johnson, M. Lazar, C. Raynaud, H. Morel, IMAPS International Conference on High Temperature Electronics Network, Oxford, 2011, pp. 84–90

34. R.Y. Agustin, J.M. Jucar, J.S. Talledo, 23rd ASEMEP National Technical Symposium 2015, pp. 1–6

35. J. Weidler, R. Newman, C. J. Zhai, 52nd IEEE Electronic Components and Technology Conference 2002. (Cat. No.02CH37345), 2002, pp. 1172–1177

36. T. Adams, Inverted Acoustic System Cuts IGBT Failures (2011), http://www.powerelectronics.com/power-electronics-systems/invertedacoustic-system-cuts-igbt-failures, accessed on 24 Feb 2018

37. G.Q. Lu, J.N. Calata, Z. Zhang, J.G. Bai, 6th IEEE Conference High Density Microsystems Design Packaging Component Failure Analysis, Shanghai, 2004, pp. 42–46

38. V. R. Manikam, S. Paing, A. Ang, 15th Electronics Packaging Technology Conference Singapore, 2013, pp. 152–155

39. S.T. Chua, K. S. Siow, A.Jalar, 36th IEEE International Electronics Manufacturing Technology, Johor Bahru, 2014. pp. 1–6

40. V.R. Manikam, E.N. Tolentino, 16th IEEE Electronics Packaging Technology Conference, Singapore, 2014, pp. 1–5

41. H. Zheng, D. Berry, K.D.T. Ngo, G.Q. Lu, IEEE Trans. Compon. Packag. Manuf. Technol. 4, 377–384 (2014)

42. Y. Mei, G.Q. Lu, X. Chen, S. Luo, D. Ibitayo, IEEE Trans. Device Mater. Reliab. 11, 312–315 (2011)

43. F. Cosiansi, E. Mattiuzzo, M. Turnaturi, P.F. Candido, 9th IEEE International Conference on Integrated Power Electronics Systems, 2016, pp. 1–5

44. Japan Electronics and Information Technology Industries Association (JEITA) Technical Standardization Center, https://home.jeita.or.jp/tsc/downloadE.html. Accessed on 24th Feb 2018

45. H. Ogura, M. Maruyama, R. Matsubayashi, T. Ogawa, S. Nakamura, T. Komatsu, H. Nagasawa, A. Ichimura, S. Isoda, J. Electron. Mater. 39, 1233–1240 (2010)

46. S. Takata, T. Ogura, E. Ide, T. Morita, A. Hirose, J. Electron. Mater. 42, 507–515 (2013)

47. E. Ide, S. Angata, A. Hirose, K.F. Kobayashi, Acta Mater. 53, 2385–2393 (2005)

48. C. Fruh, M. Gunther, M. Rittner, A. Fix, M. Nowottnick, 3rd IEEE Electronic Systems Integrated Technology Conference, Berlin, 2010. pp. 1–5

49. W. Schmitt, 6th International Conference on Integrated Power Electronics Systems, 2010, pp. 1–6

50. K.-S. Moon, H. Dong, R. Maric, S. Pothukuchi, A. Hunt, Y. Li, C.P. Wong, J. Electron. Mater. **34**, 168–175 (2005)
51. J.G. Bai, Z.Z. Zhang, J.N. Calata, G.Q. Lu, *8th IEEE High Density Microsystem Design Packaging and Component Failure Analysis* 2005, Shanghai, 2006
52. Y. Fang, R.W. Johnson, M.C. Hamilton, IEEE Trans. Compon. Packag. Manuf. Technol. **5**, 1258–1264 (2015)
53. A.A. Wereszczak, D.J. Vuono, H. Wang, M.K. Ferber, Z. Liang, Oak Ridge National Laboratory Technical Report ORNL/TM-2012/130, 2012, https://www.osti.gov/biblio/1041433, Accessed on 24 Feb 2018
54. S. Wolfgang, T. Krebs, *9th IEEE International Conference on Integrated Power Electronics Systems*, 2016, pp. 1–7
55. S. Fu, Y. Mei, X. Li, P. Ning, G.-Q. Lu, J. Electron. Mater. **44**, 3973–3984 (2015)
56. K. S. Siow, *35th IEEE International Electronics Manufacturing Technology*, Ipoh, 2012, pp. 1–6
57. Y. Morisada, T. Nagaoka, M. Fukusumi, Y. Kashiwagi, M. Yamamoto, M. Nakamoto, J. Electron. Mater. **39**, 1283–1288 (2010)
58. M.S. Kim, H. Nishikawa, Scr. Mater. 92, 43–46 (2014)
59. B. Boettge, B. Maerz, J. Schischka, S. Klengel, M. Petzold, *8th IEEE International Conference on Integrated Power Electronics Systems*, 2014, pp. 1–7
60. T. Ogura, M. Nishimura, H. Tatsumi, N. Takeda, W. Takahara, A. Hirose, Open Surf. Sci. J. **33**, 55–59 (2011)
61. Z. Zhang, Processing and Characterization of Micro-scale and Nanscale Silver Paste for Power Semiconductor Device Attachment, Virginia Polytechnic Institute and State University PhD thesis, 2005
62. Z. Pešina, V. Vykoukal, M. Palcut, J. Sopoušek, Electron. Mater. Lett. **10**, 293–298 (2014)
63. M.A. Asoro, D. Kovar, P.J. Ferreira, Chem. Commun. **50**, 4835–4838 (2014)
64. M.P. Allen, Introduction to molecular dynamics simulation, in *Computational Soft Matter: From Synthetic Polymers to Proteins*, ed. by N. Attig, K. Binder, H. Grubmüller, K. Kremer (Eds), vol. 23, (2004), pp. 1–28
65. S. Moaveni, Finite Element Analysis Theory and Application with ANSYS, Upper Saddle River, N.J (Pearson Education, 2008)
66. J. Lian, Y. Mei, X. Chen, X. Li, G. Chen, K. Zhou, *13th International Conference on Electronic Packaging Technology & High Density Packaging*, 2012. pp. 232–237
67. J.G. Bai, J.N. Calata, G.Q. Lu, *19th IEEE Annual Applied Power Electronics Conference and Exposition*, 2004, pp. 1240–1246
68. G. Chen, L. Yu, Y.H. Mei, X. Li, X. Chen, G.Q. Lu, J. *Mater. Process. Technol.* **214**, 1900–1908 (2014)
69. J.G. Bai, J.N. Calata, G.Q. Lu, IEEE Trans. Electron. Packag. Manuf. **30**, 241–245 (2007)
70. P. Rajaguru, H. Lu, C. Bailey, Microelectron. Reliab. **55**, 919–930 (2015)
71. X. Cao, T. Wang, K.D.T. Ngo, G.Q. Lu, IEEE Trans. Compon. Pack. Manuf. Tech. **1**, 495–501 (2011)
72. W. Sabbah, R. Riva, S. Hascoet, C. Buttay, S. Azzopardi, E. Woirgard, D. Planson, B. Allard, R. Meuret, *7th International Conference on Integrated Power Systems*, Nuremberg, Germany, 2012. p. 1
73. J. Rudzki, L. Jensen, M. Poech, L. Schmidt, F. Osterwald, *7th IEEE International Conference on Integrated Power Electronics Systems*, 2012, pp. 1–6
74. S. Duch, T. Krebs, W. Schmitt, *9th IEEE International Conference on Integrated Power Electronics Systems*, 2016. pp. 1–6
75. C. Schmidt, F. Altmann, O. Breitenstein, Mater. Sci. Eng. B **177**, 1261–1267 (2012)
76. M. Hutter, C. Weber, C. Ehrhardt, K. D. Lang, *9th IEEE International Conference on Integrated Power Electronics Systems*, 2016, pp. 1–7
77. C. Weber, M. Hutter, H. Oppermann, K. D. Lang, *PCIM International Exhibition and Conference for Power Electronics, Intelligent Motion, Renewable Energy and Energy Management*, 2014. pp. 1–8
78. U. Sagebaum, *ECPE European Centre for Power Electronics Double Workshop, Munich, Germany*, 2014
79. S. Brand, F. Naumann, S. Tismer, B. Boettge, J. Rudzki, F. Osterwald, M. Petzold, *9th IEEE International Conference on Integrated Power Electronics Systems*, 2016. pp. 1–6

第4章　高温连接界面材料的热机械可靠性建模

P.P.Paret，D.J.DeVoto，S.V.J. Narumanchi

4.1　引言

对于不同的可再生能源和节能技术，例如风力涡轮机、聚光太阳能发电系统、太阳能光伏发电和电动汽车来说，电力电子元器件的最佳性能和准确寿命估计是至关重要的。虽然在过去的几十年里，半导体器件的设计和开发、测试和制造技术以及封装技术都取得了许多进步，但在电力电子工业中，器件材料大体上仍然是硅（Si）。然而，随着电力电子封装的小型化，对更高性能的功率密度要求的增加，以及具有成本效益的解决方案逐渐将集成 Si 推向了极限。为了克服这些新的挑战，人们提出了宽禁带（Wide Bandgap，WBG）器件，如碳化硅（SiC）和氮化镓（GaN），并在这些器件的应用上取得了重大进展[1]。WBG 器件能够在更高的温度、更高的电压和更快的开关频率下工作，这使得集成这些器件的封装/组件的占用空间显著减少，从而更加紧凑并形成具有更高功率密度的高性能电力电子封装。这些紧凑的电子封装将在多个平台上得到应用，以提供显著的能源和成本节约，并将推动先进清洁能源技术在许多领域的市场渗透，如汽车、军事、商业和住宅建筑、工业应用和电网集成。快速实施和采用高性能、紧凑、可靠和节能的电子技术，如 WBG 器件和封装，正变得至关重要[2]。

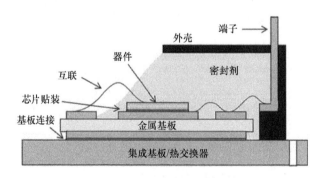

图 4-1　传统电子封装结构

　　与任何新技术一样，在 WBG 器件可以在电子封装中实现并被广泛采用之前，需要解决许多问题。WBG 器件不是 Si 器件的简易临时替代品，重新设计整个封装和其他组件是必要的。例如，汽车逆变器中的电力电子封装 / 模块，对比图 4-1 所示的传统电子封装结构，如果要承受在高温操作条件下使用 WBG 器件所带来的热和机械挑战，就需要使用新型材料重新设计。需要使用能够在更高温度（ > 200℃ ）下可靠工作的材料。此外，位于附近的其他电力元件，如电容器和母线，需要用额定高温材料制造，或需要使用激进的冷却机制，以保持元件在安全的运行条件下。需要特别注意的一个重要方面是一系列粘结材料部署在芯片和基板处。

　　在封装中，半导体器件在运行过程中会产生大量的热量，需要将这些热量去除，以保持温度在一定范围内。然而，由于组件表面上的凸点相互接触，在表面之间形成的间隙 [3, 4] 会造成很大的传热阻力，这会导致封装温度的大幅上升。粘接材料通过充满这些空气间隙，确保了界面上有效的传热路径。因此，半导体器件通常是通过粘结材料（如焊料）把芯片连接到金属化基板上。衬底由陶瓷组成，陶瓷的两侧都有铜层，并提供电气隔离。然后这个基板被安装在一个底板上或直接装到热交换器上，热交换器通常由铜（Cu）或铝（Al）制成并通过连接材料与基板连接。

　　以前，铅焊料主要用作电子封装行业的连接材料，然而，随着 WBG 设备的出现，高温操作条件带来了挑战。欧洲的 RoHS 禁止使用含铅配方，这促使电子行业将重点转向无铅、高温兼容的连接界面解决方案。除了不同配方的金（Au）焊料外，烧结银（Ag）和瞬态液相扩散连接也是很有希望的高温应用的替代材料。不管使用的连接材料是什么，一个关键的问题是需要确定的是它的可靠性——在正常或极端负荷条件下和预期的使用期间内，材料成功运行或没有任何重大退化问题的能力。换言之，不可靠的连接材料是热从设备顺利流向基板 / 散热器的主要障碍，由此产生的温度升高可能导致设备和整个封装发生灾难性故障。

　　粘接材料可靠性表征的一个重要方面是其寿命预测模型 [5, 6]，该模型通常由一系列实验测试和计算模型组成。实验部分包括对测试试样结构中的连接材料进行加速试验，主要是热循环、热冲击、功率循环、腐蚀或湿度试验和振动试验。连接材料在经受这些测试时比在实际使用条件下失效得更快，并且，根据测试类型，失效数据（失效类型，失效周期）可以在几周或几个月内获得。另一方面，在计算模型中，模拟了粘接材料的加速试验条件，并计算了应力、应变或应变能密度等理论参数。最后，将这些参数与试验得到的失效数据进行关联，形成寿命预测模型。应注意的是，为特定结构（例如球栅阵列）中的粘接材料开发的寿命预测模型在应用于相同材料下不同结构（例如扁平粘接）中时可能产生错误的结果，因为实验测试的失效数据取决于样品的几何形状。

通过对粘接材料寿命预测模型文献的快速调查，发现热循环和功率循环是电子工业中研究和报道最多的加速试验 [7]。在热循环中，当某种温度分布直接应用于电子封装中的粘结材料时，功率循环的目的是在封装内产生更真实的温度分布。此外，功率循环主要在芯片粘接材料上进行测试，而基板连接材料（较大面积）的相关失效数据则通过热循环获得。在热循环下，电子封装中的不同元件层由不同材料组成，由于它们的 CTE 不同，所以膨胀和收缩速率也不同。这种 CTE 失配主要在粘接材料上产生机械应力，从而导致其失效。为了在连续水平上充分了解这种疲劳导致的失效，并协助粘接材料的可靠性评估，热力学计算模型被开发了出来。电子封装内粘接材料的热机械建模主要有三个目的：

1）它有助于定位粘接材料中最容易失效的区域。通过对应力、应变或变形图的详细评估，可以识别出这些参数超过极限值的材料部分。

2）不同封装设计提供的可靠性可以进行比较和量化。通常，有一个初始的标准封装设计，随后进行优化，以改善其电气和热性能和性能可靠性。建模可以指导设计优化向正确的方向进发，并且无需进行表征实验，从而节省大量的时间和精力。

3）它为建立结合界面材料层的寿命预测模型提供了必要的输入。不同类型的寿命预测模型，如基于应力的，基于应变的，基于应变能密度的，以及基于断裂力学的，在过去都已得到研究和发展，所有这些经验寿命模型都需要至少一个关键的建模参数作为输入。

本章将通过模型研究和比较了 SAC305 焊料、烧结 Ag 和 95Pb5Sn 焊料三种不同粘接材料在 $-40 \sim 200\,℃$ 热循环载荷下的热机械性能。首先，给出了在模型中使用非线性有限元方法（Finite Element Method，FEM）计算的这些材料的应变能密度/循环值，并通过绘制它们的滞后回路来演示在热循环中应变能密度的演变。接下来，描述了一种基于断裂力学理论但相对较少采用的另一种热机械建模方法。然而，这种基于断裂力学的方法可以得到更准确的寿命预测，因为它考虑了粘接材料的失效机制，因此可以更真实地描述材料的失效。

4.2 热机械建模

粘接界面材料的可靠性评估及其寿命预测或疲劳模型的制定并不是一个新兴的领域，但随着新材料的合成和封装设计的不断发展，它仍然是电子行业不可或缺的研究目标。热机械建模在这一领域的作用和影响已经得到了广泛的研究和发表 [8-10]，尽管它不断得到改进，以提高精度和适应不同的封装配置。大量文献研究了在 $150\,℃$ 以下温度下对不同焊接界面材料进行的热机械分析 [11-16]。主要目标是建立一个高保真的非线性 FEM 模型，从中提取一个合适的理论参数，在宏观水平上充分地代表焊料的蠕变和疲劳变形。尽管有限元模型中没有考虑裂纹或孔洞等失效机制，但当计算参数与试验数据（如疲劳破坏循环）相联系时，只要采用正确的材料属性和网格单元，就会得到一个相当准确的寿命预测模型。此外，不需要对材料的微观结构进行表征实验，因为有限元模型的目标是捕捉材料在施加荷载时的宏观的、连续水平的位移和应力场。

电子封装行业中用于高温应用（＞150℃）的几种不同类型的粘接材料包括但不限于无铅焊料（Sn-Ag-Cu、Sn-Ag、Sn-Au）、高含铅量焊料（Pb-Sn、Pb-Sn-Ag）和烧结 Ag[17]。目前，基于瞬态液相键合的接头正在研究中，但据我们所知，它们还没有在商业封装中实现。在接下来的内容中，将使用前一段所述的热机械建模方法来比较和给出三种粘接材料——SAC305、烧结 Ag 和 95Pb5Sn 的热机械性能。SAC305 焊料的熔点在 217～220℃之间，95Pb5Sn 在 305～312℃之间，烧结 Ag 的则为 962℃。虽然 SAC305 焊料的熔点相对较低，一般工作温度低于 150℃，但我们将其作为比较分析的基线纳入本研究。对这些粘接材料进行热力学建模的困难之一在于捕捉它们在更高温度下、在不同的斜坡速率和停留时间载荷变化下的变形行为。关于它们在 150℃以上温度下的可靠性或寿命预测模型的文献资料很少。在下一小节的 FEM 分析中，将详细说明在建模方法中所考虑的各种步骤，以说明三种粘接材料的热力学行为，并研究了它们的应变能密度值和磁滞回线。

4.2.1　材料属性

在对电子封装进行热机械 FEM 分析时，为了获得精确的应力场和位移场，必须为模型中的每种材料选择合适的材料特性，而热机械模拟所需的材料性能是弹性模量、泊松比和 CTE。此外，更重要的是，必须提供一个合适的本构模型来解释粘接材料的复杂变形行为。电子工业广泛使用的一种特殊的本构模型是 Anand 模型[18]，用于不同的粘接材料，以说明速率相关（蠕变）和速率无关（塑性）变形特性。Anand 模型最初是用来描述金属在热加工下的变形特性的，它之所以变得流行，部分原因是它在大多数商业 FEM 程序包中都可以作为内置模型使用。在该模型中，引入了一个包含塑性和蠕变的单一标量来表示各向同性对非弹性变形的阻力。这样就避免了塑性变形和蠕变变形的分开分析。表 4-1 和表 4-2 列出了所有材料的各种材料性能，包括本研究中使用的三种黏结材料的 Anand 模型参数[19-21]。

表 4-1　材料特性

材料	弹性模量 /GPa	泊松比	热膨胀系数 /（×10⁻⁶/℃）
Cu	112	0.34	16.5
氮化硅（Si₃N₄）	300	0.28	2.8
SAC305	53	0.36	21.6
烧结 Ag	7	0.37	20
95Pb5Sn	24	0.4	28.7

表 4-2　Anand 模型参数

材料参数	参数说明	SAC305	烧结 Ag	95Pb5Sn
A/s^{-1}	指数前因子	3501	9.81	3.25×10^{12}
$Q/R/K$	活化能 / 通用气体不变	9320	5706	15583
ξ	压力倍数	4	11	7
m	应力应变率敏感性	0.25	0.66	0.14
$\hat{S}/MPa$	变形阻力饱和系数	30.2	67.3	72.7
n	抗变形能力	0.01	0.00326	0.0043
h_0/MPa	硬化 / 软化常数	1.8×10^5	1.58×10^4	1787
α	硬化或应变率敏感性软化	1.78	1	3.73
S_0/MPa	初始变形抗力	21	2.77	15.09

4.2.2　模型设置

在建立有效的 FEM 模型时需要考虑的因素包括但不限于创建能真实反映实际模型的几何模型，选择一个可靠的网格并确保网格独立的结果，以及指定一组正确的材料特性和解算器参数。选择 ANSYS Workbench 平台建立 FEM 模型，并在国家可再生能源实验室超级计算集群 Peregrine 上进行并行模拟。在模拟中，创建了一个大约 50mm × 50mm 横截面的封装几何模型，其中 5mm 厚的 Cu 基板使用粘接材料连接到了 0.72mm 厚的活性金属粘接基板（0.32mm 厚的 Si_3N_4，Si_3N_4 两侧有 0.2mm 厚的 Cu 箔）上，模型的示意图如图 4-2 所示。因为基板连接被认为是本研究的主要关注领域，所以为了便于计算，模型中省略了诸如芯片连接、元器件、键合线和封装材料等材料层。在循环荷载作用下，模型预计会同时发生剪切变形和弯曲变形，特别是考虑到模型的层状结构。

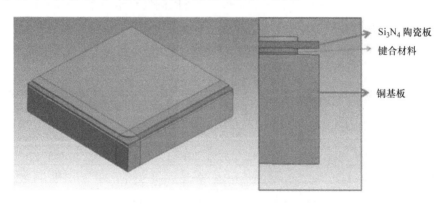

图 4-2　50mm × 50mm 的样品模型

在只有平移自由度的单元可能会导致剪切锁定等问题的情况下，因为单元变得过于僵硬，并导致伪变形值，所以具有高阶公式的单元是首选的。在本研究中，网格划分过程包括利用多区域技术和 ANSYS 中的各种实体和单元尺寸特征，为整个模型创建六面体网格，并在粘接材料层增加网格密度，这里给出的结果与网格无关且精度在 5% 以内。

从 JEDEC 标准 [22] 或改进版本中选择的热循环曲线通常用于电子封装行业，以研究粘结材料的热机械行为。虽然这样的负载曲线可能不是封装设备在真实条件下的实际温度变化的最佳表现，但它包含了在其寿命期内可能受到的与温度相关的不同的情况以及可能发生的最坏的情况。在本次研究中，将温度极端值为 −40℃和 200℃的热循环（图 4-3）应用于整个模型作为加载条件。我们选择了 5℃/min 的升温速率和在两个极端温度下各 10min 的停留时间。对于热循环的每个加载步骤，都确保给定足够数量的子步骤作为输入，以递增的方式加载载荷，从而促进解的平滑收敛。虽然缺少足够的子步骤仍然会导致解趋于收敛，但是得到的结果可能是不准确的。除了热循环载荷外，还对中心点节点进行各个方向上的约束以防止刚体运动，并对模型应用对称边界条件。这里给出了位移和力的收敛准则，并考虑了单元变形时形状变化引起的模型刚度变化。我们对每种粘结材料进行了模拟，并在求解之后对结果进行后处理，以计算每个循环的应变能密度值。

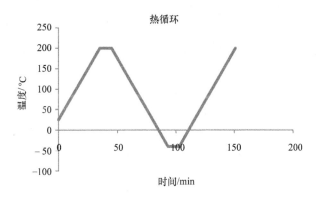

图 4-3　本次实验中使用的热循环曲线：升温速率为 5℃/min；
极端温度下的停留时间为 10min

4.2.3　求解

一般来说，用于非线性 FEM 分析的两种最常见的求解器类型是直接求解器和迭代求解器。这两个解算器彼此采用不同的方法，并且一个解算器对另一个解算器的优先采用取决于可用于解算阶段的计算资源量。如果有足够的物理内存来保存所有的解矩阵，那么直接求解将比迭代求解的计算效率更高。然而，当网格单元数量非常大，需要比可用的物理内存更大的数量时，求解过程将会在硬内存中来回传输数据，从而降低求解器的性能。在这种情况下，可以选择迭代求解。

4.2.4 应变能密度仿真结果

FEM 模型中某一特定节点上的应变能密度是该节点上所有六个方向上应力和增量应变乘积的时间积分。过去的研究[12, 13]发现，应变能密度是一个很好的材料疲劳的指标，在制定寿命模型时，它比应力和非弹性应变等其他参数更推荐使用。本次研究中三种粘接材料的应变能密度最大值均出现在拐角区域。为了避免任何奇点问题，我们计算了转角处圆角区域每次热循环的应变能密度值的加权体积平均值，并将其作为不同粘接材料之间的比较指标。图 4-4 显示了 SAC305 焊料以及想观察到的圆角区域的应变能密度的云图。图 4-5 所示为 SAC305、烧结Ag、95Pb5Sn 焊料的应变能密度 / 热循环对比。

在本次研究选择的三种界面材料中，SAC305 每次热循环的应变能密度最高，其次是烧结 Ag 和 95Pb5Sn。从实验结论来看，较高的应变能密度意味着较短的破坏周期。

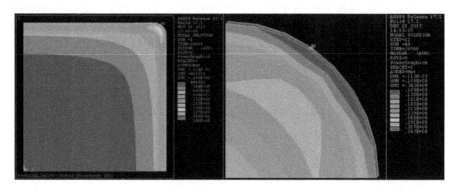

图 4-4　SAC305 的应变能密度云图（左）以及圆角区域（右）（彩图见插页）

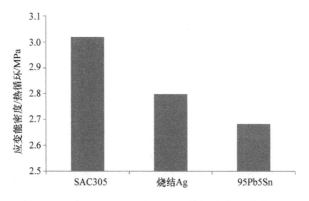

图 4-5　SAC305、烧结 Ag、95Pb5Sn 焊料的应变能密度 / 热循环比较

　　换言之，如果使用基于模拟几何形状的不同粘结材料的试验样品进行加速热循环试验，SAC305 样品将比其他两种样品类型更快地失效。在模拟热循环下，SAC305 的同源比 [工作温度 / 熔点（单位 K）] 相当高，特别是在高温下，这意味着材料内发生的蠕变变形将非常显著，足以导致失效。因此，在实际应用中，SAC305 仅在 125℃左右的最高工作温度下使用。

　　根据这些建模结果预测，95Pb5Sn 焊料在热循环下比烧结 Ag 具有更高的可靠性。尽管如此，与 95Pb5Sn 相比，烧结 Ag 的优势在于它是一种无铅材料，不会对环境造成任何重大风险。最近的电力电子行业推动了 WBG 器件的发展（工作结温约为 200～250℃），RoHS 法规使烧结 Ag 成为高温应用的有力候选。

　　除了每个循环的应变能密度值外，应力应变图还揭示了大量有关粘接材料变形行为的有价值信息。在热循环中，每个加载条件对粘接材料的应变能密度值的影响可以从应力 - 应变图来评估。任何应力与应变结果的平移或剪切分量的图都会产生一个滞后回线，其面积实际上是该特定方向上的应变能密度值。图 4-6 所示为 SAC305 焊料在 *XY* 平面的应力应变图。这些值是在转角区域的单个节点上获得的，*XY* 平面（平面内方向）是任意选取的。虚线连接回路中对应于循环中相同温度点的点。在热循环中确定了四个不同的阶段：高停留期、缓降期、低停留期和缓升期。

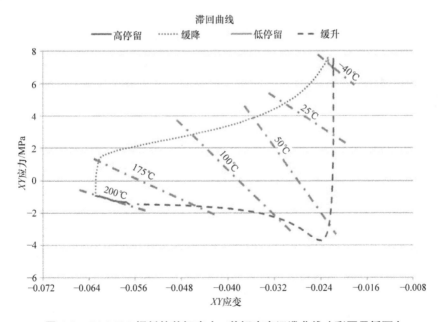

图 4-6　SAC305 焊料的剪切应力 - 剪切应变迟滞曲线（彩图见插页）

　　从图 4-6 可以看出，由于斜坡荷载的持续时间较长，其对应变能密度形成的贡献比停留荷载大得多。在这些温度下，蠕变被认为是主要的应变，尽管在

Anand 黏塑性本构模型下不可能单独分析蠕变和塑性应变。从高停留阶段（左下实线）开始，当温度保持在 200℃恒定 10min 时，焊点中的应变继续增加，同时可以观察到应力的轻微下降。当温度开始下降到 -40℃（虚线）时，应变最初保持不变，但在约 175℃时，应变开始下降，而应力现在则相反方向增加。在 40℃时，应力达到最大值；但是，低停留阶段（右上实线）对应变能密度贡献最小，因为该阶段应变变化最小。在随后的上升阶段（虚线），应变起初保持不变，但持续时间比斜坡下降阶段更长，随后数值增加，直到温度达到 200℃。应力变化相反，达到峰值之后几乎保持恒定，这是因为在焊点中产生了大量的蠕变应变。

烧结 Ag 和 95Pb5Sn 焊料的应力应变图也是类似的滞后回线，相应的回线区域反映了这些材料中产生的应变能密度。

4.3　热机械建模中的断裂力学方法

基于断裂力学的建模方法基本上涉及计算参数，如应力强度因子或手动嵌入几何模型中的裂纹尖端奇点附近的 J 积分。与应变能密度相似，这些参数可以与疲劳实验数据相关联，从而建立结合界面材料的寿命预测模型。采用基于断裂力学的方法的基本原理是，在热循环条件下，大多数粘接材料的失效机制是裂纹萌生和扩展。因此，这个参数能够充分描述材料中裂纹前缘周围的变形和应力场，并且理论上可以提高预测其寿命的精度；然而，这种方法在准确预测寿命方面的有效性仍未得到证实。此外，文献中也没有找到描述在加速试验载荷下用 FEM 模型计算断裂力学参数的建模方法。本节将概述一种简单的建模策略，用于在寿命预测模型中计算和处理 FEM 设置中的 J 积分值。为了解释在 ANSYS 中 j 积分的计算，这里采用了相同的几何模型（见图 4-2）和上一节所述的加载条件，并且用烧结 Ag 作为粘接材料。

4.3.1　循环加载的弹塑性断裂力学

尽管以断裂力学理论为基础的寿命预测模型严格来说并不是一个新的研究领域，但与传统方法相比，它们的应用要少得多，这可能是因为推导与材料失效数据相关的参数所涉及的复杂性。在商业 FEM 软件包中引入裂纹建模和裂纹相关参数的求解可以在一定程度上解决这个问题，但是，文献中缺乏确凿的数据来证明相较于传统的基于应变或基于能量的模型在准确性和通用性方面有所提高，这可能是阻碍更广泛地应用断裂力学概念来开发寿命预测模型的另一个因素。并且粘结材料的塑性和蠕变变形性质超出了线弹性断裂力学的范围，需要用弹塑性断裂力学理论进行综合分析。

J 积分是一种弹塑性断裂力学参数，用来表示非线性弹性体中裂纹尖端或裂纹前沿的应力场和位移场。它表示裂纹体中单位裂纹面积增加时的能量释放率，可作为沿裂纹前沿逆时针路径的闭合曲线积分来计算。J 积分的路径相互独立性（如图 4-7 所示）使其成为研究裂纹尖端[23]的一个方便参数。

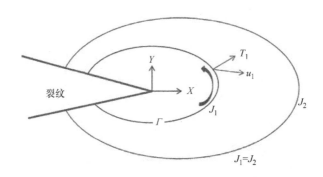

图 4-7　J 积分路径相互独立性

但是必须要注意的是，弹塑性材料的 J 积分路径独立性只在某些情况下成立，例如，当材料的变形可以根据塑性变形理论来描述时，或者当材料受到单纯的单调变化荷载时[24]。根据塑性变形理论，材料的总应变仅是总应力的函数，并且是独立的。在这种情况下，弹塑性材料可以理想化为非线性弹性材料，并且 J 积分有效地表征了裂纹尖端的应力和位移场。对于裂纹尖端或前缘周围的轮廓，J 积分可以由式（4-1）表达：

$$J = \int_{\Gamma} \left[W\mathrm{d}y - T_i(\frac{\partial u_i}{\partial x})\mathrm{d}s \right] \qquad (4\text{-}1)$$

式中，Γ 是裂纹前缘周围的轮廓线；W 是应变能密度；T_i 是牵引向量；u_i 是位移向量。

大多数描述材料变形的本构模型是基于塑性增量理论建立的。在这些模型中，材料塑性以应变率张量的形式定义为与其他参数的函数，如时间、温度和应力。一些研究人员在报告里提出，当施加的载荷在所有方向上都成比例且 J 积分保持路径独立时，塑性增量理论可以模仿塑性变形理论[25]。然而，即使在塑性增量理论下的加载是非比例的或在循环加载情况下，J 积分的路径独立性也不会完全破坏[26]。事实上，它表现出了裂纹前缘周围轮廓的连续的收敛趋势，并且该收敛值可以作为寿命预测模型的有效参数。然而，只有在建立一个包含实验结果的寿命预测模型并确定该模型在应用于多个加载场景时的准确性之后，才能证明使用该技术获得的 J 积分的相关性。

4.3.2　ANSYS 中 J 积分的计算

在 ANSYS 中计算 J 积分的建模方法与前几节所述的方法相同，只是在模型的期望位置处引入了裂纹特征。为了便于数值实现，Shih 等人[27] 提出的域积分方法，将式（4-1）中 J 积分的曲线积分形式转换为三维模型中的体积积分。在 ANSYS 中对烧结 Ag 进行了 FEM 模拟，结果表明，在圆角处开始产生裂纹的区域有较高的应变能密度。在对 50mm × 50mm 样品的模拟中（见图 4-2），在拐角区域手动插入了一个裂纹特征，如图 4-8 所示。其中半椭圆红色曲线表示人为插入的裂纹前缘。最新版本的 ANSYS 提供了任意尺寸裂纹特征的插入。在裂缝的两端可以看到六条轮廓，显示为贯穿整个裂缝正面的圆形。将这些特征离散化，以获得计算出的 J 积分值的收敛性。

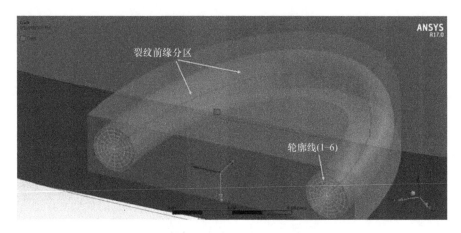

图 4-8　模型中插入的裂纹特征（彩图见插页）

这包括将裂纹前缘分成更小的部分，并将圆形轮廓线分成更短的部分。由于离散程度可能因材料类型和加载条件的不同而不同，因此建议采用更多的轮廓数和更多的裂纹前缘划分并进行多次模拟。

在后处理阶段，对沿裂纹前缘的所有节点周围的每个轮廓获得 J 积分值。为了避免歧义，取这些沿着裂纹前缘值的平均值。如图 4-9 所示为每个轮廓的平均 J 积分值的曲线图（在任何给定的时间步长），从中可以得出以下结论：在这种情况下，每个连续轮廓的路径依赖性变得不太明显，并且在 6 个轮廓之后这种差别在 5% 以内。此外，如果 FEM 模型仅包括纯弹性特性，即没有任何弹塑性或黏塑性本构模型作为输入，则仅在裂纹前缘周围有一个轮廓就足以计算 J 积分，如图 4-9 中的直虚线所示。

最后，由于 J 积分是一个累积参数，因此获得了模型中热循环范围内的 J 积分值，并将其作为寿命预测模型的最终输出。目前，国家可再生能源实验室正在努力通过将 J 积分 / 循环值与加速试验结果相关联来开发烧结银的寿命预测模型。

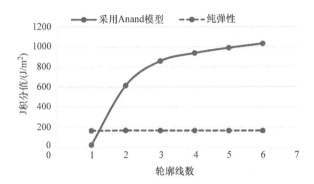

图 4-9　裂纹前缘周围各轮廓的平均 J 积分值

4.3.3　其他断裂力学参数

J 积分也有其理论局限性——其最初是为非线性弹性材料发展起来的，只有在塑性变形理论的定义下才可以推广到弹塑性材料的，并且当受到单调载荷时，一些研究人员提出了对 J 积分方程或其他参数的修改，以应用于循环载荷下的塑性材料。Simha 等人[28] 使用构形力的概念推导了增量塑性 J 积分（J_{ep}），该积分可应用于非比例荷载条件或循环荷载的情况下。尽管 J_{ep} 与路径有关，但其远场值被认为是表征裂纹扩展和塑性变形热力学驱动力的合适参数。Lamba[29] 导出了 J 积分的循环形式用于计算缺口根部的应变集中，并得到了与 Neuber 规则相似的结果，该规律在低循环周期疲劳分析中得到了广泛应用。Atluri 和 Nishioka[30] 从理论上推导出的用于增量塑性的另一个参数是 T_p 积分；然而，该积分的数值实现并没有进行实际案例的研究。

4.4　关于烧结银的简要说明

烧结 Ag 被证明了是一种很有前途的电子封装粘接材料。与一些焊料不同的是，它可以在更高的温度下工作而不会产生显著的蠕变问题，同时仍能有效地传导设备的热量。虽然在电子封装中烧结银的选择并非没有任何缺陷，比如需要比较高的压力（约 40MPa）来辅助结合，但随着时间的推移，一些制造商已经开发出低压烧结（3 ~ 5MPa）或无压烧结银材料。压力连接烧结 Ag 作为一种芯片连接材料[31] 已在逆变器 / 变流器中商业化应用，但无压烧结 Ag 材料的大面积应用及其可靠性评估仍处于研发阶段。

与焊料相比，关于烧结 Ag 的现有文献很少，主要是因为它作为粘接材料进入电子市场的时间要晚得多。然而，考虑到目前高温封装应用的市场趋势，开发烧结 Ag 配方是一个重点，它需要更简单且不复杂的合成过程，并且仍然可以满足预期的可靠性目标。其中有一个重要的研究领域是纳米颗粒烧结 Ag 的开发和可靠性分析。目前已经观察到，采用纳米 Ag 材料配方可以增加颗粒间的结合力，并且由于更大的表面积，使得烧结温度更低。此外，这种材料只需较低的压力（< 3MPa）即可获得均匀、少缺陷的结合。Siow[32] 对烧结 Ag 作为粘接材料在微电子封装工业中的应用现状进行了较为详细的总结，讨论了不同类型的烧结 Ag 配方及其应用方法，并根据高温储存试验对其长期可靠性前景进行了评述。

从建模的角度来看，烧结 Ag 需要进一步研究的一个方面是开发一个适用于有限元模拟的本构模型。Chen 等人 [33] 研究了在电力电子封装环境下烧结纳米 Ag 基样品组件的棘轮行为。本次研究中主要研究了两种黏塑性本构模型，一种基于 Ohno-Wang 和 Armstrong-Frederick（OW-AF）非线性运动硬化规则，另一种基于 Anand 模型 [20]——预测纳米 Ag 接头循环棘轮效应方面的准确性和有效性。实验结果表明，OW-AF 模型比 Anand 模型更符合实验结果。在另一项关于烧结银的高温应用的研究中，Croteau 等人 [34] 在不同的应力率、应变率和温度下对类薄膜试样进行了单轴拉伸试验，获得了所需的应力 - 应变曲线，并从中提取到了所需的本构模型参数。此外，他们还进行了芯片剪切试验和热循环试验，并报告了剪切强度结果与温度和粘接层厚度的关系。除了本构模型，还必须制定烧结 Ag 的寿命预测模型，包括合适的建模参数，如应变能密度或 J 积分，以及加速实验数据，特别是考虑到烧结 Ag 有望在基于 WBG 器件的电子应用中替代焊料 [34, 36]。

4.5　结论

热机械建模在电子封装中使用的粘接材料的可靠性评估和寿命预测中起着至关重要的作用，特别是在高温应用中。本章在加速热循环加载条件下研究并比较了三种不同粘接材料的可靠性——SAC305，烧结 Ag 和 95Pb5Sn，并通过 FEM 模拟得到了这些材料的体积平均应变能密度值。除了用 FEM 法计算应变能密度外，还提出了一种基于断裂力学理论计算裂纹前缘 J 积分的建模策略。在纯弹性条件下，以烧结 Ag 为粘接材料，以 Anand 黏塑性模型为本构模型输入，分析了 J 积分的路径依赖性。断裂力学方法相对较新，在电子工业中应用较少；然而与传统方法相比，这种方法的潜在优势在于它直接解决了粘接材料中常见的失效机制，并可提高寿命预测模型的精度。在认为断裂力学方法优于应变能密度方法之前，还需要更多的研究和验证。最后，对烧结 Ag 在高温封装中的应用现状和面临的挑战进行了综述。

参考文献

1. J. Millán, P. Godignon, X. Perpiñà, A. Pérez-Tomàs, J. Rebollo, A survey of wide bandgap power semiconductor devices. IEEE Trans. Power Electron. **29**(5), 2155–2163 (2014)

2. U.S. Drive, Electrical and electronics technical team roadmap, in *Partnership Plan, Roadmaps, and Other Documents*, Oct. 2017. Available: https://energy.gov/sites/prod/files/2017/11/f39/EETT%20Roadmap%2010-27-17.pdf

3. M.M. Yovanovich, E.E. Marotta, Thermal spreading and contact resistances, in *Heat Transfer Handbook*, ed. by A. Bejan, A.D. Kraus (Wiley, Hoboken, 2003), pp. 261–395

4. R. Prasher, Thermal interface materials: historical perspective, status and future directions. Proc. IEEE **94**(8), 1571–1586 (2006)

5. P. Paret, D. DeVoto, S. Narumanchi, Reliability of emerging bonded interface materials for large-area attachments. IEEE Trans. Compon. Packag. Manuf. Technol. **6**(1), 40–49 (2016)

6. H. Lu, C. Bailey, C. Yin, Design for reliability of power electronic modules. *Microelectron. Reliab.* **49**, 1250–1255 (2009)

7. B. Ji, X. Song, E. Sciberras, W. Cao, Y. Hu, V. Pickert, Multiobjective design optimization of IGBT power modules considering power cycling and thermal cycling. IEEE Trans. Power Electron. **30**(5), 2493–2504 (2015)

8. X. Fan, M. Pei, P. Bhatti, Effect of finite element modeling techniques on solder joint fatigue life prediction of flip-chip BGA packages, in *IEEE ECTC*, San Diego, CA, 2006

9. J. Pang, T. Tan, S. Sitaraman, Thermo-mechanical analysis of solder joint fatigue and creep in a flip chip on board package subjected to temperature cycling loading, in *IEEE ECTC*, Seattle, WA, 1998

10. S. Wen, G.Q. Lu, Finite-element modeling of thermal and thermomechanical behavior for three-dimensional packaging of power electronics modules, in *IEEE ITherm*, Las Vegas, NV, 2000

11. A. Schubert, R. Dudek, E. Auerswald, A. Gollhardt, B. Michel, H. Reichl, Fatigue life models for SnAgCu and SnPb solder joints evaluated by experiments and simulation, in *IEEE ECTC*, New Orleans, LA, 2003, pp. 603–610

12. W. Lee, L. Nguyen, G. Selvaduray, Solder joint fatigue models: review and applicability to chip scale packages. Microelectron. Reliab. **40**, 231–244 (2000)

13. A. Syed, Accumulated creep strain and energy density based thermal fatigue life prediction models for SnAgCu solder joints, in *IEEE ECTC*, Las Vegas, NV, 2004

14. A. Lajimi, J. Cugnoni, J. Botsis, Reliability analysis of lead-free solders, in *WCECS*, San Francisco, CA, 2008

15. S. Ridout, C. Bailey, Review of methods to predict solder joint reliability under thermo-mechanical cycling. Fatigue Fract. Eng. Mater. Struct. **30**, 400–412 (2006)

16. R. Darveaux, Effect of simulation methodology on solder joint crack growth correlation. J. Electron. Packag. **124**, 147–154 (2002)

17. R. Khazaka, L. Menizabal, D. Henry, R. Hanna, Survey of high temperature reliability of power electronics packaging components. IEEE Trans. Power Electron. **30**(5), 2456–2464 (2015)

18. L. Anand, Constitutive equations for hot working of metals. Int. J. Plast. **29**(2), 213–231 (1985)

19. M. Motalab, Z. Cai, J.C. Suhling, P. Lall, Determination of Anand constants for SAC solders using stress-strain or creep data, in *IEEE ITherm*, San Diego, CA, 2012

20. D. Yu, X. Chen, G. Chen, G.Q. Lu, Z.Q. Wang, Applying Anand model to low-temperature sintered nanoscale silver paste chip attachment. J. Mater. Des. **30**, 4574–4579 (2009)

21. G. Wang, Z. Cheng, K. Becker, J. Wilde, Applying Anand model to represent the viscoplastic deformation of solder alloys. J. Electron. Packag. **123**, 247–253 (2001)

22. JEDEC Standard Temperature Cycling, *JESD22-A104D*, Mar. 2009

23. J.R. Rice, A path independent integral and the approximate analysis of strain concentration by notches and cracks. J. Appl. Mech. **35**, 379–386 (1968)

24. T.L. Anderson, *Fracture Mechanics: Fundamentals and Applications*, 3rd edn. (CRC Press, Boca Raton, 1991)

25. J.R. Rice, Mathematical analysis in the mechanics of fracture, in *Fracture: An Advanced Treatise*, vol. II, ed. by H. Liebowitz (Academic Press, New York, 1968), pp. 191–311

26. W. Brocks, I. Scheider, *Numerical Aspects of the Path-Dependence of the J-Integral in*

Incremental Plasticity – How to Calculate Reliable J-Values in FE Analyses. Internal Report, Institute für Werkstofforschung, Köln-Porz, Oct. 2001

27. C. Shih, B. Moran, T. Nakamura, Energy release rate along a three-dimensional crack front in a thermally stressed body. Int. J. Fract. **30**(2), 79–102 (1986)

28. N.K. Simha, F.D. Fischer, G.X. Shan, C.R. Chen, O. Kolednik, J-integral and crack driving force in elastic-plastic materials. J. Mech. Phys. Solids **56**(9), 2876–2895 (2008)

29. H.S. Lamba, The J-integral applied to cyclic loading. Eng. Fract. Mech. **7**, 693–703 (1975)

30. S.N. Atluri, T. Nishioka, Incremental path-independent integrals in inelastic and dynamic fracture mechanics. Eng. Fract. Mech. **20**(2), 209–244 (1984)

31. C. Gobl, Low temperature sinter technology die attachment for power electronic applications, in *Proceedings of CIPS*, Nuremberg 2010, p. 327

32. K.S. Siow, Are sintered silver joints ready for use as interconnect material in microelectronic packaging? J. Electron. Mater. **43**(4), 947–961 (2014)

33. G. Chen, Z. Zhang, Y. Mei, X. Li, G. Lu, X. Chen, Ratcheting behavior of sandwiched assembly joined by sintered nanosilver for power electronics packaging. Microelectron. Reliab. **53**, 645–651 (2013)

34. P. Croteau, S. Seal, R. Witherell, M. Glover, S. Krishnamurthy, A. Mantooth, Test results of sintered nanosilver paste die attach for high-temperature applications. J. Microelectron. Electron. Packag. **13**, 6–16 (2016)

35. J. Heilmann, I. Nikitin, U. Zschenderlein, D. May, K. Pressel, B. Wunderle, Advances and challenges of experimental reliability investigations for lifetime modelling of sintered silver based interconnections, in *Proceedings of 17th Eurosime Conference*, 2016

36. F. Henaff, S. Azzopardi, E. Woirgard, T. Youssef, S. Bontemps, J. Joguet, Lifetime evaluation of nanoscale silver sintered power modules for automotive application based on experiments and finite-element modeling. IEEE Trans. Device Mater. Reliab. **15**(3), 326–334 (2015)

第 5 章　烧结银焊点的可靠性和失效机制

梅云辉，王志，K.S.Siow

5.1　引言

对高温芯片连接材料的研究是由于需要用环境友好的替代品 [1] 取代含铅焊料，以及迎合宽禁带（WBG）半导体器件的出现 [如碳化硅（SiC）或氮化镓（GaN）]，它们可以在300℃甚至400℃的高温下工作 [2]。与传统硅器件相比，宽禁带半导体器件具有更高的功率密度和开关频率 [3]。这种较高的工作温度要求芯片连接材料具有比传统芯片连接材料更高的熔化温度，从而更可靠地工作，因为典型的工作温度需小于其熔化温度的80% [4]。只有少数无铅焊料可以满足这一要求，但它们在应用中也面临其他限制。例如富银钎料，如 Au80-Sn20 和 Au88-Ge12，由于脆性高导致成本高、加工性能差 [5]，而 Zn-Al 钎料的润湿性、电化学腐蚀性能差 [6]。详细内容见本书的第 8 章和第 10 章。

满足这种高温工作的一种可能的解决方案是采用烧结 Ag 焊点作为接头，由于 Ag 的熔化温度为 961℃而具有较高的工作温度 [7]，同时与传统焊料相比具有较高的热导率和电导率 [8, 9]。这种烧结 Ag 焊点作为芯片连接材料是由西门子在 20 世纪 80 年代末首创的，用微米级的 Ag 颗粒 [10] 将 Si 芯片附着在钼（Mo）板上。西门子工程师采用高烧结压力来可靠地生产这种芯片连接焊点，但对于 WBG 半导体来说，高静水压力可能会直接或潜在地损坏器件。另一种方法是通过减小 Ag 填料的尺寸来提高表面反应性和烧结银浆料 [11] 的驱动力。在纳米尺度下，可以降低或消除任何施加压力，并将烧结温度降低到 300℃以下。

然而，电力设备的不同组件之间的热膨胀系数（CTE）不匹配引起的高烧结 Ag 热应力，会导致瞬时灾难性失效（当应力超过烧结 Ag 和烧结 Ag 连接的极限强度）或随时间扩展裂纹导致的失效。后者随着累积塑性应变和蠕变应变的增大而失效，从而使有效粘接面积减小，最终失效。这些裂纹的萌生和扩展是烧结 Ag 焊点在功率模块上的主要失效模式 [13]。这些不同的失效条件促使我们分析和回顾了烧结 Ag 焊点在这些静态和循环条件下的可靠性。

虽然先前的综述已经总结了烧结 Ag 焊点的力学性能，本章从力学性能开始，如弹性模量、强度（屈服和极限拉伸强度）、蠕变强度、疲劳强度和烧结 Ag 焊点的棘轮效应 [14]。接下来总结了温度循环、温度老化、功率循环、电化学迁移（ECM）对烧结 Ag 焊点可靠性的影响及相关失效机理。最后，本章总结了烧结 Ag 焊点作为芯片连接在未来几年面临的发展趋势和挑战。

5.2　机械性能

5.2.1　弹性模量

弹性模量或杨氏模量的计算方法是将施加的应力除以拉伸加载过程中材料在弹性区域的应变。典型烧结 Ag 材料的应力 - 应变曲线，由应力 - 应变曲线的最陡斜率得到其弹性模量为 9GPa[12]，动态弹性模量升至 50GPa[15]。与 Ag 块的典型弹性模量 80GPa 相比，烧结 Ag 的弹性模量降低归因于烧结材料中孔隙的存在 [16] 或 Ag 焊点中纳米级 Ag 颗粒之间的粘接界面较弱 [17]。

孔隙率与相对密度密切相关从而影响烧结 Ag 的弹性模量。Caccuri 等人 [18] 研究了密度对块状烧结 Ag 在室温下的弹性模量的影响，弹性模量随块状烧结 Ag 的密度增加而增加，如图 5-1 所示。

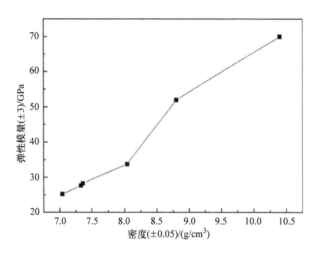

图 5-1　室温下烧结银的弹性模量与密度的关系 [18]

Milhet 等人 [15] 基于本文如下的 Ramakrishna 模型使用式（5-1）和式（5-2）实验验证了块状烧结 Ag 的弹性模量 [19]；

$$E = \frac{(1-p)^2}{1+p(kvm)} E_{\mathrm{m}} \tag{5-1}$$

$$v = \frac{v_\mathrm{m} + \frac{3}{4}p - \frac{7}{4}pv_\mathrm{m}}{1 + 2p - 3pv_\mathrm{m}} \qquad (5\text{-}2)$$

式中，k 介于 2 ~ 3 之间；p 为孔隙体积；E_m 弹性模量；v_m 为压实的 Ag 块泊松比。另一种可能的方法计算烧结 Ag 弹性模量是基于式（5-3）[20]；

$$E_{\text{孔隙层}} = E_\mathrm{Ag}\frac{3(3-5P)(1-P)}{9 - P(9.5 - 5.5v_\mathrm{Ag})} \qquad (5\text{-}3)$$

式中，P 为块状烧结银的孔隙率；v_Ag 是孔隙率小于 40% 的烧结 Ag 的泊松比；$E_\mathrm{Ag} = 80\mathrm{GPa}$。

　　式（5-1）适用于较大范围内球形孔隙的随机分布，式（5-3）适用于孔隙率小于 40% 的特殊情况。

　　除孔隙率外，测试温度对烧结 Ag 的弹性模量也有影响。这里将参考文献 [21] 的数据绘制成图，以表明弹性模量随着测试温度的升高几乎呈线性下降，如图 5-2 所示。其他人比较了温度对块状烧结 Ag 试样和烧结 Ag 焊点弹性模量的影响，得出了块状烧结 Ag 的相似结论，但烧结 Ag 焊点在 70℃ 左右的弹性模量出现波动（如图 5-3 所示）[15]。这种波动是由于烧结态银接头的微观组织不稳定引起的，在 200℃ 退火 4h 时，这种波动可得到缓解 [15]。

　　由于烧结银的弹性模量低于 Pb-Sn 焊料和无铅焊料，因此在弹性变形过程中，烧结 Ag 焊料比无铅焊料更能起到缓冲层释放应力的作用 [22]。研究表明，密度约为 80% 的烧结 Ag 焊点具有最高的热疲劳寿命 [23]。这一结果说明了控制孔隙率大小和分布对获得最大可靠性所需弹性模量的重要性。

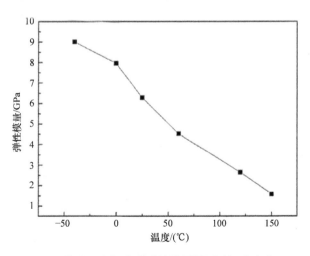

图 5-2　烧结纳米银薄膜弹性模量随测试温度变化 [21]

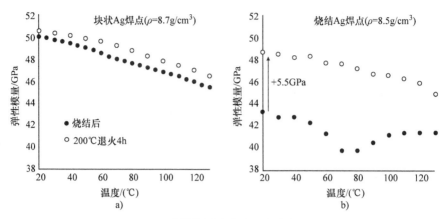

图 5-3 弹性模量随试验温度的变化 [15]

a）块状 Ag 焊点   b）烧结 Ag 焊点

5.2.2 强度

1. 抗拉强度

块状烧结 Ag 的抗拉强度约为 43MPa[12]，与 Pb-Sn 和无铅焊料的抗拉强度相当 [22]。烧结 Ag 薄膜（15mm × 5mm × 0.1mm）的抗拉强度随测试温度的升高或应变速率的降低而降低，尽管其同源温度较低 [21]。这些文献中没有提供断口形貌，但增加的流动性很可能在高温测试强度降低中发挥作用。

Akada 等人提供的以 Ag 膏烧结的两个具有（不具有）Ni/Au 的圆柱形镀 Cu 样本具有类似的烧结温度趋势 [24]，如图 5-4 所示。高的烧结温度产生高密度（低孔隙率）的烧结 Ag 焊点的应力应变。与测量的弹性模量相似，密度更高的块状烧结 Ag 产生的焊点具有更高的抗拉强度，这是因为焊点内部的孔隙减少，具有更高的承载能力，如图 5-5 所示 [18]。

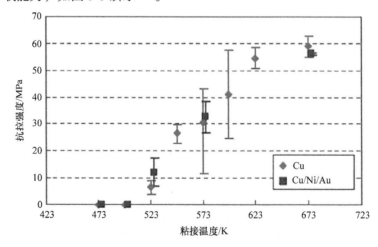

图 5-4 Cu-Cu 与 Cu/Ni/Au-Cu/Ni/Au 焊点的烧结温度与抗拉强度的关系 [24]

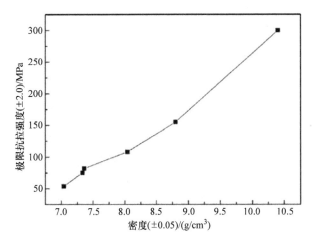

图 5-5　烧结 Ag 焊点对密度的极限抗拉强度 [18]

　　显微组织上，烧结 Ag 焊点在拉伸试验中发生了黏性断裂，沿晶断裂和明显的塑性变形，但烧结 Ag 焊点的断裂强度和应变均低于块状银焊点。这种较低的断裂应力和应变归因于烧结 Ag 焊点中存在大量气孔的缺口效应。在最高孔隙密度位置附近的局部变形会导致烧结 Ag 焊点过早断裂 [25]。

2. 剪切强度

　　剪切强度是比较不同于粘接技术和条件的最广泛报道的参数，因为它的简单性和芯片连接焊点应力状态的相关性。影响烧结 Ag 焊点剪切强度的因素有烧结压力、烧结温度、烧结峰值停留时间、粘接面积、基板或芯片背部金属化等。

　　在压力方面，无压烧结 Ag 焊点是芯片连接焊点的关键，但作为一种解决方案，它缺乏在大规模生产中要求苛刻的应用所需的可靠性。因此，压力辅助烧结仍然是功率模块行业标准，特别是涉及芯片尺寸大于 $100mm^2$ 的应用。从图 5-6 可以看出，烧结压力越大，芯片剪切强度越高 [26, 27]。这种剪切强度的增加归因于 Ag 颗粒与基板材料表面之间更紧密的接触，当压力增加时，与基板间的相互扩散增加，导致粘结界面处粘接牢固 [28, 29]。

　　与烧结压力相似，随着烧结峰值温度的升高，烧结后的 Ag 剪切强度也随之提高（如图 5-7 所示）[30-32]。较高的烧结温度促进分散剂在膏体中的分解，使得银颗粒聚结，并增加芯片剪切强度到一个平台区，在那里需要额外的压力来再次提高强度。

　　与烧结温度相似，剪切强度也随着烧结温度峰值停留时间的增加而增加，直至达到平台（如图 5-8 所示）[30, 33]。较长的烧结时间使银颗粒的烧结动力学发生作用并相互结合。一般而言，烧结压力、温度和停留时间形成"铁三角"，控制烧结 Ag 焊点的芯片极限剪切强度；减少一个参数会增加另外两个参数 [34]。

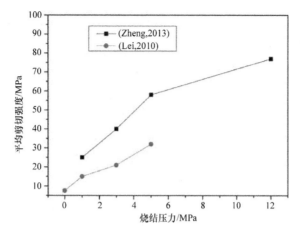

图 5-6　烧结 Ag 焊点在烧结压力下的平均剪切强度 [26, 27]

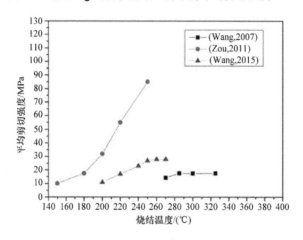

图 5-7　烧结 Ag 焊点随烧结温度的平均剪切强度 [30-32]

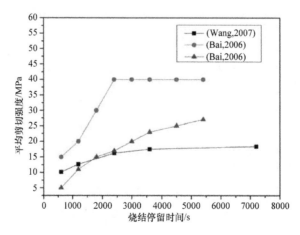

图 5-8　烧结 Ag 焊点的平均剪切强度与烧结停留时间的关系 [30, 33]

虽然对于粘接面积的确切影响存在一些分歧，但在没有施加压力的情况下，由于溶剂和分解的颗粒黏合剂难以从芯片中心区域蒸发到周围大气[35]，大的粘接面积将导致低剪切强度。氧气也需要用于扩散和充分分解模具下 Ag 膏体中的有机物和颗粒黏合剂[28, 36]。

在基板金属化的情况下，Ide 等人[37]比较了 Al、Ti、Cu 和 Ag 金属化在 300℃、300s、施加 5MPa 压力下烧结对 Ag 焊点粘接强度的影响。带有 Al 和 Ti 基板的烧结 Ag 焊点具有较低的剪切强度，因为其稳定的氧化物阻止了 Ag 颗粒与金属化基板之间的强粘接。研究还表明，Cu、Ag、Au 具有与 Ag 浆料烧结所需的表面特性。与 Ag 和 Au 相比，Ag 金属化基板上的烧结焊点比 Au 金属化基板上的烧结焊点具有更高的芯片剪切强度，这是由于 Ag 纳米粒子在银基板上的自扩散速度快于 Ag 纳米粒子与 Au 金属化基板[33]之间的相互扩散速度。换句话说，需要额外的热能来激活 Ag 原子向具有不同晶格常数的不同材料的相互扩散。

然而，裸 Cu 的烧结表面是功率器件制造商的最优选择，因为它作为底层基板普遍存在，并且进一步的 Ag 或 Au 金属化将导致额外的电镀成本[26]。裸 Cu 在烧结过程中会发生氧化，通常会配制 Ag 浆来还原 Cu 氧化物。微观上，烧结后的 Ag 与 Cu 之间有几个局部的粘接界面断开，说明烧结后的 Ag 与 Cu[38]的粘接较差。这种局部粘接是由于 Cu 氧化物阻止了 Cu 和烧结 Ag 膏之间的密切接触。在烧结过程中，这些氧化物没有被颗粒黏合剂 / 溶剂完全还原。预先稀释的盐酸已用于去除 Cu 基板上的铜氧化物，以确保适当的粘接和烧结，但这种方法仅局限于实验室实验[26, 37]。

5.2.3　蠕变

蠕变失效是一种依赖于时间的失效，它在位错滑移、位错蠕变、扩散流动（Nabarro 蠕变）等机理下发生变形，并最终在高温永久应变下发生裂纹。在功率模块应用[39]中，由于高温工作，芯片的蠕变裂纹扩展是常见的失效机制。然而，与钎焊焊点相比，烧结 Ag 焊点的蠕变疲劳并没有得到广泛的记录和报道。

在早期的一项研究中，Kariya 等人[17]发现，烧结纳米银接头在较低的同源温度（$0.24T_m$）蠕变失效，而块状 Ag 在 $0.4T_m$ 时发生蠕变并且前者的活化能只有后者的一半。这一观察归因于烧结 Ag 焊点的晶界是多孔的，结晶质量差。这种多孔的晶界也导致了沿晶断裂、塑性变形和裂纹，特别是在晶界的三相点[40]；由于应力集中三相点是最弱点[41, 42]。

其他研究人员也通过改变烧结纳米 Ag 焊点的温度和拉伸应力对其蠕变行为进行了研究[43]。与其他结构材料的蠕变破坏类似，块体烧结 Ag[43]和 Ag 焊点[44]的蠕变破坏也表现为瞬态蠕变、稳态蠕变和加速蠕变三个阶段；稳态阶段是这个过程中最主要的部分。块状烧结银的蠕变寿命采用 Monkman-Grant 关系模拟，即[43]：

$$t_r \dot{\varepsilon}^m = C_{MG} \tag{5-4}$$

式中，m 和 C_{MG} 的值分别为 0.7836 和 8.1158；t_r、$\dot{\varepsilon}^m$ 分别为寿命（s）和蠕变应变速率（s^{-1}）。对于烧结 Ag 焊点，Li 等人[44] 基于以下模型提出了一种修正的 Arrhenius 幂律模型来描述其蠕变性能：

$$\dot{\varepsilon}^C = A'\tau^{n_0+\frac{\beta}{T}} \exp\left(-\frac{Q_0 - \alpha\ln\tau}{RT}\right) \tag{5-5}$$

式中，$\dot{\varepsilon}^C$ 为稳态蠕变剪切应变率；τ 为施加的剪切应力；T 为绝对温度；n 为应力指数；Q 为活化能；R 为玻尔兹曼常数；A 为材料常数。该模型描述了 225℃、5 MPa 下烧结搭接剪切焊点的蠕变应变演化（如图 5-9 所示）；烧结搭接焊点的蠕变应变随剪应力和温度的增加而增加。这种早期的蠕变模型不包括在操作过程中功率模块中烧结 Ag 焊点同时经历的疲劳应力。相反，这种复合材料疲劳蠕变模型可以借鉴广泛发表的焊点相关研究（见 5.2.4 小节）。

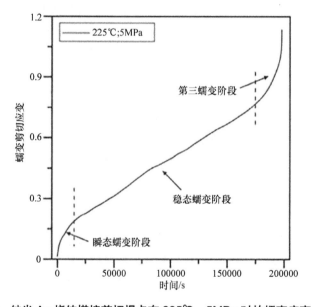

图 5-9　纳米 Ag 烧结搭接剪切焊点在 225℃，5MPa 时的蠕变应变演变[44]

断裂机理方面，225℃和 325℃纳米银烧结搭接接头的蠕变断口如图 5-10 所示。烧结 Ag 在 225℃和 325℃时的断口均出现了撕裂脊，但随着温度的升高，剪切加载方向也出现了更大的塑性变形[44]。在 Ag 烧结阶段的有机物脱气过程中也产生了微裂纹[39]。在如此高的工作温度下，蠕变应力在这些裂缝附近局部拉紧了接缝。这些裂纹在操作过程中不断扩大并相互合并，减少了烧结 Ag 焊点的有效粘接面积，导致焊点失效[39, 45]。

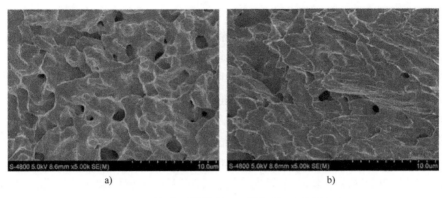

图 5-10　蠕变下的烧结 Ag 焊点断口显微图 [44]
a）225℃　b）325℃

5.2.4　疲劳和棘轮效应

功率器件的运行环境产生温度循环，由于电子元件和许多互连接头之间的 CTE 不匹配，导致它们之间产生热机械应力 [46]。循环应力 - 应变条件常常导致烧结银接头的疲劳失效。

Shioda 等人在对烧结 Ag 的低周疲劳研究中发现，疲劳寿命取决于试样的形状；切口试样的疲劳寿命随烧结温度的升高而增加，而光滑试样的疲劳寿命随烧结温度的升高而降低 [40]。这种差异是由于试样在高温烧结时，切口附近的晶界质量较高。光滑试样引起的高应力局部点作为疲劳起始点，降低了疲劳寿命。

与其他焊接类似，烧结 Ag 焊点的疲劳寿命也随着应力幅值和测试温度的增加而降低 [47]。高测试温度增加了烧结银接头中的位错迁移率，增加了 Ag 焊点界面的应力集中，导致疲劳寿命降低。利用 Basquin 模型成功地预测了烧结纳米 Ag 搭接焊点的疲劳寿命，见式（5-6）[47]：

$$\frac{\Delta\tau}{2} = \delta'_{\text{ft}}(2N_{\text{f}})^{b} \qquad (5-6)$$

式中，$\Delta\tau/2$ 为剪应力幅值；N_{f} 是对失败的逆转，而一次逆转是个 1/2 周期。进一步研究表明，烧结 Ag 焊点的疲劳寿命随着应力幅值的增加而降低，而应力速率和应力比的增加使疲劳寿命 [48] 增加。应力速率和应力比的影响还取决于试验温度，因为高温会引起非弹性应变，从而降低疲劳寿命。其他人也研究了烧结纳米银搭接接头的驻留疲劳行为 [44, 47]。结果还表明，随着温度和停留时间的增加，蠕变损伤增加，并主导失效，而不是疲劳失效。居住疲劳寿命 N_{f} 平均剪切应变率 $\dot{\gamma}_{\text{m}}$ 可以描述为以下方程 [45]：

$$N_{\text{f}} = k_{1}\dot{\gamma}_{\text{m}}^{k_{2}} \qquad (5-7)$$

式中，k_1 和 k_2 是由试验数据拟合的常数。

除疲劳失效外，在平均应力高于材料屈服强度的非零循环载荷下，烧结 Ag 焊点的非弹性变形的渐进积累会导致棘轮失效 [49, 50]。由于棘轮行为会导致烧结 Ag 焊点的灾难性失效，一些研究已经阐明了棘轮机制 [48, 51-55]。Wang 等基于烧结 Ag 的单轴棘轮行为发现，烧结 Ag 的棘轮行为取决于应力幅值、平均应力、应力速率、温度、峰值应力持续时间、加载历史 [51] 和峰值应力 [54]。在峰值应力下，随着持续时间的增加，应变积累显著，尤其是在高温条件下。棘轮应变会随高应力幅值或平均应力而积累，但是如果在加载之前施加低应力幅值或低平均应力的应力循环 [51] 则会减小。棘轮应变也会随加载速率的增加而减小 [55]。随着测试温度的升高，由于位错迁移率 [52] 的增加，力幅值、平均力和峰值力停留时间的影响逐渐占主导地位。

在建模方面，Chen 等人提出了基于 Ohno-Wang 和 Armstrong-Frederick（OW-AF）非线性运动硬化规律和 Anand 模型的复合粘塑性本构模型来模拟烧结 Ag 的棘轮行为 [53, 54]。结果表明，OW-AF 组合模型比传统的 Anand 模型能更好地预测棘轮应力和应变。同样的研究表明，在类似的高测试条件 [56] 下，烧结纳米 Ag 焊点比 SAC305 焊点具有更高的抗棘轮失效能力。

5.3 烧结银焊点的可靠性评估

本节采用加速可靠性试验（热老化试验、热循环试验、功率循环试验和电解加工试验）评估了烧结 Ag 焊点接头在其工作环境中的可靠性。

5.3.1 热老化

热老化试验测量了恒定高温环境下经受固定时间后烧结 Ag 焊点的特征参数变化，如剪切强度 [57-59]、烧结 Ag 的孔隙率 [60] 和孔洞尺寸 [60]。这些特征参数可以用来表征烧结 Ag 焊点在老化过程中粘接质量的变化。在这些参数中，剪切强度由于易于获得及比较来源不同的结果而在文献中被广泛报道。

图 5-11 总结了随着热老化时间的增加，剪切强度先增加后降低的过程规律 [57, 61-63]。在热时效初期，Ag 原子从烧结 Ag 焊点扩散到基板或晶片背面金属化层，增强了连接的强度。然后，随着热时效的进一步进行，烧结 Ag 焊点致密化和强化。随后的热老化分解了烧结 Ag 孔隙中残留的有机物，导致了膨胀、分层和开裂，从而降低了剪切强度。在热时效后期，烧结 Ag 焊点再结晶，且晶粒长大导致剪切强度进一步的下降。其他因素如时效温度、金属化类型和时效氛围也会影响剪切强度的下降速率。

在金属化涂层方面，检测了在 300℃热时效条件下，镀 Ag 和镀 Au 基板上的烧结 Ag 焊点的微观组织差异 [60]。随着时效的进行，镀 Ag 层与烧结 Ag 的有效粘接面积增加，使得烧结 Ag 焊点进一步致密化。这正如前面章节所提到的，Ag 原子从镀 Ag 层扩散到烧结 Ag，会使得有效粘接面积增加且降低孔隙率。而在基板镀 Au 的情况下，由于 Ag 原子和 Au 原子之间的相互扩散，会在烧结 Ag 和镀 Au 层的界面形成无孔洞层。在 300℃时效温度下时，由于 Ag 原子对镀 Au 层的扩散率更高，在芯片界面附近的烧结 Ag 中出现了高孔隙率区，如图 5-12 所示。

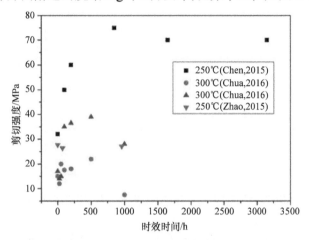

图 5-11　热时效时间对烧结银剪切强度的影响 [57-59]

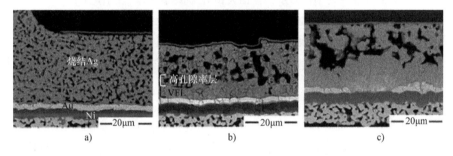

图 5-12　金基板上烧结银在 300℃时效过程中界面组织演变的 SEM 图像 [60]
a）对照样品　b）24h　c）100h

5.3.2　热循环

除高温老化试验外，还采用 40～125℃（或 180℃）的热循环对加速条件下烧结 Ag 焊点的可靠性进行了研究。与高温老化试验类似，采用了若干参数，如剪切强度 [64-67]、热阻抗 [9]、电阻 [68] 和"失效生命周期" [23, 69] 来表征这些热循环对烧结银接头的影响。图 5-13 给出了烧结 Ag 的剪切强度与热循环次数之间的关系。虽然不同文献的初始剪切强度不同，但烧结 Ag 的剪切强度在热循环过程中均呈单调下降趋势；且这种下降是可预期的，这归因于在烧结 Ag 焊点内产生了裂纹，降低了剪切强度。

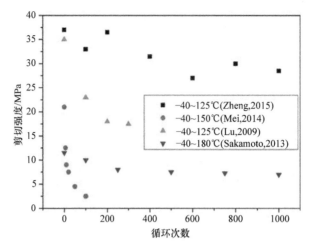

图 5-13 热循环次数对烧结银剪切强度的影响 [64-67]

这种下降也受到界面金属化和封装设计中所经历的接头形态的影响。尽管在镀 Au 层上的 Ag 焊点的初始剪切强度要比在镀银层 [33] 上的要低，但是经过相同的热循环次数后，SiC 芯片在镀 Au 基板上的剪切强度的劣化程度比在镀 Ag 基板上的要小。可惜没有研究人员对这一观察结果进行过解释，尽管这可能是由热循环条件中金原子和银原子溶解动力学相关的微观结构稳定性引起的。

在封装设计中，由于双面功率模块的应力幅值较高，双面功率模块中的烧结 Ag 焊点的剪切强度比单面模块的剪切强度退化的更快 [65]。因此，基于双面设计的普遍性，为了提高烧结 Ag 焊点的可靠性，通常会引入缓冲层来减小芯片连接区域的应力。

在单面模块的应力分布方面，外围的应力集中会在 Ag 膏烧结的芯片周围产生裂纹，裂纹增长到临界长度则导致了这种与时间有关的灾难性失效 [23, 69, 70]。这种应力分布早前由 Rajaguru 等人在模拟采用银膏烧结到 DBC 基板上的 SiC 芯片周围的累积应变时证实（如图 5-14 所示）[71]。

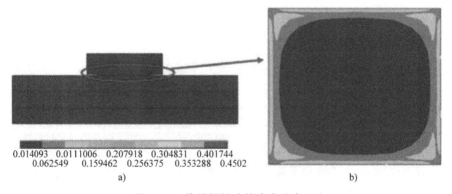

图 5-14 烧结银接头的应变分布 [71]

　　Mei 等人利用光学测量系统测量了夹在烧结 Ag 焊点中的装配曲率，通过实验也证明这种应力分布 [72, 73]。结果表明，残余曲率和应力随烧结 Ag 焊点键合线厚度的增大而减小。在微观上，Dudek 等人使用微力学单元模型模拟了烧结 Ag 焊点在初始多孔微观结构中的应力分布以及 Ag 颗粒间的应力集中情况 [74]。由于银粒子间的应力集中和非弹性应变，烧结在银粒子接触点处发生了颈化。

　　对于不同的 Ag 浆料，Sakamoto 等人 [67] 使用热循环试验比较了采用纳米 Ag 浆和微米 Ag 浆在镀 Ag 基板上烧结 Ag 焊点的可靠性。试验结果表明，在热循环过程中，烧结 Ag 焊点及其界面无明显的裂纹和孔洞。然而，Cu 基板与 Ag 镀层之间的界面出现了如图 5-15 所示的小孔洞，这可能是由于 Cu 对 Ag 的高扩散率导致了 Cu 基板出现了一些空位——kirkendall（柯肯达尔）效应。为了减少这种孔洞的形成，在 Cu 基板和镀 Ag 层之间需要一层扩散屏障，比如镀镍（Ni）。尽管在热循环过程中并未观察到烧结 Ag 焊点及其交界面处有裂缝和孔隙，但是出现在 Cu 基板和镀 Ag 层之间的额外孔隙降低了粘接强度，这也会导致烧结 Ag 的互连可能失效。

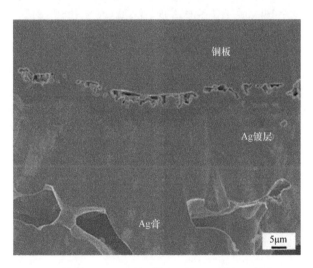

图 5-15　热循环 1000 次后镀 Ag 的 Cu 基板上的界面 [67]

　　然而，镀 Ni 也会造成烧结 Ag 焊点的分层风险。如图 5-16 显示，在化镍浸金涂层附近的烧结银接头出现了分层现象，而在电镀 Ni/Au 基板的界面上则没有发现明显的缺陷 [75]。这种分层是由于化镍浸金（ENIG）涂层中 Au 晶粒的晶界密度不同以及择优取向会造成涂层中 Au 原子在烧结银中的扩散率高于电镀 Ni/Au 上的扩散率所导致。这种分层会导致 ENIG 基板上烧结 Ag 接头的粘接强度降低和热阻提高。

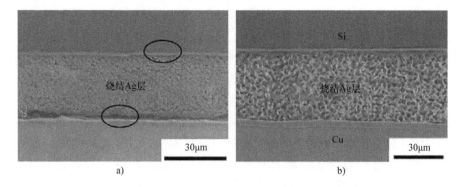

图 5-16 a）ENIG 基板 b）Ni/Au 基板接头截面的 SEM 图像 [75]

除了金属化涂层的影响外，从图 5-17 中可以看出，停留疲劳温度的升高会使断口上的晶粒尺寸增大 [45]。在较高的温度下，烧结 Ag 的晶界和表面运动导致晶粒长大和粗化，最终加速了疲劳失效。

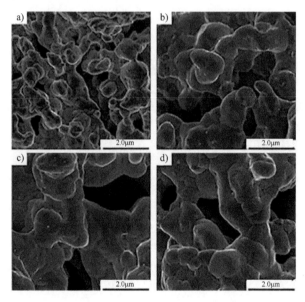

图 5-17 不同停留疲劳温度下烧结 Ag 焊点断口的高倍形貌 [45]
a）125℃ b）225℃ c）275℃ d）325℃

5.3.3 功率循环

由于功率循环测试涉及复杂的试验台和分析，因此对烧结 Ag 封装模块功率循环的研究不如热老化或热循环的研究广泛。与热循环不同，功率循环的热源是功率模块的半导体芯片，而不是外部环境；在功率循环过程中，芯片的开关分别对整个电源模块进行加热和冷却。

常用的功率循环曲线如图 5-18 所示，但是在芯片结温 T_j 随输入电压、电流的变化进行循环时，不同的研究人员所采用的功率循环试验失效准则是不同的 [76]。例如，Bajwa 等人 [77] 将正向电压增加初始值的 5% ~ 10% 作为失效准则，而 Weber 等人 [78] 则将发生电短路作为失效准则。

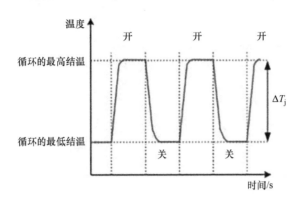

图 5-18 一种常用的功率循环曲线 [76]

一般而言，烧结 Ag 的性能优于传统焊料或黏合剂 [78-80]。Bajwa 等人将功率模块的功率循环结果与采用微米银膏、锡银瞬态液相（TLP）材料和导电胶连接的 SiC 二极管的结果进行了比较 [77]。结果表明，烧结 Ag 试样的失效时间是 TLP 粘接试样的 1.5 倍，是导电胶粘接试样的 6 倍。其他人则基于秒级和分钟级功率循环测试，比较了采用无压纳米 Ag 膏粘接的多芯片相腿 IGBT 模块和采用 Sn5Pb92.5Ag2.5 焊料粘接的商用模块 [81]；在相同的循环次数下，采用 Ag 连接模块的热阻抗和电阻均低于采用焊料连接。

在封装设计方面，Amro 等人证明了与传统焊锡连接相比，采用烧结 Ag 连接的双面低温连接技术（Low-Temperature Joining Technique，LTJT）可以将功率循环可靠性提高 2 倍 [82, 83]。然而，功率循环模型表明，由于刚度更高 [84, 85]，烧结银接头比一般焊点在低周期疲劳试验下更容易发生脆性破坏。如果使用重新设计的封装布局避免这种脆性破坏，烧结 Ag 焊点的可靠性可以显著提高数倍。

5.3.4 烧结银的电化学迁移

电化学迁移（Electrochemical Migration，ECM）是指在潮湿和含氧环境中，在外加电压下，非金属介质中阳极和阴极之间形成金属枝晶 [86,87]。在不同金属中，Ag 以及引申来的烧结 Ag 是最容易发生电化学迁移失效的元素 [88]。

图 5-19 给出了两个 Ag 电极之间的电化学迁移机理示意图；阳极的 Ag 原子溶解成 Ag 离子，然后以 Ag 原子的形式沉积在阴极上，在阳极和阴极之间形成了常为树枝状的 Ag 传导路径。不同烧结 Ag 电极之间电化学迁移枝晶的形成会导致半导体芯片的短路和损坏。

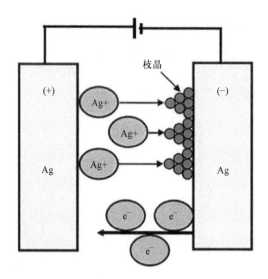

图 5-19 银电极间电化学迁移现象示意图 [86]

影响烧结 Ag 焊点电化学迁移萌生和扩展的因素有偏置电压 [89, 90]、温度 [90]、湿度 [91]、氧分压 [92] 和电极间距 [89]。具体来说，烧结 Ag 的电化学迁移会随着偏置电压和温度的增加而增殖，而随着电极间距的增加则延迟 [90, 93]。基于以下化学方程，电化学迁移过程在潮湿环境中会加速：

$$Ag \rightarrow Ag^+ + e^- \tag{5-8}$$

$$2Ag + 2OH^- \rightarrow 2AgOH \rightarrow Ag_2O + H_2O \tag{5-9}$$

$$Ag^+ + e^- \rightarrow Ag \tag{5-10}$$

$$Ag_2O + 2H^+ + 2e^- \rightarrow 2Ag + H_2O \tag{5-11}$$

基于化学式（5-8）和式（5-9），Ag 原子在阳极转化为 Ag^+ 和 Ag_2，在阴极上又被还原为 Ag 原子 [根据化学式（5-10）和式（5-11）]。在干燥环境中，氧气会以指数形式减少两个电极间有效泄漏电流的起效时间 [92]。进一步的研究阐明了氧在烧结 Ag 电极电化学迁移形成中的作用，如下式所示 [94]：

$$2Ag + 1/2O_2 \rightarrow Ag_2O \tag{5-12}$$

$$Ag_2O \rightarrow 2Ag + 2O^{2-} \tag{5-13}$$

在阳极上，Ag 原子被氧化成 Ag_2O，然后分解成 Ag 离子和 O 离子。Ag 离子迁移到阴极，被还原为枝晶银。因此，氧气分压的增加会推动枝晶 Ag 的形成。

基于烧结 Ag 在芯片连接中的应用，由于设计要求，在高功率密度及高温环境下工作的功率模块封装的有限选择下，降低偏置电压或温度，或者增加电极间距都是不可行的。因此，减少电化学迁移形成的唯一可行的技术是将烧结 Ag 电极与水和氧进行隔离。对二甲苯涂层 [93] 或者在 Ag 膏配方中添加环氧树脂可以起到这种分离水汽及保护烧结 Ag 焊点的作用。

在烧结条件方面，烧结温度或者烧结时间的增加，也会形成稳定的烧结 Ag 焊点微观结构，从而抵抗烧结 Ag 电极中的电化学迁移 [86]。通过在 Ag 膏中添加 Pb 元素，生成 PdO 来阻碍 Ag 的溶解，并减少 Ag 在电极中的迁移步骤，也可以提高烧结 Ag 抵抗电化学迁移的性能 [95-97]。但不幸的是，这些 PdO 化合物也会导致烧结步骤受阻。因此，也有人建议使用 Au[98] 或者 Cu[99] 来增加对 Ag 离子迁移和电化学迁移的阻碍，同时保证 Ag 浆料的可烧结性；5% 体积分数的纳米 Cu 粒子对阻碍 Ag 离子迁移具有最优的效果 [99]。

5.4　结论与展望

综上所述，可靠的烧结 Ag 焊点提高了功率器件封装的鲁棒性。虽然烧结 Ag 焊点可以可靠地批量生产，但它的长期可靠性取决于本章前面讨论的各种因素（如界面金属化和微观组织稳定性）。一般而言，弹性模量、拉伸强度和剪切强度取决于受烧结时间、温度和压力所控制的烧结 Ag 的致密化程度，而在较高温度下各种蠕变机制的流动性增加，会使其弹性模量降低。烧结 Ag 的多孔晶界使得其蠕变强度较块状银有所降低，且断裂面在较高的操作温度下也会表现出大塑性变形产生的沿晶破坏。

各种寿命模型预测了烧结 Ag 焊点的蠕变和疲劳棘轮寿命比传统的连接焊点要长。初始热时效会使烧结 Ag 的剪切强度增强，后期又因分层开裂而劣化，而热循环使其界面强度在整个循环试验过程中降低。基板金属化可以缓解由于界面上不同元素的扩散而产生的各种劣化机制；镀 Ni 可以减少镀 Ag 基板上孔洞的形成，提高强度，但也会产生分层问题。

除这种界面金属化方法外，降低 CTE 失配也是提高这种 Ag 粘接技术可靠性的一种策略；材料配方和封装设计是减少 CTE 不匹配的两个主要变量。虽然封装设计是由封装工程师影响之外的其他要求所决定的，但正如该领域大量专利申请所展示的 [34]，材料配方是关键的创新。一些研究人员声称，根据他们的有限元建模，在纳米银膏中加入 SiC 或者 h- 氮化硼（BN）粉末可以减少烧结 Ag 与芯片或基板之间的 CTE 不匹配度多达 30%[100]。先前的讨论还表明，用其他元素（如 Pb、Cu 等）对 Ag 浆配方进行改性，也可以降低 Ag 离子的迁移率，从而减少了电化学迁移。此外，较低的 CTE 值也使氮化铝（AlN）基板比氧化铝能更好地匹配烧结 Ag 连接，从而降低产生的热机械应力 [101]。

然而，这样的决定也会受到封装的成本结构影响。与此同时，评估这些连接在不同环境下的疲劳寿命的模型也还在持续开发中；这类模型在本文中有过讨论。

在这一领域的持续研究会增强在不久的将来功率器件采用这种烧结 Ag 焊点作为芯片连接选择的信心。

致谢

Siow 感谢马来西亚 Kebangsaan 大学的研究项目（GUP-2017-055"工业应用的金属导电纳米线的生产"）对本章编写的帮助。

参考文献

1. O.A. Ogunseitan, Public health and environmental benefits of adopting lead-free solders. JOM **59**, 12 (2007)
2. C. Buttay, D. Planson, B. Allard, D. Bergogne, P. Bevilacqua, C. Joubert, et al., State of the art of high temperature power electronics. Mater. Sci. Eng. B **176**, 283–288 (2011)
3. J. Millán, P. Godignon, X. Perpiñà, A. Pérez-Tomás, J. Rebollo, A survey of wide bandgap power semiconductor devices. IEEE Trans. Power Electron. **29**, 2155–2163 (2014)
4. R. Khazaka, L. Mendizabal, D. Henry, R. Hanna, Survey of high-temperature reliability of power electronics packaging components. IEEE Trans. Power Electron. **30**, 2456–2464 (2015)
5. H.S. Chin, K.Y. Cheong, A.B. Ismail, A review on die attach materials for SiC-based high-temperature power devices. Metall. Mater. Trans. B **41**, 824–832 (2010)
6. G. Zeng, S. Mcdonald, K. Nogita, Development of high-temperature solders: Review. Microelectron. Reliab. **52**, 1306–1322 (2012)
7. C. Buttay, A. Masson, J. Li, M. Johnson, M. Lazar, C. Raynaud et al., Die attach of power devices using silver sintering – bonding process optimisation and characterization, in *Additional Conferences (Device Packaging, HiTEC, HiTEN, & CICMT)*, 2011, pp. 000084–000090
8. S.-Y. Zhao, X. Li, Y.-H. Mei, G.-Q. Lu, Effect of silver flakes in silver paste on the joining process and properties of sandwich power modules (IGBTs chip/silver paste/bare Cu). J. Electron. Mater. **45**, 5789–5799 (2016)
9. F.L. Henaff, S. Azzopardi, J.Y. Deletage, E. Woirgard, S. Bontemps, J. Joguet, A preliminary study on the thermal and mechanical performances of sintered nano-scale silver die-attach technology depending on the substrate metallization. Microelectron. Reliab. **52**, 2321–2325 (2012)
10. H. Schwarzbauer, R. Kuhnert, Novel large area joining technique for improved power device performance, in *Conference Record of the IEEE Industry Applications Society Annual Meeting*, vol. 2, 1989, pp. 1348–1351
11. C. Herring, Effect of change of scale on sintering phenomena. J. Appl. Phys. **21**, 301–303 (1950)
12. J.G. Bai, Z.Z. Zhang, J.N. Calata, G.Q. Lu, Low-temperature sintered nanoscale silver as a novel semiconductor device-metallized substrate interconnect material. IEEE Trans. Compon. Packag. Technol. **29**, 589–593 (2006)
13. F.L. Henaff, S. Azzopardi, E. Woirgard, T. Youssef, S. Bontemps, J. Joguet, Lifetime evaluation of nanoscale silver sintered power modules for automotive application based on experiments and finite-element modeling. IEEE Trans. Device Mater. Reliab. **15**, 326–334 (2015)
14. K.S. Siow, Mechanical properties of nano-silver joints as die attach materials. J. Alloys Compd. **514**, 6–19 (2012)
15. X. Milhet, P. Gadaud, V. Caccuri, D. Bertheau, D. Mellier, M. Gerland, Influence of the porous microstructure on the elastic properties of sintered Ag paste as replacement material for die attachment. J. Electron. Mater. **44**, 3948–3956 (2015)
16. V.A. Levin, V.V. Lokhin, K.M. Zingerman, Effective elastic properties of porous materials with randomly dispersed pores: finite deformation. J. Appl. Mech. **67**, 667–670 (2000)

17. Y. Kariya, H. Yamaguchi, M. Itako, N. Mizumura, K. Sasaki, Mechanical behavior of sintered nano-sized Ag particles. J. Smart Process. **2**, 160–165 (2013)
18. V. Caccuri, X. Milhet, P. Gadaud, D. Bertheau, M. Gerland, Mechanical properties of sintered Ag as a new material for die bonding: influence of the density. J. Electron. Mater. **43**, 4510–4514 (2014)
19. N. Ramakrishnan, V.S. Arunachalam, Effective elastic moduli of porous solids. J. Mater. Sci. **25**, 3930–3937 (1990)
20. J. Kähler, N. Heuck, G. Palm, A. Stranz, A. Waag, E. Peiner, Low-pressure sintering of silver micro-and nanoparticles for a high temperature stable Pick & Place die attach, in *Microelectronics and Packaging Conference (EMPC), 2011 18th European: IEEE*, 2011, pp. 1–7
21. D.J. Yu, X. Chen, G. Chen, G.Q. Lu, Z.Q. Wang, Applying Anand model to low-temperature sintered nanoscale silver paste chip attachment. Mater. Des. **30**, 4574–4579 (2009)
22. H. Ma, J.C. Suhling, A review of mechanical properties of lead-free solders for electronic packaging. J. Mater. Sci. **44**, 1141–1158 (2009)
23. M. Knoerr, S. Kraft, A. Schletz, Reliability assessment of sintered nano-silver die attachment for power semiconductors, in *2010 12th Electronics Packaging Technology Conference*, 2010, pp. 56–61
24. Y. Akada, H. Tatsumi, T. Yamaguchi, A. Hirose, T. Morita, E. Ide, Interfacial bonding mechanism using silver metallo-organic nanoparticles to bulk metals and observation of sintering behavior. Mater. Trans. **49**, 1537–1545 (2008)
25. C. Weber, H. Walter, M.V. Dijk, M. Hutter, O. Wittler, K.D. Lang, Combination of experimental and simulation methods for analysis of sintered Ag joints for high temperature applications, in *2016 I.E. 66th Electronic Components and Technology Conference (ECTC)*, 2016, pp. 1335–1341
26. H. Zheng, D. Berry, J.N. Calata, K.D.T. Ngo, S. Luo, G.Q. Lu, Low-pressure joining of large-area devices on copper using nanosilver paste. IEEE Trans. Compon. Packag. Manuf. Technol. **3**, 915–922 (2013)
27. T.G. Lei, J.N. Calata, G.Q. Lu, X. Chen, S. Luo, Low-temperature sintering of nanoscale silver paste for attaching large-area (>100 mm^2) chips. IEEE Trans. Compon. Packag. Technol. **33**, 98–104 (2010)
28. R. Khazaka, L. Mendizabal, D. Henry, Review on joint shear strength of nano-silver paste and its long-term high temperature reliability. J. Electron. Mater. **43**, 2459–2466 (2014)
29. Z. Zhang, L. Guo-Quan, Pressure-assisted low-temperature sintering of silver paste as an alternative die-attach solution to solder reflow. IEEE Trans. Electron. Packag. Manuf. **25**, 279–283 (2002)
30. T. Wang, X. Chen, G.-Q. Lu, G.-Y. Lei, Low-temperature sintering with nano-silver paste in die-attached interconnection. J. Electron. Mater. **36**, 1333–1340 (2007)
31. G. Zou, J. Yan, F. Mu, A. Wu, J. Ren, A. Hu, et al., Low temperature bonding of Cu metal through sintering of Ag nanoparticles for high temperature electronic application. Open Surf. Sci. J. **3**, 70–75 (2011)
32. M.Y. Wang, Y.H. Mei, X. Li, G.Q. Lu, Relationship between transient thermal impedance and shear strength of pressureless sintered silver as die attachment for power devices, in *2015 International Conference on Electronics Packaging and iMAPS All Asia Conference (ICEP-IAAC)*, 2015, pp. 559–564
33. J.G. Bai, G.Q. Lu, Thermomechanical reliability of low-temperature sintered silver die attached SiC power device assembly. IEEE Trans. Device Mater. Reliab. **6**, 436–441 (2006)
34. K.S. Siow, Y.T. Lin, Identifying the development state of sintered Ag as a bonding material in the microelectronic packaging via a patent landscape study. J. Electron. Packag. **138**, 020804 (2016)
35. S.A. Paknejad, S.H. Mannan, Review of silver nanoparticle based die attach materials for high power/temperature applications. Microelectron. Reliab. **70**, 1–11 (2017)
36. K. Qi, X. Chen, G.Q. Lu, Effect of interconnection area on shear strength of sintered joint with nano-silver paste. Soldering Surf. Mount Technol. **20**, 8–12 (2008)
37. E. Ide, S. Angata, A. Hirose, K.F. Kobayashi, Bonding of various metals using Ag metallo-organic nanoparticles: a novel bonding process using Ag metallo-organic nanoparticles. Mater. Sci. Forum **512**, 383–388 (2006)

38. B. Boettge, B. Maerz, J. Schischka, S. Klengel, M. Petzold, High resolution failure analysis of silver-sintered contact interfaces for power electronics, in *CIPS 2014; 8th International Conference on Integrated Power Electronics Systems*, 2014, pp. 1–7

39. Y. Tan, X. Li, G. Chen, Y. Mei, X. Chen, Three-dimensional visualization of the crack-growth behavior of nano-silver joints during shear creep. J. Electron. Mater. **44**, 761–769 (2015)

40. R. Shioda, Y. Kariya, N. Mizumura, K. Sasaki, Low-cycle fatigue life and fatigue crack propagation of sintered Ag nanoparticles. J. Electron. Mater. **46**, 1155–1162 (2017)

41. T. Herboth, M. Guenther, A. Fix, J. Wilde, Failure mechanisms of sintered silver interconnections for power electronic applications, in *2013 I.E. 63rd Electronic Components and Technology Conference*, 2013, pp. 1621–1627

42. J.G. Bai, J.N. Calata, L. Guangyin, L. Guo-Quan, Thermomechanical reliability of low-temperature sintered silver die-attachment, in *Thermal and Thermomechanical Proceedings 10th Intersociety Conference on Phenomena in Electronics Systems, 2006 ITherm 2006*, 2006, pp. 1126–1130

43. G. Chen, X.-H. Sun, P. Nie, Y.-H. Mei, G.-Q. Lu, X. Chen, High-temperature creep behavior of low-temperature-sintered nano-silver paste films. J. Electron. Mater. **41**, 782–790 (2012)

44. X. Li, G. Chen, L. Wang, Y.-H. Mei, X. Chen, G.-Q. Lu, Creep properties of low-temperature sintered nano-silver lap shear joints. Mater. Sci. Eng. A **579**, 108–113 (2013)

45. Y. Tan, X. Li, Y. Mei, G. Chen, X. Chen, Temperature-dependent dwell-fatigue behavior of nanosilver sintered lap shear joint. J. Electron. Packag. **138**, 021001–021008 (2016)

46. C. Kanchanomai, Y. Miyashita, Y. Mutoh, Low cycle fatigue behavior and mechanisms of a eutectic Sn–Pb solder 63Sn/37Pb. Int. J. Fatigue **24**, 671–683 (2002)

47. Y. Tan, X. Li, X. Chen, Fatigue and dwell-fatigue behavior of nano-silver sintered lap-shear joint at elevated temperature. Microelectron. Reliab. **54**, 648–653 (2014)

48. G. Chen, L. Yu, Y. Mei, X. Li, X. Chen, G.-Q. Lu, Uniaxial ratcheting behavior of sintered nanosilver joint for electronic packaging. Mater. Sci. Eng. A **591**, 121–129 (2014)

49. J. Ma, H. Gao, L. Gao, X. Chen, Uniaxial ratcheting behavior of anisotropic conductive adhesive film at elevated temperature. Polym. Test. **30**, 571–577 (2011)

50. M. Shariati, H. Hatami, H. Yarahmadi, H.R. Eipakchi, An experimental study on the ratcheting and fatigue behavior of polyacetal under uniaxial cyclic loading. Mater. Des. **34**, 302–312 (2012)

51. T. Wang, G. Chen, Y. Wang, X. Chen, G.-Q. Lu, Uniaxial ratcheting and fatigue behaviors of low-temperature sintered nano-scale silver paste at room and high temperatures. Mater. Sci. Eng. A **527**, 6714–6722 (2010)

52. X. Li, G. Chen, X. Chen, G.-Q. Lu, L. Wang, Y.-H. Mei, High temperature ratcheting behavior of nano-silver paste sintered lap shear joint under cyclic shear force. Microelectron. Reliab. **53**, 174–181 (2013)

53. G. Chen, Z.-S. Zhang, Y.-H. Mei, X. Li, D.-J. Yu, L. Wang, et al., Applying viscoplastic constitutive models to predict ratcheting behavior of sintered nanosilver lap-shear joint. Mech. Mater. **72**, 61–71 (2014)

54. G. Chen, Z.-S. Zhang, Y.-H. Mei, X. Li, G.-Q. Lu, X. Chen, Ratcheting behavior of sandwiched assembly joined by sintered nanosilver for power electronics packaging. Microelectron. Reliab. **53**, 645–651 (2013)

55. X. Chen, R. Li, K. Qi, G.-Q. Lu, Tensile behaviors and ratcheting effects of partially sintered chip-attachment films of a nanoscale silver paste. J. Electron. Mater. **37**, 1574 (2008)

56. G. Chen, L. Yu, Y.-H. Mei, X. Li, X. Chen, G.-Q. Lu, Reliability comparison between SAC305 joint and sintered nanosilver joint at high temperatures for power electronic packaging. J. Mater. Process. Technol. **214**, 1900–1908 (2014)

57. S.T. Chua, K.S. Siow, Microstructural studies and bonding strength of pressureless sintered nano-silver joints on silver, direct bond copper (DBC) and copper substrates aged at 300 °C. J. Alloys Compd. **687**, 486–498 (2016)

58. S. Chen, G. Fan, X. Yan, C. LaBarbera, L. Kresge, N.C. Lee, Achieving high reliability via pressureless sintering of nano-Ag paste for die-attach, in *2015 16th International Conference on Electronic Packaging Technology (ICEPT)*, 2015, pp. 367–374

59. S.-Y. Zhao, X. Li, Y.-H. Mei, G.-Q. Lu, Study on high temperature bonding reliability of sintered nano-silver joint on bare copper plate. Microelectron. Reliab. **55**, 2524–2531

(2015)

60. S.A. Paknejad, G. Dumas, G. West, G. Lewis, S.H. Mannan, Microstructure evolution during 300 °C storage of sintered Ag nanoparticles on Ag and Au substrates. J. Alloys Compd. **617**, 994–1001 (2014)

61. K.S. Siow, Are sintered silver joints ready for use as interconnect material in microelectronic packaging? J. Electron. Mater. **43**, 947–961 (2014)

62. S. Egelkraut, L. Frey, M. Knoerr, A. Schletz, Evolution of shear strength and microstructure of die bonding technologies for high temperature applications during thermal aging, in *2010 12th Electronics Packaging Technology Conference*, 2010, pp. 660–667

63. R. Kisiel, Z. Szczepański, P. Firek, J. Grochowski, M. Myśliwiec, M. Guziewicz, Silver micropowders as SiC die attach material for high temperature applications, in *2012 35th International Spring Seminar on Electronics Technology*, 2012, pp. 144–148

64. G.Q. Lu, M. Zhao, G. Lei, J.N. Calata, X. Chen, S. Luo, Emerging lead-free, high-temperature die-attach technology enabled by low-temperature sintering of nanoscale silver pastes, in *2009 International Conference on Electronic Packaging Technology & High Density Packaging*, 2009, pp. 461–466

65. Y.H. Mei, J.Y. Lian, X. Chen, G. Chen, X. Li, G.Q. Lu, Thermo-mechanical reliability of double-sided IGBT assembly bonded by sintered nanosilver. IEEE Trans. Device Mater. Reliab. **14**, 194–202 (2014)

66. H. Zheng, K.D.T. Ngo, G.Q. Lu, Temperature cycling reliability assessment of die attachment on bare copper by pressureless nanosilver sintering. IEEE Trans. Device Mater. Reliab. **15**, 214–219 (2015)

67. S. Sakamoto, T. Sugahara, K. Suganuma, Microstructural stability of Ag sinter joining in thermal cycling. J. Mater. Sci. Mater. Electron. **24**, 1332–1340 (2013)

68. F. Shancan, X. Yijing, M. Yunhui, Reliability of pressureless sintered nanosilver for attaching IGBT devices, in *2016 International Conference on Electronics Packaging (ICEP)*, 2016, pp. 382–385

69. T. Herboth, C. Früh, M. Günther, J. Wilde, Assessment of thermo-mechanical stresses in Low Temperature Joining Technology, in *2012 13th International Thermal, Mechanical and Multi-Physics Simulation and Experiments in Microelectronics and Microsystems*, 2012, pp. 1/7–7/7

70. D. Agata Skwarek, R. Dudek, P. Sommer, A. Fix, J. Trodler, S. Rzepka, et al., Reliability investigations for high temperature interconnects. Soldering Surf. Mount Technol. **26**, 27–36 (2014)

71. P. Rajaguru, H. Lu, C. Bailey, Sintered silver finite element modelling and reliability based design optimisation in power electronic module. Microelectron. Reliab. **55**, 919–930 (2015)

72. Y. Mei, G. Chen, X. Li, G.-Q. Lu, X. Chen, Evolution of curvature under thermal cycling in sandwich assembly bonded by sintered nanosilver paste. Soldering Surf. Mount Technol. **25**, 107–116 (2013)

73. Y. Mei, G. Chen, L. Guo-Quan, X. Chen, Effect of joint sizes of low-temperature sintered nano-silver on thermal residual curvature of sandwiched assembly. Int. J. Adhes. Adhes. **35**, 88–93 (2012)

74. R. Dudek, R. Döring, P. Sommer, B. Seiler, K. Kreyssig, H. Walter et al., Combined experimental- and FE-studies on sinter-Ag behaviour and effects on IGBT-module reliability, in *2014 15th International Conference on Thermal, Mechanical and Mulit-Physics Simulation and Experiments in Microelectronics and Microsystems (EuroSimE)*, 2014, pp. 1–9

75. Q. Xu, Y. Mei, X. Li, G.-Q. Lu, Correlation between interfacial microstructure and bonding strength of sintered nanosilver on ENIG and electroplated Ni/Au direct-bond-copper (DBC) substrates. J. Alloys Compd. **675**, 317–324 (2016)

76. T.Y. Hung, S.Y. Chiang, C.J. Huang, C.C. Lee, K.N. Chiang, Thermal–mechanical behavior of the bonding wire for a power module subjected to the power cycling test. Microelectron. Reliab. **51**, 1819–1823 (2011)

77. A.A. Bajwa, E. Möller, J. Wilde, Die-attachment technologies for high-temperature applications of Si and SiC-based power devices, in *2015 I.E. 65th Electronic Components and Technology Conference (ECTC)*, 2015, pp. 2168–2174

78. C. Weber, M. Hutter, S. Schmitz, K.D. Lang, Dependency of the porosity and the layer

thickness on the reliability of Ag sintered joints during active power cycling, in *2015 I.E. 65th Electronic Components and Technology Conference (ECTC)*, 2015, pp. 1866–1873

79. S. Haumann, J. Rudzki, F. Osterwald, M. Becker, R. Eisele, Novel bonding and joining technology for power electronics - Enabler for improved lifetime, reliability, cost and power density, in *2013 Twenty-Eighth Annual IEEE Applied Power Electronics Conference and Exposition (APEC)*, 2013, pp. 622–626

80. N. Heuck, K. Guth, M. Thoben, A. Mueller, N. Oeschler, L. Boewer et al., Aging of new Interconnect-Technologies of Power-Modules during Power-Cycling, in *CIPS 2014; 8th International Conference on Integrated Power Electronics Systems*, 2014, pp. 1–6

81. S. Fu, Y. Mei, X. Li, C. Ma, G.Q. Lu, Reliability evaluation of multichip phase-leg IGBT modules using pressureless sintering of nanosilver paste by power cycling tests. IEEE Trans. Power Electron. **32**, 6049–6058 (2017)

82. R. Amro, J. Lutz, J. Rudzki, M. Thoben, A. Lindemann, Double-sided low-temperature joining technique for power cycling capability at high temperature, in *2005 European Conference on Power Electronics and Applications*, 2005, p. 10

83. R. Amro, J. Lutz, J. Rudzki, R. Sittig, M. Thoben, Power cycling at high temperature swings of modules with low temperature joining technique, in *2006 I.E. International Symposium on Power Semiconductor Devices and IC's*, 2006, pp. 1–4

84. R. Dudek, R. Döring, S. Rzepka, C. Ehrhardt, M. Günther, M. Haag, Electro-thermo-mechanical analyses on silver sintered IGBT-module reliability in power cycling, in *2015 16th International Conference on Thermal, Mechanical and Multi-Physics Simulation and Experiments in Microelectronics and Microsystems*, 2015, pp. 1–8

85. R. Dudek, R. Döring, S. Rzepka, C. Ehrhardt, M. Hutter, J. Rudzki et al., Investigations on power cycling induced fatigue failure of IGBTs with silver sintered interconnects, in *2015 European Microelectronics Packaging Conference (EMPC)*, 2015, pp. 1–8

86. B.-I. Noh, J.-W. Yoon, K.-S. Kim, S. Kang, S.-B. Jung, Electrochemical migration of directly printed Ag electrodes using Ag paste with epoxy binder. Microelectron. Eng. **103**, 1–6 (2013)

87. B.-I. Noh, J.-W. Yoon, W.-S. Hong, S.-B. Jung, Evaluation of electrochemical migration on flexible printed circuit boards with different surface finishes. J. Electron. Mater. **38**, 902–907 (2009)

88. J. Steppan, J. Roth, L. Hall, D. Jeannotte, S. Carbone, A review of corrosion failure mechanisms during accelerated tests electrolytic metal migration. J. Electrochem. Soc. **134**, 175–190 (1987)

89. G.Q. Lu, W. Yang, Y. Mei, X. Li, G. Chen, X. Chen, Effects of DC bias and spacing on migration of sintered nanosilver at high temperatures for power electronic packaging, in *2013 14th International Conference on Electronic Packaging Technology*, 2013, pp. 925–930

90. G.Q. Lu, W. Yang, Y.H. Mei, X. Li, G. Chen, X. Chen, Migration of sintered nanosilver on alumina and aluminum nitride substrates at high temperatures in dry air for electronic packaging. IEEE Trans. Device Mater. Reliab. **14**, 600–606 (2014)

91. C.-H. Tsou, K.-N. Liu, H.-T. Lin, F.-Y. Ouyang, Electrochemical migration of fine-pitch nanopaste Ag interconnects. J. Electron. Mater. **45**, 6123–6129 (2016)

92. Y. Mei, G.Q. Lu, X. Chen, S. Luo, D. Ibitayo, Effect of oxygen partial pressure on silver migration of low-temperature sintered nanosilver die-attach material. IEEE Trans. Device Mater. Reliab. **11**, 312–315 (2011)

93. R. Riva, C. Buttay, B. Allard, P. Bevilacqua, Migration issues in sintered-silver die attaches operating at high temperature. Microelectron. Reliab. **53**, 1592–1596 (2013)

94. G.Q. Lu, W. Yang, Y.H. Mei, X. Li, G. Chen, X. Chen, Mechanism of migration of sintered nanosilver at high temperatures in dry air for electronic packaging. IEEE Trans. Device Mater. Reliab. **14**, 311–317 (2014)

95. J.C. Lin, J.Y. Chan, On the resistance of silver migration in Ag-Pd conductive thick films under humid environment and applied d.c. field. Mater. Chem. Phys. **43**, 256–265 (1996)

96. J.C. Lin, J.Y. Chuang, Resistance to silver electrolytic migration for thick-film conductors prepared from mixed and alloyed powders of Ag-15Pd and Ag-30Pd. J. Electrochem. Soc. **144**, 1652–1659 (1997)

97. D. Wang, Y. Mei, K.S. Siow, X. Li, G. Lu, Roles of palladium particles in enhancing the electrochemical migration resistance of sintered nano-silver paste as a bonding material. Mater. Lett. **206**, 1–4 (2017)
98. T. Ito, T. Ogura, A. Hirose, Effects of Au and Pd additions on joint strength, electrical resistivity, and ion-migration tolerance in low-temperature sintering bonding using Ag_2O paste. J. Electron. Mater. **41**, 2573–2579 (2012)
99. M. Koh, K.-S. Kim, B.-G. Park, K.-H. Jung, C.S. Lee, Y.-H. Choa, et al., Electrical and electrochemical migration characteristics of Ag/Cu nanopaste patterns. J. Nanosci. Nanotechnol. **14**, 8915–8919 (2014)
100. N. Heuck, A. Langer, A. Stranz, G. Palm, R. Sittig, A. Bakin, et al., Analysis and modeling of thermomechanically improved silver-sintered die-attach layers modified by additives. IEEE Trans. Compon. Packag. Manuf. Technol. **1**, 1846–1855 (2011)
101. H. Sugihara, M. Yamagiwa, M. Fujita, T. Oshidari, Q. Yu, Thermal fatigue reliability of high-temperature-resistant joint for power devices, in *ASME 2009 InterPACK Conference*, 2009, pp. 937–943

第6章　原子迁移诱发的烧结银形态变化

S. Mannan，A. Paknejad，A. Mansourian，K. Khtatba

6.1　引言

　　烧结 Ag 作为一种耐高温的连接材料，其加工过程能在相对低温条件下（通常为 200 ~ 300℃）进行，因而获得了业内大量的关注。近些年，大量研究者对烧结 Ag 在芯片连接使用中的优点以及暴露出来一些问题进行了综述[1-8]。尽管采用了同系温度值为 0.5 这一个极端保守的标准，熔点高达 962℃ 的 Ag 在 350℃ 附近仍具备理论稳定性。亚微米和纳米颗粒的使用不仅便于低温加工过程，而且能满足在烧结的过程中降低甚至不施加烧结压力，使应用的烧结压力范围通常控制在 0 ~ 10MPa 的范围内。施加压力的好处之一在于可以将未施加压力时 20% ~ 30% 范围的孔隙率降低到 20% 以下。然而，时至今日在文献中对于期望取多低的孔隙率值没有一个明确的共识。一方面，提高烧结压力可以降低孔隙率增大界面接触面积进而提高剪切强度；但另一方面，孔隙率的提高可以杨氏模量降低进而在热循环的过程中能减少对于芯片的应力传递。根据研究报道，后者在加速试验中表明高孔隙率的烧结银能表现出更好的可靠性[8, 9]。这促进了我们对于烧结 Ag 孔隙率的认识，而不是仅仅局限于去尝试降低孔隙率。

　　我们可以通过对烧结 Ag 的横截面切片的图片（光学或者电子显微镜的图片）进行暗度百分比统计就可以简单地评估孔隙率。图 6-1 所示为未施加压力的烧结样品，根据计算其孔隙率达到了 25%。有研究[10, 11]表明在烧结 Ag 中心区的孔隙率比芯片边缘连接区的孔隙率低，同时在合模过程中，中心区域的小孔洞能更快地生长为大孔洞。这表明浆料与周围气氛之间的气体交换在 Ag 烧结中起到了非常重要的作用，在不同气氛环境下的烧结试验也证明了这一点[12]。值得一提的是，这些结果表明烧结区域的机械性能将沿着截面所在的区域不同而不同。

　　使用图像处理技术，我们可以得到截面处孔结构的偏心率，以及诸如像孔面积、孔均匀性等统计数据。然而，二维层面的数据不能说明全面的情况。例如，我们希望知道这个孔隙网络中闭孔与开孔的比例各是多少，以及这个孔隙网络的弯曲度。基于此，我们就可以使孔隙网络的气体扩散计算成为可能。尽管 X 射线断层扫描技术是一种可用于确定微观结构的无损检测技术，但它的分辨率始终有限。而串行块面扫描电子显微镜（Serial Block-Face Scanning Electron Microscopy，SBFSEM）可以通过使用聚焦离子束（Focussed Ion Beam，FIB）铣削实现从连续二维切片到三维结构的高分辨率重构[13-15]。

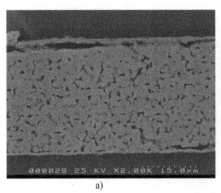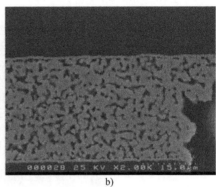

a)　　　　　　　　　　　　　　　　b)

图 6-1　无压银烧结试样

a）内部　b）边缘

图 6-2[13] 展示了使用 SBFSEM 重构的在施加压力情况下银烧结样品的体态图。同时，对两个初始密度相似的烧结样品（一个不做处理，一个进行老化试验）进行了老化试验前后体态形貌对比评估。在 10MPa 的压力下烧结得到的初始样品孔隙率约为 10%，在测试条件为 125℃，经 1500h 老化试验后的样品其平均孔大小，以及球形度均有所提高，说明降低表面能是上述变化的驱动力。同时，老化试验后的样品出现了更高比例的孤立孔洞。

a)　　　　　　　　　　　　　　　　b)

图 6-2　多孔网络和红色标记的单孔网络（彩图见插页）[13]

a）烧结样　b）老化样

　　图 6-3 展示了 Rmili 等[14] 关于在不同烧结条件下所致的孔隙率变化的工作。在这项工作中再次采用了 SBFSEM 技术，基于不同的烧结温度、烧结压力和烧结时间，其孔隙率变化的范围为 56%～16%，没有连接到开放孔隙网络的孔洞比例变化范围为 0.1%～9.3%。同时该工作表明在不施加压力的工艺条件下能生成有效暴露在环境气氛中的孔洞网络。

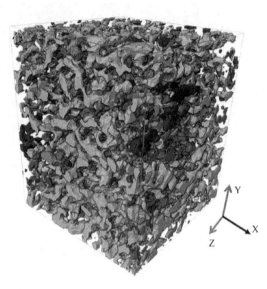

图 6-3　三维孔隙网络分析：其中互连孔洞为黄颜色占总体积的 90.7%（彩图见插页）

　　孔洞存在所致的内部自由界面可以使得沿着其表面所发生的原子扩散快速进行。如无氧 Ag 表面的扩散的典型值为 0.91E-8m²/s[16]。晶界扩散系数取决于晶界的性质。但是实验得出来的烧结 Ag 的数值在 2×10^{-17} m²/s[10]。单个晶体内的体积扩散其特征是扩散系数极低，低到大约 2×10^{-22} 的程度[17]，基本上可以忽略不计。

通过比较这些扩散系数，可以得知在孔隙相互连接的情况下，表面扩散是增加孔隙球形度以及孔洞合并的主导驱动力。一旦孔隙与开放的孔隙网络之间发生隔离以及闭孔，晶界扩散以及晶界迁移则会取而代之，成为后续变化过程的主导驱动力。

　　图 6-4 所示为用 TEM 观察的晶粒边界细节，展示了晶粒与孔隙间的界面，以及晶界与孪晶界。根据研究报道，高密度的孪晶界的存在是纳米颗粒烧结体系的一般特征，而且它可

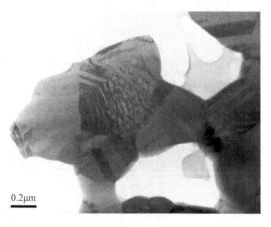

0.2μm

图 6-4　Ag 晶粒的 TEM 图

能能提供额外的扩散路径 [10, 18]。由于快速扩散的路径存在，在热应力作用下，微观结构可能会发生快速的变化。这些内容会在 6.2 节和 6.3 节进行探讨。

6.2　热老化下的微观结构演化

在高温下烧结 Ag 的老化会导致微观结构的改变。在低至 125℃的温度下，也有报道 [13] 称微观结构发生了变化。在 200℃以上，这个变化过程会加速，促使小孔隙向孔隙合并、晶粒粗化最终形成大孔隙 [10, 13]。根据报道，烧结 Ag 中粗化的晶粒结构会降低疲劳寿命 [19]。这是因为，相较于均匀分布的小孔隙，不均匀分布的大孔隙会导致局部应力集中。另一个会导致寿命降低的影响因素是烧结 Ag 与芯片表面金属化层以及基板之间的相互扩散。特别值得一提的是，烧结 Ag 与 ENIG 接触后会因为在 Ag 中形成大孔隙层而出现剪切强度的快速下降。本节将在 6.2.1 小节讨论晶粒与孔隙粗化的内容，在 6.2.2 小节讨论接触层间相互扩散的内容。

6.2.1　热老化下微观结构的粗化

图 6-5 展示了不同存贮时间和温度下晶粒尺寸的变化。在该图中，使用光学显微镜通过玻璃观察，能追踪到单个晶粒和孔隙的演变。

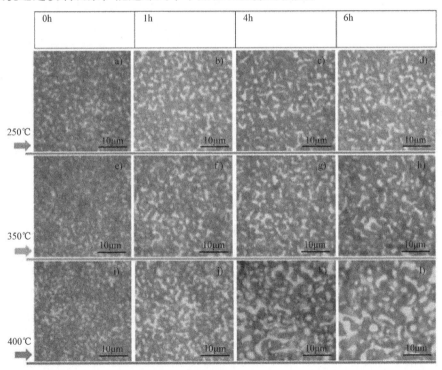

图 6-5　在顶部有加热器装置下，透过盖玻片观察高温存储烧结 Ag 样品的光学显微镜照片
a)～d) 250℃存贮　e)、h) 350℃存贮　i)～l) 400℃存贮

乍一看，通过玻璃来观察烧结 Ag 而不是使用电子显微镜，可能看上去会有些奇怪。为何不简单地像图 6-1 那样取一个横截面来做老化试验的样品呢？原因在于切片后的样品哪怕在 400℃ 处理的样品也观察不到微观结构的改变。即使样品切片后先通过高氯酸蚀刻和真空热处理，结果也不会有所改变。切片后的样品形貌仍会保持其最初始的状态。由此可以得出一个明显的结论，即一旦暴露在空气中，样品就会发生氧化，一旦样品表面发生氧化，表面扩散就会受限，进而使得微观结构是稳定的。的确，在烧结 Ag 的外表面同样表现出没有明显的微观结构的改变。为了直接确认烧结 Ag 表面氧化物的存在以及存在的类型，我们对样品进行 X 射线光电子能谱分析（X-ray Photoelectron Spectroscopy，XPS）。结果表明，Ag 表面存在的氧化物形式为 Ag_2O。我们同时检测到了碳氢化合物，但无法用 XPS 识别。我们知道 Ag_2O 可以在 160℃ 的空气氛围中发生分解[20]，但它只有在 400℃ 的条件下才能发生完全分解。超过 400℃ 后，甚至在外表面，在形态变化的速率上都会发生阶跃。这进一步证实了我们的假设，即内部孔隙初始是没有大部分被氧化的，当暴露在空气中后就会生成氧化物，进而组织沿孔隙的表面扩散发生。在图 6-1 中，观察到的芯片中心和边缘处的孔隙率差异进一步支持了我们的假设。我们现在可以解释芯片边缘高孔隙率的原因是因为 Ag 表面的深度氧化减缓了表面扩散和孔隙闭合所导致的。在芯片的中心区域的 Ag 可能存在部分氧化以及残留有机污染，但其表面扩散的进行相较于边缘部分来说具备更高的自由度。

用纯 Ag 在真空下的表面扩散系数计算出来的晶粒生长值比用图 6-5 估算出来的值比高了几个数量级，表明初始状态的孔洞表面是 Ag 与 Ag 膏残留的碳氢化合物以及一些氧化物所组成。现在存在一种有趣的可能性是通过烧结后的氧化刻意地去阻止 Ag 原子在内部晶粒或孔洞边界间的扩散。在开放的孔洞网络中氧气的扩散时间尺度可以由以下关系式表示：

$$t \sim \frac{L^2}{D_{eff}} \tag{6-1}$$

式中，t 代表扩散时间尺度；L 是标准的长度尺度（约 10^{-2}m）；D_{eff} 是氧气在空气中的有效扩散系数，数值为 $0.2 \times 10^{-4}m^2$（很显然孔隙中的气氛不是空气，但这个假设能满足一个数量级的计算）。D_{eff} 需要考虑扩散路径的弯曲度，但同理，在这个相对开放的网络结构中，弯曲度值设置为 1 可满足同一数量级的计算，因此 $D_{eff} = 0.2 \times 10^{-4}m^2/s$[23]。代入式（6-1）中可以得到在氧气渗透进入内部孔隙的秒级时间尺度。图 6-2 和图 6-5 的实验结果表明尽管经过了数小时，氧化程度仍不足以冻结微观结构。这可能是浆料中残留的部分碳氢化合物阻碍了扩散的进行，或者存在其他阻碍表面氧化的机制。暴露在蒸汽后，如图 6-6 所示微观结构仍然被有效地冻结。图 6-6 结果表明，除非温度超过 400℃，至少在 24h 内蒸汽处理后的初始的微观结构仍然不会发生改变。在300℃下的老化实验中证实，600h处理后微观结构没有发生改变。值得注意的是，图6-6d中发现有一颗7μm左右的晶粒，表明晶粒在生长。这被认定为是一个蒸汽无法穿透的封闭孔隙。总而言之，利用无压烧结和开放孔隙网络的优势，氧化内部孔隙表面，从而稳定微观结构是可行的。

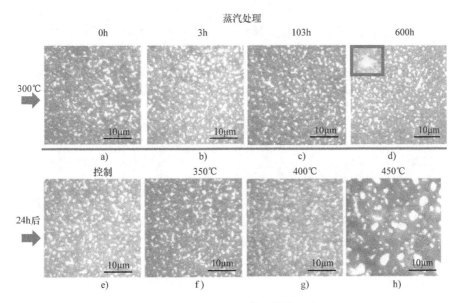

图 6-6　烧结 Ag 光学显微镜照片

a）~d）在恒定温度下增加时间　e）~h）在恒定时间下增加温度

6.2.2　金属接触的扩散现象

上一小节探讨了纯烧结 Ag 的微观结构变化以及内部气孔界面上促进传质的关键因素。当烧结 Ag 与芯片背面以及基板的金属化镀层接触时，Ag 与金属化镀层之间相互扩散的可能性就要被纳入考虑。由于相邻孔隙表面到平面金属化层的扩散提高了界面间的接触，在热老化后从镀 Ag 到烧结 Ag 的剪切强度会趋向于提高[10]。在镀 Ag 存在的情况下，除了通过氧气渗透薄 Ag 层造成底层材料氧化的附加因素需要考虑外，没有额外的附加因素产生。举个例子来说，根据报道300℃下产生的 Cu 氧化会降低剪切强度[24]。

金（Au）是电子设备中常用的镀金属材料。作为一种贵金属材料，氧化问题通常不会发生，因此在焊接前，接触界面可以长期的保持稳定。当烧结到 Au 表面时，由于快速的相互扩散，初始的剪切强度明显高于烧结到镀 Ag 表面。在热老化不到24h时，由于同样的快速扩散现象，剪切强度快速恶化，导致在 Au 毗邻区域快速形成了无气孔层，而在烧结银的区域形成了高孔隙度层，具体形貌如

图 6-7 所示[10, 25]。此外，Au 金属化层溶入了 Ag 中。

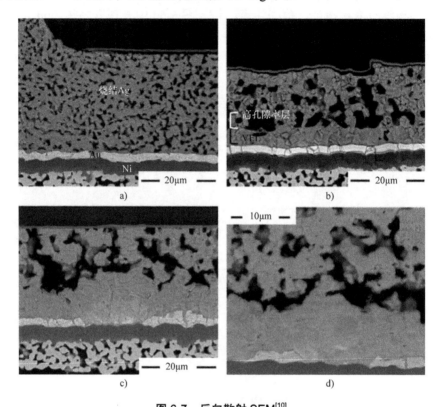

图 6-7　反向散射 SEM[10]

a）对照组　b）24h（采用芯片级封装样制备）　c）100h　d）500h（更大放大倍数）

为了理解扩散机制，我们首先需要理解在为相互扩散提供了热力学驱动力的情况下，在各占比为 50% 的 Ag/Au 合金中自由能最小。Ag 可以沿着 Au 的晶界扩散进入 Au。在特定的 ENIG 涂层中，Au 的晶界沿着下方 Ni 的晶界继续扩散。同样地，Au 也可以沿着 Ag 的晶界往 Ag 中扩散。如图 6-8 所示，孔表面快速扩散通道的存在导致孔洞远离 Ag/Au 界面。

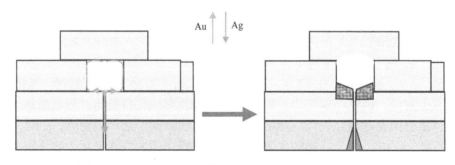

图 6-8　传质导致孔洞远离界面的移动

如图 6-9 所示，近期有研究表明可以通过在芯片和基板中间插入网状嵌件可以将无孔 / 多孔结构转化为强度的提升 [26]。如果网格是 Au 或者镀 Au 的，孔隙将会从每个网孔的中心向外挤出，在每个网格的中心形成一个单独的孔隙。无孔隙的 50Ag/50Au 层垂直延伸，提供了一个在 450℃，1000h 下都能保持强度的热力学稳态系统。这个系统在提高初始连接强度、优化网格设计与 Ag 孔隙率方面仍待提高，从而才能最大化利用将孔隙定位在所期望位置处的能力。如在模具的外围。

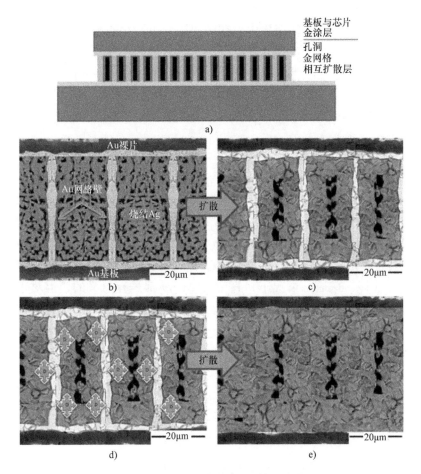

图 6-9　模具装配概念图（彩图见插页）

a）连接模具装配截面示意图，嵌入的网格主要用于形成从芯片到基板的相互扩散层，使之成为芯片连接的主要部分　b）芯片连接装配处连续相互扩散连接形成的概念示意图

c）高温存储后图 b 中形成连续相互扩散层的概念示意图

d）箭头表示了 Au 和 Ag 扩散的路径

e）在 Ag 和 Au 充分扩散后形成热稳定结构示意图。

6.3 烧结银中的电迁移

电迁移在本章中的定义是由于传导电子与晶格离子之间的动量交换所致的金属离子沿导体电子流动方向的运动。值得注意的是，电迁移这个术语有时被用来描述离子在电场存在下的运动。例如，在相邻两个相邻的导电元件之间的绝缘界面就保持着不同的电位，这对于 Ag 来说也是一个重要的问题，但在这里不进行进一步的探讨（早期涉 Ag 离子的现象更合适被称作电化学迁移）。相反，本节探讨的是烧结 Ag 不是作为芯片焊料而是作为传送电流、提供机械强度、替代焊料互连作用的连接材料使用时会出现的问题。

电迁移是长期以来芯片连接中存在的问题，小尺寸的载流导线导致高的电流密度[27]。近些年来，由于小型化的增长所带来的焊接尺寸变小，使得焊点处的电迁移问题日益突出。一般来说，电迁移所致的质量输运会在导体的阳极端形成小丘或晶须，在阴极引出端产生材料损耗和孔洞。离子通量（大致被当做原子通量）可以用式（6-2）表示[28]：

$$\overrightarrow{J_a} = -D_a \left(\nabla C_a + \frac{\left| Z^* \right| \rho e}{k_b T} C_a \overrightarrow{J_e} + \frac{Q^*}{k_b T^2} C_a \nabla T - \frac{f\Omega}{k_b T} C_a \nabla \sigma \right) \quad (6\text{-}2)$$

式中，C_a 是原子浓度；D_a 是原子扩散系数；Z^* 是有效核电荷数；ρ 是电阻率；e 是元电荷；k_b 是玻尔兹曼常数；T 是绝对温度；$\overrightarrow{J_e}$ 是电流密度；Q^* 是热传导；f 是原子松弛因子；Ω 是原子体积；σ 是流体静应力。式（6-2）中的右边起括号内第一项表示的是自扩散，第二项表示的是电迁移，第三项表示的是热迁移，第四项表示的是应力迁移。在通常情况下，其中的每一项都是有意义的，但对于烧结 Ag 中的电迁移来说，$\overrightarrow{J_e}$ 这一项会占据主导地位，当 $\overrightarrow{J_e}$ 的数量级达到 10^8A/m^2 的时候，我们会看到它在 Ag 中的影响。电迁移的物理效应与扩散通量的大小无关，而是与原子浓度变化以及 $\overrightarrow{J_a}$ 的差异有关：

$$\text{Div}(\overrightarrow{J_{Em}}) = \left(\frac{E_a}{kT^2} - \frac{1}{T} \right) \frac{C_a Z^* e \rho}{kT} D_0 \exp\left(-\frac{E_a}{kT} \right) \overrightarrow{J_e} \cdot \nabla T \quad (6\text{-}3)$$

式中，D_a 用阿伦尼乌斯定律表示为：

$$D_a = D_0 \exp\left(-\frac{E_a}{k_b T} \right) \quad (6\text{-}4)$$

式中，D_0 是指前因子；E_a 是活化能。式（6-3）表明温度梯度对孔隙和小丘的形成是至关重要的。简言之，考虑到扩散系数在更高的温度下会增加，原子从高温区向低温区的扩散会累积形成小丘。相反，当原子扩散从低温区向高温区进行，该区域原子的耗尽会比补充的速度快，从而导致孔隙成核的发生。在烧结 Ag

中，微观结构的复杂性导致在晶粒间的交界处形成温度梯度，该处会发生局部电流的集中。这导致了在整个烧结 Ag 区域形成晶须的可能性，而不仅限于阳极区。图 6-10 展示了在 $2 \times 10^8 A/m^2$ 电流密度下 200h 后的一个晶须形成的样例。一旦它们与其他晶须接触就会发生自我限制从而停止生长。烧结 Ag 内部也会受到本身和晶粒细化的影响，晶粒的平均尺寸会降低，同时还会随着局部电流的流向发生取向[29]。最终，孔洞的形成导致电气失效[30]。

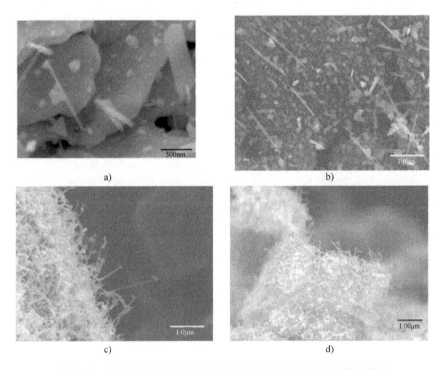

图 6-10　烧结银表面电迁移（每个分图为样品不同区域的图片）

6.4　结论

本章讨论了烧结 Ag 中原子扩散对微观结构改变的影响。已经被证实，孔隙处的自由表面的存在能导致快速的传质和微观结构的演变，这也许会影响到在 200℃高温下的长期可靠性。尽管表面改性能阻止微观结构的演变，或通过烧结过程的优化去使整个体系的热力学状态保持稳定以便充分利用孔隙度的优点；但在追求稳定的过程中，如何在热循环中能向芯片传递更低的应力不应被忽视。最后，我们探讨了烧结 Ag 中电迁移的影响，我们发现电迁移能导致在烧结 Ag 的表面生长晶须和结节。

参考文献

1. S.A. Paknejad, S.H. Mannan, Review of silver nanoparticle based die attach materials for high power/temperature applications. Microelectron. Reliab. **70**, 1–11 (2017)
2. K.S. Siow, Are sintered silver joints ready for use as interconnect material in microelectronic packaging? J. Electron. Mater. **43**, 947 (2014)
3. K. Suganuma, S. Nagao, T. Sugahara, E. Yokoi, H. Zhang, J. Jiu, Silver sinter joining and stress migration bonding for WBG die-attach, in *International Symposium on 3D Power Electronics Integration and Manufacturing (3D-PEIM)*, 2016
4. K.S. Siow, Mechanical properties of nano-silver joints as die attach materials. J. Alloys Compd. **514**, 6–19 (2012)
5. K.S. Siow, Y.T. Lin, Identifying the development state of sintered silver (Ag) as a bonding material in the microelectronic packaging via a patent landscape study. J. Electron. Packag. **138** (2), 020804 (2016)
6. H.S. Chin, K.Y. Cheong, A.B. Ismail, A review on die attach materials for SiC-based high-temperature power devices. Metallogr. Mater. Trans. B. **41**, 824 (2010)
7. A.A. Bajwa, Y. Qin, R. Reiner, R. Quay, J. Wilde, Assembly and packaging technologies for higherature and high-power GaN devices. IEEE Trans. Compon. Packag. Manuf. Technol. **5** (10), 7243341, 1402–1416 (2015)
8. R. Khazaka, L. Mendizabal, D. Henry, Review on joint shear strength of nano-silver paste and its long-term high temperature reliability. J. Electron. Mater. **43**(7), 2459–2466 (2014)
9. V.R. Manikam, K.A. Razak, K.Y. Cheong, Sintering of silver-aluminum nanopaste with varying aluminum weight percent for use as a high-temperature die-attach material. IEEE Trans. Compon. Packag. Manuf. Technol. **2**(12), 6334434, 1940–1948 (2012)
10. S.A. Paknejad, G. Dumas, G. West, G. Lewis, S.H. Mannan, Microstructure evolution during 300 °C storage of sintered Ag, nanoparticles on Ag and Au substrates. J. Alloys Compd. **617**, 994–1001 (2014)
11. Y. Li, H. Jing, Y. Han, L. Xu, G. Lu, Microstructure and joint properties of nano-silver paste by ultrasonic-assisted pressureless sintering. J. Electron. Mater. **45**(6), 3003–3012 (2016)
12. S.T. Chua, K.S. Siow, A. Jalar, Effect of sintering atmosphere on the shear properties of pressureless sintered silver joint, in *Proceedings of the IEEE/CPMT International Electronics Manufacturing Technology (IEMT) Symposium*, 2015-June, 7123119
13. J. Carr, X. Milhet, P. Gadaud, S.A.E. Boyer, G.E. Thompson, P. Lee, Quantitative characterization of porosity and determination of elastic modulus for sintered micro-silver joints. J. Mater. Process. Technol. **225**, 19–23 (2015)
14. W. Rmili, N. Vivet, S. Chupin, T. Le Bihan, G. Le Quilliec, C. Richard, Quantitative analysis of porosity and transport properties by FIB-SEM 3D imaging of a solder based sintered silver for a new microelectronic component. J. Electron. Mater. **45**(4), 2242–2251 (2016)
15. A. Gillman, M.J.G.H. Roelofs, K. Matouš, V.G. Kouznetsova, O. van der Sluis, M.P.F.H.L. van Maris, Microstructure statistics–property relations of silver particle-based interconnects. Mater. Des. **118**, 304–313 (2017)
16. G. Antczak, G. Ehrlich, *Surface Diffusion: Metals, Metal Atoms, and Clusters* (Cambridge University Press, Cambridge/New York/Melbourne, 2010), p. 347
17. F. Jaumot, A. Sawatzky, Diffusion of gold in single crystals of silver. J. Appl. Phys. **27**(10), 1186–1188 (1956)
18. S. Wang, M. Li, H. Ji, C. Wang, Rapid pressureless low-temperature sintering of Ag nanoparticles for high-power density electronic packaging. Scr. Mater. **69**(11–12), 789–792 (2013)
19. G. Chen, Y.-Z. Wang, Y. Mei, L. Yu, X. Li, X. Chen, Influence of temperature and microstructure on the mechanical properties of sintered nanosilver joints. Mater. Sci. Eng. A. **626**, 390–399 (2015)
20. J. Tominaga, The application of silver oxide thin films to plasmon photonic devices. J. Phys. Condens. Matter. **15**(25), R1101–R1122 (2003)
21. T. Morita, Y. Yasuda, E. Ide, Y. Akada, A. Hirose, Bonding technique using microscaled

silver-oxide particles for in-situ formation of silver nanoparticles. Mater. Trans. **49**, 2875–2880 (2008)

22. S.A. Paknejad, A. Mansourian, J. Greenberg, K. Khtatba, L. Van Parijs, S.H. Mannan, Micro-structural evolution of sintered silver at elevated temperatures. Microelectron. Reliab. **63**, 125–133 (2016)
23. E.L. Cussler, *Diffusion: Mass Transfer in Fluid Systems*, 2nd edn. (Cambridge University Press, New York, 1997). ISBN 0-521-45078-0
24. S.T. Chua, K.S. Siow, Microstructural studies and bonding strength of pressureless sintered nano-silver joints on silver, direct bond copper (DBC) and copper substrates aged at 300 °C. J. Alloys Compd. **687**, 486–498 (2016)
25. F. Yu, R.W. Johnson, M.C. Hamilton, Pressureless sintering of microscale silver paste for 300 °C applications. IEEE Trans. Compon. Packag. Manuf. Technol. **5**(9), 7180312, 1258–1264 (2015)
26. S.A. Paknejad, A. Mansourian, Y. Noh, K. Khtatba, S.H. Mannan, Thermally stable high temperature die attach solution. Mater. Des. **89**, 1310–1314 (2016)
27. Cher Ming Tan, Arijit Roy, Electromigration in ULSI interconnects. Materials Science and Engineering: R: Reports **58**(1–2), 1–75 (2007)
28. X. Zhu, H. Kotadia, S. Xu, H. Lu, S.H. Mannan, C. Bailey, Y.C. Chan, Electromigration in Sn-Ag solder thin films under high current density. Thin Solid Films. **565**, 193–201 (2014)
29. Ali Mansourian, Seyed Amir Paknejad, Qiannan Wen, Gema Vizcay-Barrena, Roland A. Fleck, Anatoly V. Zayats, Samjid H. Mannan, Tunable Ultra-high Aspect Ratio Nanorod Architectures grown on Porous Substrate via Electromigration. Scientific Reports **6**, (22272) (2016)
30. J.N. Calata, G.Q. Lu, K. Ngo, L. Nguyen, Electromigration in sintered nanoscale silver films at elevated temperature. J. Electron. Mater. **43**, 109–116 (2014)

第 7 章　同等原则与作为芯片连接材料的烧结银膏

K.S.Siow

7.1　引言

当产品 / 设备 / 作品或工艺在被授予专利的声明上以文字或非文字的方式阅读时，就会发生侵权。在文字侵权中，专利声明的每个要素都存在于侵权产品中，如果缺少其中一个要素就足以使该产品避开侵权。而在非文字侵权的情况下，同等原则（Doctrine of Equivalents，DOE[⊖]）允许专利权人将原始声明扩展到其字面意义之外，以包含其他的等效要素。因此，DOE 提出了一个明确专利声明的边界问题，这是明确声明起草的核心。然而，DOE 一直在进行一边实施和一边讨论，因为它的公平理由是通过专利鼓励创新，解决语言的局限性，并避免通过简单的或微弱的变化来进行"模仿"。

DOE 不同于债权区分原则，后者阻止两项专利拥有同一声明，即相同的元素使用不同的含义去进行解释。不同于 DOE，债权区分原则不能使用"扩大"声明限制。本章以 7.2 节中的关键案例作为基础，回顾和总结 DOE 的历史背景、含义和实施。随后从三家不同的 Ag 膏供应商中选择了两份与 Ag 膏材料成分相关的专利，并根据其申请日期确定这些技术是否存在非文字侵权。

7.2　同等原则的主要案例与准则

关于 DOE 的申请和"诞生"的最早的审判的案例是 Winans 诉 Denmead 案[1]。Winans 案的最终结论是："圆锥体截锥（frustum of cone）"包含了被告侵权人使用的"八边形或金字塔（octagon or a pyramid）"形状，因为这个与在煤车车身上分配煤块重量的原理类似。当专利声明主要基于中心声明即核心发明人对有关技术的贡献时，本案也得到了最终的裁决。

⊖　在本章中，DOE 是等同原则的缩写。在以科学和工程为基础的研究中，DOE 经常与实验设计联系在一起，这是由 Box、Hunter 和 Hunter 率先提出的一种方法，以研究工业过程中因素和产出之间关系的方法。

虽然专利法[⊖]在 1870 年被修订，并加入了"外围声明系统"，通过明确的声明以突出创造边界[2]，但在 Graver 诉 Linde Air 案中，DOE 的原则再次得到了重申。Graver 案例在替换执行建立了等价性，即"本质上相同的功能以本质上相同的方式获得相同的结果"[3]。在这案例中，Graver 的产品在 Linde Air 的专利声明中提到，尽管用锰硅酸盐（一种非碱土金属硅酸盐）替代了碱性金属硅酸盐作为助熔剂，但这种替代仍然实现了三部分功能 / 方式 / 结果测试，或者说是实现了更常见"三重检测"或"三元论"。

随后，Warner-Jekinson vs. Hilton Davis 案确立了在 DOE 中的相同问题是在侵权时进行评估，而并非是在授予专利的时候[4]。Warner-Jekinson 案中提出了"全要素规则"，即被告的产品必须至少要阅读一项专利所有人声明的所有要素。该案例进一步承认，"在确定等量时，相等的事物可能彼此不相等，同样，在大多数目的下不同的事物有时也有可能相等。"然而，Warner-Jekinson 案也拒绝使用语言框架来执行 DOE 测试，声称它是依赖于事实的，但却承认由机械设备以外的其他产品或过程的三重测试提供的不充分框架。

在机械设备方面，Ethicon 案建议"被指控设备的组成部分可以被看作是一项声明发明的一个组成部分的等价，而只要没有被声明限制所以完全无效"[5]。这种方法被扩展到 Inc. 公司 vs. Intel 公司案的方法或过程索赔中[6]，但这些准则没有在材料或化学测试中有过报道。

DOE 也不适用于现有技术的索赔中[7]。Slimford 案进一步阐明了如果可以就现有技术提出包括侵权产品在内的假设索赔，那么 DOE 可以将其认定为侵权[7]。

禁止反悔原则（Prosecution History Estoppel，PHE）在 DOE 中的影响引起广泛的争论，但最终在 Festo Corp vs. Shoketsu 案中得到澄清。该案证明，缩小声明以满足专利性，除现有技术外，出现了禁止反悔并恢复了"弹性条"的做法，即缩小修正案的范围放弃了等值，除非专利权人能够证明在提交时缺乏预见性、与等价物无关的修改以及合理预期，专利权人不能描述所涉及的非实质性替代物的问题。

与起诉历史相关的是"承认禁止反言"，它被认为是对声明的解释，包括在起诉期间审查员没有考虑到的专利权人关于专利的所有陈述[9]。"公共奉献规则"也被认为是一种承认禁止反悔，其具体实施方式在说明书中有所提及，但专利权人并未声称为公共奉献[10]。最后，与增量专利相比，开创性专利可能有权获得更广泛的声明要求解释，但这种解释通常是由于"在新兴技术领域缺乏现有技术"[11]。这种更广泛的解释不是法律学提供，而仅仅是由于其新生的性质产生的巧合。下一节回顾选择烧结银作为我们的案例研究的动机以及相关的纳米材料问题，然后分析所选的烧结 Ag 专利的化学成分等效性。

⊖ 指美国专利法。

7.3 烧结银技术背景

在过去的五年里，大量的专利申请和授权证明了烧结 Ag 技术的重要性[12]。该技术的关键导向因素是需要在 2021 年 7 月之前找到用于芯片键合应用的无铅（Pb）键合材料，以符合欧盟有害物质限制指令（Restriction of Hazardous Substances，ROHS）2011/65/EU。Die-Attach 5（DA5）以及国际电子制造倡议（International Electronics Manufacturing Initiative，iNEMI）等行业联盟⊖ 均认为烧结 Ag 是最具应用前景的键合技术之一[13]。对烧结 Ag 感兴趣的另一个驱动因素是宽禁带半导体（即 SiC 和 GaN）的出现，这些半导体可以在 200℃以上的温度下工作，而目前的高铅焊料不能满足这些要求[12]。烧结 Ag 技术既能满足较高的工作温度要求，又能满足无铅的要求。

一般来说，烧结银技术应用包括银膏制备、薄膜 / 层压或薄膜沉积技术等[14]。而本章只着重介绍 Ag 膏技术。烧结 Ag 浆的主要成分包括填料⊜、黏合剂（烧结助剂）和稀释剂（溶剂）。Ag 填料尺寸大致分为：

1）微米级（直径大于 1μm）

2）纳米级颗粒（直径小于 100nm）

［注：亚微米通常定义为 100nm ~ 1μm（1000nm）］

如图 7-1 所示，纳米银表面通常会被分散剂（封端剂）覆盖，而稀释剂（溶

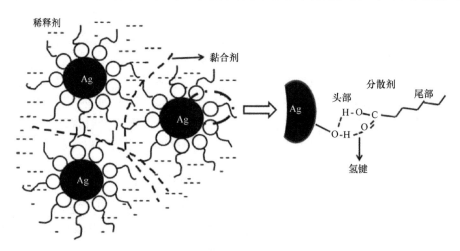

图 7-1 含 Ag 填料（颗粒）、分散剂（封端剂）、黏合剂以及稀释剂（溶剂）的纳米 Ag 膏配方[15]

⊖ DA5 联盟由博世、英飞凌科技、恩智浦半导体、意法半导体和安世半导体组成，旨在 2021 年前寻找符合欧盟 ROHS 指令的无铅替代技术。iNEMI 是一个由 90 多家电子公司、协会、政府机构以及大学组成的非营利联盟，其使命是"预测和加速电子制造业的可持续发展"。

⊜ 填料指的是最初的固体金属含量，可以以颗粒或片状的形式出现。粒子在三维空间中长度几乎相同，近似为球形，而薄片则是层状结构，其中一个维度比其他两个维度要小得多[14]。

剂）则控制纳米 Ag 膏的流动性和黏度，黏合剂是防止纳米银膏体在预热过程中发生开裂。在进一步加热分解封端剂以进行纳米 Ag 烧结并结合成 Ag 焊点之前会进行预热，以将溶剂从连接区域的纳米 Ag 膏中去除。该纳米 Ag 粒子与其相邻的纳米 Ag 粒子具有较高的反应活性，且其直径小于 100nm（最好小于 20nm）的纳米粒子具有较大的表面积与体积之比。

在烧结技术方面，Ag 浆可分为纳米 Ag、微米 Ag 和混合 Ag；后者通常主要由微米 Ag 和纳米 Ag 粒子组成，用于填补微米 Ag 粒子之间的空隙 [12]。表 7-1 总结了这些 Ag 膏的主要尺寸参数、烧结机理和烧结成分。烧结机理将会在 7.6 节和 7.7 节中进一步解释。

表 7-1 用于压接材料的烧结 Ag 膏分类

参数	Ag 膏类型		
	纳米 Ag	混合 Ag①	微米 Ag
粒径长度 /x（nm）②	<100nm	纳米 Ag 与微米 Ag 的混合体积比	>1000nm（1μm）
主要成分	封盖剂③、黏合剂、溶剂	封端剂（纳米银）③、粘结剂、溶剂	黏合剂（可选），溶剂
烧结机制	表面反应	表面反应性和原位纳米 Ag（来自有机银黏合剂）	表面扩散

① 由于微米银与纳米银的体积比一般为 3∶1[16] 或 7∶3[17]，混合银膏通常被归类为微米银膏
② 颗粒尺寸的定义是基于常见的科学文献，而不是本章中讨论的任何特定专利。纳米颗粒（<100nm）的定义由 USPTO 提供 [18]
③ 可以将额外的外部分散剂（不与纳米颗粒结合）添加到银膏中，以稳定银膏的长期保存

7.4 烧结银膏的专利侵权分析

专利分析表明，大多数烧结 Ag 膏材料供应商都会给他们的发明材料组合方法申请了专利，然而 Dowa 的一项专利使用"产品（银膏）工艺"的方法来申报材料成分 [19]。在烧结 Ag 专利中发现的另一种类型的声明是"使用权利说明书"，它在其声明中规定了用于特定目的（即将芯片粘接到衬底上 [20, 21] 或达到热传递的目的 [22]）的 Ag 膏合成物。这种声明与专利被认为是比"纯"材料成分专利更弱。这些 Ag 浆料也不符合"方法 + 功能"的格式，而是以"粘接材料"或一些通用词（如金属、无机、导电材料）作为序言，加上过渡词，如"组成"或"包含"一词来描述浆料的主要成分。

Ag 膏配方是一项"基于化学"的专利，而化学通常被认为是一个"不可预测的领域"，因为"产品或工艺的微小变化都会产生本质上不同的结果"[23]。这种"不可预测性"在烧结 Ag 膏中得到证实，在 Ag 膏中加入醚基溶剂比加入羟基溶剂会产生更好的剪切强度（机械性能）和导电性 [24]。因此，化学专利披露的必要

性和需求通常会高于基于机械的专利。

我们的分析还表明烧结 Ag 膏中的纳米 Ag 填料是在例如尺寸的结构上定义的，而不是形成烧结 Ag 焊点所需的功能特征定义。因此，涵盖微米 Ag 膏的声明也包括纳米 Ag 颗粒以及 Ag 糊中所使用的原始微米 Ag 颗粒的尺寸，其物理尺寸的声明语言使用没有下限的"小于"[25]。图 7-2 所示为基于科学和专利要求的语言视角的纳米材料（即 Ag 膏）分类的差异。这种不确定性可以用相反的对等理论来解决，尽管这种理论很少被采用[26]⊖。反向等同原则源自于 Graver 案，意思是被侵权的设备在专利权人的声明中字面上读到，但操作大有不同，这就保证了不侵权的裁决[3]。要求明确的声明也会消除这种可能性，因为声明需要其专利中的首选实施例中有所体现。

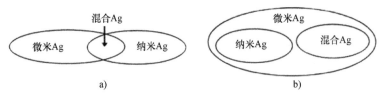

图 7-2 a）基于已发表的纳米材料相关专利对银膏、银颗粒的科学分类（左）、b）专利要求的语言分类（右）

历史上，微米 Ag 浆的主要成分包含片状微米银和溶剂（如己醇）在 20 世纪 80 年代末就有所记载[28, 29]。同时纳米银颗粒的制备有着悠久的历史⊖，但直到 21 世纪初，它们才被用作 Ag 浆的填料并应用于粘接[31, 32]。在纳米 Ag 膏专利中，使用纳米 Ag 作为银膏中的填料面临着另一个与其他纳米材料专利相关的常见问题，就是这些专利依赖于它们的尺寸来实现所需要的性能和结果。测量方法、参数报告（几何或流体力学）、材料多分散性、统计处理等，都会产生不同的价值，导致不同的专利性或侵权分析[33-36]。因此，表征技术和协议应该成为规范的一部分。在关于烧结 Ag 的案例中，材料成分需要稀释到合适的浓度，然后用透射电子显微镜、X 射线衍射或动态光散射技术分析其直径。每种技术提供不同的直径或长度都会因为它们的操作原理、制备技术和相关的假设都会有所不同。

7.5　侵权测试与方法论

一般来说，侵权测试遵循两步测试，即在应用非文字侵权前确定文字侵权，即我们所说的 DOE。这种侵权检验的内在证据是声明语言、规范、以及禁止反悔原则（Prosecution History Estoppel，PHE），而这些都应该在寻找外部证据（如专

⊖　当被指控的产品被认为"在原则上发生了变化"时，尽管专利权人和被告侵权人的产品之间的要素相匹配时很难证明不侵权[27]。

⊖　纳米 Ag 颗粒在过去的科学文献中称为 Ag 胶体颗粒，后者有时在专利的申请中有被提及。在 1889 年首次报道了 Ag 胶体粒子的合成，并在 1969 年基于一种被称为 Carey Lea's 的方法进行了重复[30]。

家的证据或者辞典）之前被优先考虑[37]。除非在规范或 PHE 中另有说明，否则声明中的单词将会被赋予最为常见的领域技术人员概念（Person Having Ordinary Skill in The Art，PHOSITA）的普通含义。虽然声明说明书和声明构式有时可以互换使用，但也有人把说明书定义为发现的文本的语言意义[38]，从而给声明构架也赋予文本法律效力[39]。本章根据专利声明、说明书、起诉历史、禁止反言、公开贡献、现有技术和全要素规则解释和构建了银膏基于权利声明应用 DOE 的必要声明。7.2 节提出了 DOE 在确定对等性方面的所有要素准则的重要性，但侵权人的一个要素 / 组成部分可以履行专利权人权利要求书中几个要素 / 组成部分的功能。此外，本章还采用了语用文本主义的方法，强调专利的技术背景，并辅以外部证据，如字典和相关的非专利文献的对 DOE 进行了应用[40]。

　　本章通过假设该侵权产品拥有之前公布的专利上所述的专利属性，创造了一个"法律拟制"⊖。这些专利是达到美国专利商标局规定的有效专利性要求的有效专利。这里应该提到的是，烧结 Ag 膏配方另一个主要应用领域是印刷电子工业的金属化或导电线。尽管用于印刷电子产品应用的 Ag 膏配方与用于键合应用的 Ag 膏配方存在重叠，但本章并未在本章中考虑该问题[41]。而根据 MaxVal 诉讼检查程序⊖提供的分析，这些专利也没有被提起诉讼。

　　显然，表 7-2 中选定的专利没有显示任何文字侵权；在被告产品中找不到局限性。这个分析是根据表 7-1 中提到的 Ag 颗粒的尺寸分类，如纳米 Ag 与微米 Ag 浆（7.6 节）纳米 Ag 与纳米 Ag 糊（7.7 节）两两进行分析的。

表 7-2　两种类型烧结银膏的 DOE 分析

尺度	优先权日期	授权日期	代理人	专利号
微米 Ag	2010 年 05 月 31	2012 年 11 月 06	Hitachi	US8303854B2
纳米 Ag	2009 年 10 月 23	2014 年 10 月 14	Dowa	US8858700B2
纳米 Ag	2013 年 08 月 05	2017 年 10 月 10	Bando	US9783708B2

　　"三方测试"是唯一可用于测试 DOE 等效性的工具，尤其是在基于化学的专利中，但是它以"基本相同的方式"惨败[7]。美国最高法院和其他判例法都没有为 DOE 提供超出实质性差异概念之外的任何语言框架[4]。然而，这种实质性的差异和三方测试要求鉴定 PHOSITA，PHOSITA 被定义为具有化学和冶金博士学位的材料配方技术人员，而不是在制造环境中使用 Ag 膏的工程师。基于这个框架，我们随后的侵权分析基于声明图表包括：

　⊖　在实践中，Ag 膏的分析是一项艰巨的任务，因为专利的特征声明（活性成分的化学和物理特征）需要从复杂的 Ag 膏混合物中解读出来，并使用具有固有技术局限性的分析工具进行定量。例如，在化学分析过程中，当加热时，纳米 Ag 粒子与周围的分散介质（如溶剂）混合并分解，其声明可能只是封端剂。

　⊖　用于检查专利诉讼状态的网页链接：http : //maxinsight.maxval.com/LitigationChecker.aspx。

1）粒径分布及形状（如有必要）;

2）相关化学制剂（即封端剂、黏合剂（有机银）以及溶剂）。

7.6 案例 1：纳米银膏 vs 微米银膏

除了 7.4 节中提供的分析外，还需要确定纳米 Ag 膏的配方是否是在微米 Ag 膏上读取的。在此，选择日立（Hitachi）作为（微米 Ag）原始专利权人，而 Dowa 的纳米 Ag 膏被视为侵犯了日立的声明。见表 7-3，尽管 Dowa 的 Ag 膏在其优选实施例中仅提及 Ag，但其主要独立声明在元素识别方面未显示出任何文字侵权。

表 7-3　日立专利（微米 Ag）和 Dowa（纳米 Ag）的声明比较

（本表只比较了主要的独立声明）

Hitachi US8303854B2	Dowa US8858700B2
一种烧结银膏材料，包括：	一种粘接材料，包括：
1. 平均银粒子的粒径为 0.1~2.0μm	1. 金属纳米粒子
2. 一种有机银络合物溶液，混合一起形成浆状，其中：	2. 一种极性溶剂，其相对于所述金属的质量分数为 5%~20%，其中：
（a）有机银络合物溶液是含有液体脂肪酸银盐化合物的溶液	（a）金属纳米粒子的平均粒径为 100nm 或更小
（b）一种固体脂肪酸银盐，溶解于沸点为 150℃ 或更高的有机溶剂中，包含 C、H 和 O	（b）所述金属纳米颗粒中的至少一种表面涂覆有具有 6~8 个碳原子的不饱和脂肪酸
（c）银含量为 30wt% 以上	（c）所述金属纳米颗粒中至少一种表面涂覆有具有 6~8 个碳原子的饱和脂肪酸

此外，日立专利申请的 PHE 表明，Hitachi 删除了纳米颗粒尺寸的"近似球形"一词，而 Dowa 专利中的直径[⊖]由一名 PHOSITA 解释为球形颗粒。这些关于外形的声明突出了 Dowa 产品和 Hitachi 声明之间的区别。

双方的声明也没有显示二者的平均粒径重叠；100nm 是 Hitachi 的声明和 Dowa 产品之间的界限。Dowa 声明进一步强调其优选实施例具有 10nm 和 30nm 的平均直径，而 Hitachi 的声明和说明书则保持在 100nm 和 2000nm 之间的类似平均粒径。实际上，两种粒度分布可能重叠，因为声明仅提及平均粒度，而实际粒度具有尺寸分布[43, 44]。此外，虽然 DOE 分析不包括创造性问题，但尺寸小型化早就被提出，认为不再以满足授予专利的创造性[45]。

因此，本章采用三方检测分析了纳米 Ag（Dowa）和微米 Ag（Hitachi）焊点的烧结机理，以建立它们的等效性；与微米 Ag 膏相比，纳米 Ag 膏不符合"基本相似"的标准。见表 7-2 所示，纳米 Ag 膏的纳米 Ag 粒子在加热循环过程中，由于其纳米粒子的封端剂在加热循环中分解时，其固有的反应火性，使得纳米 Ag

---

⊖ 直径："通过本领域技术人员已知的常规方法（包括筛分和激光衍射粒度分析）测量的具有相同体积的球体直径表示的值"[42]。尽管长度尺度相似，但是纳米银颗粒的表征通常使用如透射电子显微镜或扫描电子显微镜的其他测量方法。

粒子在粘接过程中聚结并烧结形成 Ag 焊点。

另一方面，由于微米尺寸的 Ag 粒子由于其尺寸较大而不具有反应活性。用于制备微米 Ag 膏的微米 Ag 颗粒上发现的有机化合物都不是封端剂，而是再颗粒制造（研磨）过程中所留下的润滑剂，尽管化学分析可能显示微米 Ag 颗粒和纳米 Ag 颗粒之间在官能团方面存在有一些相似之处[14, 46]。相反，微米 Ag 膏依赖于黏合剂，例如有机 Ag 或吸热分解银（endothermically decomposable silver，EDS）化合物（例如氧化银），在烧结结合步骤中会分解成纳米 Ag 颗粒以成为微米 Ag 颗粒之间的结合相[47]⊖。在我们的分析中，脂肪酸银盐作为 Hitachi 微米 Ag 糊的黏合剂，而类似未饱和/饱和脂肪酸根据全元素规则作为 Dowa 的 Ag 浆的封端剂。

7.7　案例 2：纳米银膏 vs 纳米银膏

2002 年，Ebara 发表了用于键合应用的烧结纳米 Ag 膏体配方最早的专利申请和被引用最多的文献[31, 32]。这个专利申请的 Ag 膏配方的主要声明如下：

1）复合金属纳米粒子在有机溶剂中作分散剂；

2）所述复合金属纳米颗粒均具有这种结构；

3）一种金属粒子的金属芯，其平均粒子直径不超过 100nm；

4）结合并涂敷一种有机材料；

5）所述分散液为液态。

然而，在专利诉讼期间，该专利申请以优先考虑键合方法并未被批准[48]。基于此，本章就 Dowa 和 Bando 的两项纳米 Ag 专利是否存在非文字侵权的可能性进行比较，即 Bando 的 Ag 膏是否建立在了 Dowa 的声明读取之上，见表 7-4。

尽管术语不同，但是它们各自的实施例中所阐明的如 Dowa 专利中的术语"粘接材料"和"金属纳米粒子"以及 Bando 术语"导电膏"和"无机粒子"都是指在其纳米 Ag 膏中使用的纳米 Ag 粒子⊖。他们使用的纳米颗粒直径范围有所重叠：Bando 例优选其粒径为 1～200nm，而 Dowa 声明中清楚地提到其粒径小于 100nm。

在"聚合分散剂"方面，Bando 声明他们的聚合分散剂添加到他们的纳米 Ag 膏中的特性。Dowa 还要求将 Bando 的聚合物分散剂作为从属声明 2，其中提到"根据声明 1 所述的粘接材料，还包含添加到其中的分散剂。"此外，Dowa 例中提供了与 Bando 说明书中所述相同系列的聚合物分散剂（即 DisperBYK）。

⊖　一些微米 Ag 浆不含任何可分解的 Ag 化合物，但在键合过程中，通常使用中等压力（高达 10MPa）来形成烧结 Ag 焊点。纳米 Ag 膏和杂质 Ag 膏也利用压力使 Ag 焊点致密化，以达到所需的力学和热学性能。

⊖　虽然"无机粒子"没有在 Bando 的声明中有所包含，但他们的说明书建议以金（Au）、银（Ag）、铂（Pt）、钯（Pd）和铜（Cu）为例，然而超过一半公开的实施例提到了 Ag。在一个"真正的"侵权案件中，这些不同的金属元素可以很容易地通过普通的实验室设备比如附在扫描电子显微镜上的能量色散 X 射线分光镜区分出来。

表 7-4　Dowa 纳米银膏专利和 Bando 纳米银膏专利之间的声明

（本表只比较了主要的独立声明）

Dowa US8858700B2	Bando US9783708B2
一种粘接材料的组成	一种导电银浆的组成
1. 金属纳米粒子 2. 一种极性溶剂，其相对于所述金属的质量分数为 5%～20%，其中： （a）金属纳米粒子的平均粒径为 100nm 或更小 （b）所述金属纳米颗粒中的至少一种表面涂覆有具有 6～8 个碳原子的不饱和脂肪酸 （c）所述金属纳米颗粒中至少一种表面涂覆有具有 6～8 个碳原子的饱和脂肪酸	1. 在表面上至少一部分具有碳数为 6 或更少的烷基胺的无机粒子 2. 一种在主链中具有颜料亲和基团的聚合物分散剂，以及： （a）多个侧链，包括 （b）一种具有构成溶剂化部分的多个侧链的梳状结构的聚合物 （c）一种具有由主链或链中的颜料亲和基团制成的多个颜料亲和部分聚合物 （d）在主链的一个末端具有由颜料亲和基团制成的颜料亲和部分直链聚合物 3. 分散介质，其中： （a）通过热分析将导电膏的固体含量从室温加热到 500℃时的重量减少至原始重量的 5% 甚至更小 （b）导电膏含固量从 200℃加热至 500℃时的减重 5% 甚至更小 （c）导电膏中碳数小于等于 6 的烷基胺的含量为 0.1%～15%（按重量计算）

在"分散介质"方面，Dowa 称其银膏中极性溶剂的质量百分比为 5%～20%。而 Dowa 专利的这一百分比的极性溶剂在 Bando 从属声明（声明 7 和 8）中使用 0.5wt%～10wt% 的极性溶剂和碳氢化合物混合物的"分散介质"上。在"分散介质"这个同一问题上，Bando 银浆在加热循环期间的重量百分比损失（从室温到 500℃和从 200℃到 500℃为 ≤ 5wt%）可能与 Dowa 声明中的 5wt%～20wt% 极性溶剂的重量百分比有所重叠。这个归因于其从属声明（Bando）和说明书（Dowa）中提到的相同乙二醇醚族。表 7-5 对这些分散介质的更多信息进行了比较。与 Dowa 和 Bando 专利中分别低于 350℃和 300℃的烧结温度相比，20℃的沸点差异不显著。这些烧结温度足以分解分散剂，从而启动烧结和粘接过程。前面关于聚合分散剂和分散介质的讨论中表明，除了 Dowa 声明中的封端剂元素之外，Bando 银膏阅读了 Dowa 权利声明。

表 7-5　Dowa 和 Bando 纳米银糊用乙二醇醚的名称、结构式和沸点

Dowa（US8858700B2）	Bando（US9783708B2）
二甘醇丁醚（二丁醚）	二乙二醇二丁醚（DEG 二丁醚）
HO～O～O～CH₃	H³C～O～O～CH³
沸点：226～234℃	沸点：256℃

如 7.3 节所述，封端剂能够阻止纳米 Ag 颗粒从室温到达到峰值烧结温度时发生自烧结。纳米 Ag 颗粒的自烧结现象会使 Ag 浆中形成微米级的 Ag 颗粒。这些微米级的 Ag 粒子在原有的纳米 Ag 膏中不会形成 Ag 焊点，因为与大表面积的纳

米 Ag 粒子相比，其聚结的驱动力较低。因此，选择在烧结峰值温度前进行分解的合适的封端剂是非常重要的。

在这里，关于等效元素的问题在于在烧结温度范围内，是否可以用"烷基胺"（用于 Bando 的 Ag 膏）取代饱和/不饱和脂肪酸封端剂（Dowa 专利声明）。Dowa 专利中提到的脂肪酸的官能团是羧酸基团，它仅在最佳模式部分中被提及。在专利起诉过程中，Dowa 将声明范围从脂肪酸缩小到饱和与不饱和酸，但这些信息并未影响后续侵权分析。根据表 7-4 中的声明，Dowa 建议饱和/不饱和脂肪酸中含有 6 ~ 8 个碳原子，其沸点为 200 ~ 250℃，以符合前面提到的规定烧结温度范围。

另一方面，Bando 专利建议烷基胺作为它们的官能团，六个或更少的碳原子作为它们的封端剂。这些化合物的沸点 ≤ 130℃，而其规定的烧结温度为 300℃以下。本章推测 Bando 的 Ag 膏的烧结温度可能高于 250℃，因为二甘二丁基醚的沸点高于 250℃（见表 7-5）。带羧基和烷基胺封端剂的典型有机化合物的沸点如图 7-3 所示。

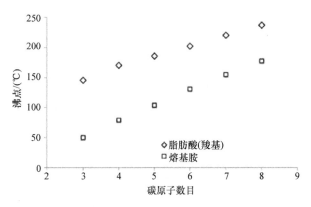

图 7-3　不同碳原子长度的烷基胺（主要的）和脂肪酸（羧酸基）的沸点（℃）（数据由 www.sigmaaldrich.com 提供）

现有技术文献表明，封端剂的沸点没有充分地反映出 Ag 的分解机理和随后的银烧结过程。纳米 Ag 颗粒上任何封端剂的分解以启动烧结取决于两个阶段[44]：

1）封端剂的去除取决于面向纳米银粒子的官能团（即胺或羧基）的结合能（E_b）；

2）分离出来的封端剂的汽化能取决于封端剂中官能团中分子的沸点（E_v）。

去除封端剂的总能量取决于 E_b 和 E_v 的乘积和以及封端剂在纳米 Ag 颗粒上的密度 $[D*(E_b+E_v)]$[44]。在本章中，由于缺少封端剂在纳米 Ag 粒子上的密度及其汽化能（与沸点有关）的信息，所以无法对封端剂与胺基和羧基的分解过程进行比较。

到目前为止，本章了解到无论是胺基还是羧酸基（脂肪酸）的封端剂，都具有相同的功能，即基于碳原子长度的空间位阻将相邻纳米颗粒从团聚体中分散。Dowa 选择的封端剂的碳原子长度为 6 ~ 8 个，而 Bando 选择的封端剂的碳原子长度则少于等于 6 个。Bando 和 Dowa 银糊的分解步骤都基于密度（D）和（E_b+E_v）的乘积和。其他人也用胺基取代脂肪酸（羧酸盐）作为纳米 Ag 颗粒上封端剂的官能团 [49]。因此，基于等效原则下的基本相似的功能 / 方式 / 结果分析，这两种封顶剂被认为有可能是等效的。

7.8 结论

本章根据前面的案例研究和讨论，总结出以下几点：

1）纳米 Ag 膏不该被认为是"较老的"微米 Ag 膏，因为微米 Ag 膏形成焊点与纳米 Ag 膏形成烧结银焊点的"方式"不同。

2）在两种纳米 Ag 膏的比较中，由于性能、方式和结果类似，所以基于三方试验基础，使用"脂肪酸，即羧基"和"胺"等官能团作为纳米 Ag 颗粒的封端剂存在等效的可能性。

通过对烧结 Ag 膏的侵权分析，三方测试结果虽然不令人满意，但仍然是 DOE 分析在烧结 Ag 膏中应用的主要工具。在下一步的研究中，我们将研究比较两种微米 Ag 浆的声明，以完成对烧结 Ag 浆配方等效性的审查。

致谢

作者非常感谢世界知识产权组织（WIPO）奖学金为其在都灵大学 -WIPO 方案中学习知识产权法律硕士提供的资金支助，本章的研究受到了马来西亚国民大学研究资助（GUP-2017-055《工业应用金属导电纳米线的生产》）。同时感谢 Craig Nard 教授（美国凯斯西储大学）、Alessandro Cogo 教授（意大利都灵大学）和 MaximilianMarzetti 博士（意大利都灵大学）在撰写本研究工作中的提供的建议和指导。

参考文献

1. Winans v. Denmead, vol. 56 US, ed: US Supreme Court, 1854, p. 330
2. J.S. Cianfrani, An economic analysis of the doctrine of equivalents. Virginia J Law Tech **Spring**, 1–26 (1997)
3. Graver Tank & Mfg. Co. v. Linde Air Products Co., vol. 339 US, ed: US Supreme Court, 1950, p. 605
4. Warner-Jenkinson Co. v. Hilton Davis Chem. Co., vol. 520 US, ed: US Supreme Court, 1997, p. 17
5. Ethicon Endo-Surgery Inc. v. United States Surgical Corp, vol. 149 F.3d 1309, ed: US Supreme Court of Appeals, Federal Circuit, 1998, p. 1309
6. EMI Group North America Inc v. Intel Corp vol. 157 F.3d ed: US Court of Appeals, Federal

Circuit, 1998, p. 887

7. Slimfold Manufacturing Co. v. Kinkead Industries, Inc, vol. 810 F.2d, ed: United States Court of Appeals, Federal Circuit, 1987, p. 1113
8. Festo Corp. v. Shoketsu Kinzoku Kogyo Kabushiki Co. Ltd., vol. 535 US, ed: US Supreme Court, 2002, p. 722
9. G.P. Belvis. *The Doctrine of Equivalents and 112 Equivalents*, (Brinks Gilson & Lione, 2017), www.brinksgilson.com/files/98.pdf. Accessed on 28 Oct 2017
10. Johnson & Johnston Associates Inc. v. R.E. Service Co, vol. 285 F.3d, ed: US Court of Appeals, Federal Circuit, 2002, p. 1046
11. Texas Instruments Inc. v. United States International Trade Commission, vol. 846 F.2d, ed: US Court of Appeals, Federal Circuit, 1988, p. 1369
12. K.S. Siow, Y.T. Lin, Identifying the development state of sintered ag as a bonding material in the microelectronic packaging via a patent landscape study. J. Electron. Packag. **138**, 020804-1–020804-13 (2016)
13. S.P. Lim, B. Pan, H. Zhang, W. Ng, B. Wu, K.S. Siow, S. Sabne, M. Tsuriya, High-temperature Pb-free die attach material project phase 1: survey result, in International Conference on Electronics Packaging, (Yamagata, Japan, 2017), pp. 51–56
14. K.S. Siow, Are sintered silver joints ready for use as interconnect material in microelectronic packaging? J. Electron. Mater. **43**, 947–961 (2014)
15. G. Bai, Low-temperature sintering of nanoscale silver paste for semiconductor device interconnection, PhD (Materials Science and Engineering), Department of Materials Science and Engineering, Virginia Polytechnic Institute and State University Blacksburg, Virginia, 2005
16. K. Kiełbasiński, J. Szałapak, M. Jakubowska, A. Młozniak, E. Zwierkowska, J. Krzemiński, M. Teodorczyk, Influence of nanoparticles content in silver paste on mechanical and electrical properties of LTJT joints. Adv. Powder Technol. **26**, 907–913 (2015)
17. T. Kim, Y. Joo, S. Choi, *Power Module Using Sintering Die Attach and Manufacturing Method Thereof* (Samsung Electro-Mechanics Co., US8630097B2, 2014)
18. United States Patent Classification System, Class 977, nanotechnology § 1. (USPTO, 2010), http://www.uspto.gov/go/classification/uspc977/defs977.pdf. Accessed on 2 Nov 2017
19. Y. Saito, S. Sasaki, *Silver particle-containing composition, dispersion solution, and paste and method for manufacturing the same* (Dowa Electron. Mater. Co., US9255205B2, 2013)
20. M. Boureghda, N. Desai, A. Lifton, O. Khaselev, M. Marczi, B. Singh, *Methods of Attaching a Die to a Substrate* (Alpha Metal Inc., US8555491B2, 2008)
21. T. Ogashiwa, M. Miyairi, *Method of Bonding* (Tanaka Kikinzoku Kogyo K.K., US7789287B2, 2010)
22. I.J. Rasiah, *Electrically Conductive Thermal Interface* (Honeywell Int. Inc., US7083850B2, 2006)
23. In re Soni, vol. 54 F.3d, ed: US Court of Appeals, Federal Circuit, 1995, p. 746
24. H. Zhang, W. Li, Y. Gao, H. Zhang, J. Jiu, K. Suganuma, Enhancing low-temperature and pressureless sintering of micron silver paste based on an ether-type solvent. J. Electron. Mater. **46**, 5201–5208 (2017)
25. R. Voigt, E. Michelson, Nanotechnology-related inventions: infringement issues. Nanotechnol. Law Bus. **2**(1), 45–53 (2005)
26. A. Wasson, Protecting the next small thing: nanotechnology and the reverse doctrine of equivalents. Duke Law Technol. Rev. **10** (2004)
27. A.L. Durham, *Patent Law Essentials: A Concise Guide* (Praeger, Westport, 1999)
28. H. Schwarzbauer, *Method of Securing Electronic Components to a Substrate* (Siemens AG., US4810672B2, 1987)
29. W. Baumgartner, J. Fellinger, *Method of Fastening Electronic Components to a Substrate Using a Film* (Siemens AG., US4856185, 1989)
30. G. Frens, J.T.G. Overbeek, Carey Lea's colloidal silver. Colloid Poly. Sci. **233**, 922–929 (1969)
31. H. Nagasawa, K. Kagoshima, N. Ogure, M. Hirose, Y. Chikamori, *Bonding Material and Bonding Method* (US20040245648A1, 2004)
32. K.S. Siow, M. Eugénie, Patent landscape and market segments of sintered silver as die attach materials in microelectronic packaging, in 37th International Electronics Manufacturing Technology (IEMT) & 18 Electronics Materials and Packaging (EMAP) Conference, (2016), pp. 1–6

33. K.S. Siow, A.A.O. Tay, P. Oruganti, Mechanical properties of nanocrystalline copper and nickel. Mater. Sci. Technol. **20**, 285–294 (2004)

34. A. Zattoni, D.C. Rambaldi, P. Reschiglian, M. Melucci, S. Krol, A.M.C. Garcia, A. Sanz-Medel, D. Roessner, C. Johann, Asymmetrical flow field-flow fractionation with multi-angle light scattering detection for the analysis of structured nanoparticles. J. Chromatogr. A **1216**, 9106–9112 (2009)

35. O.T. Mefford, M.R.J. Carroll, M.L. Vadala, J.D. Goff, R. Mejia-Ariza, M. Saunders, R.C. Woodward, T.G. St. Pierre, R.M. Davis, J.S. Riffle, Size analysis of PDMS−magnetite nanoparticle complexes: Experiment and theory. Chem. Mater. **20**, 2184–2191 (2008)

36. S.B. Rice, C. Chan, S.C. Brown, P. Eschbach, L. Han, D.S. Ensor, A.B. Stefaniak, J. Bonevich, A.E. Vladar, A.R.H. Walker, J. Zheng, C. Starnes, A. Stromberg, J. Ye, E.A. Grulke, Particle size distributions by transmission electron microscopy: An interlaboratory comparison case study. Metrologia **50**, 663–678 (2013)

37. Markman v. Westview Instruments, Inc, vol. 517 US ed: US Supreme Court, 1996, p. 370

38. W.A. DeVries, Meaning and interpretation in history. Hist. Theory **22**, 253–263 (1983)

39. L.B. Solum, The interpretation-construction distinction, Georgetown Public Law and Legal Theory Res. Paper No. 11-95, (2010), p. 95

40. C.A. Nard, A theory of claim interpretation. Harv. J. Law Technol. **14**, 1–82 (2000)

41. K.S. Siow, Mechanical properties of Nano-Ag as die attach materials. J. Alloys Compd. **514**, 6–14 (2012)

42. Apotex v. Cephalon, vol. Civil Action No. 2:06-cv, ed: US District Court, 2010, p. 2768

43. M. Matsui, T. Tomura, T. Watanabe, K. Shimoyama, *Conductive Paste* (Bando Chem. Ind., US9783708B2, 2013)

44. M. Tobita, Y. Yasuda, E. Ide, J. Ushio, T. Morita, Optimal design of coating material for nanoparticles and its application for low-temperature interconnection. J. Nanopart. Res. **12**, 2135–2144 (2010)

45. F.A. Fiedler, G.H. Reynolds, Legal problems of nanotechnology:an overview. South. Calif. Interdisc. Law. J. **3**, 593–629 (1994)

46. D. Lu, Q.K. Tong, C.P. Wong, A study of lubricants on silver flakes for microelectronics conductive adhesives. IEEE Trans. Compon. Packag. Technol. **22**, 365–371 (1999)

47. H. Zhang, Y. Gao, J. Jiu, K. Suganuma, In situ bridging effect of Ag O on pressureless and low-temperature sintering of micron-scale silver paste. J. Alloys Compd. **696**, 123–129 (2017)

48. US 20040245648 11 Members in Patent Family, 17, (Global Dossier USPTO, 2017), https://globaldossier.uspto.gov/#/result/publication/US/20040245648/1142. Accessed on 30 Oct 2017

49. S. Ghosal, R. Pandher, O. Khaselev, R. Bhatkal, R. Raut, B. Singh, M. Ribas, S. Sarkar, S. Mukherjee, S. Kumar, R. Chandran, P. Vishwanath, A. Pachamuthu, M. Boureghda, N. Desai, A. Lifton, N.K. Chaki, *Sintering powder* (US20150353804, 2013)

第 8 章　铜烧结技术：工艺与可靠性

Y. Yamada

8.1　功率半导体器件烧结技术简介

除了金（Au）焊料作为一种非常成熟的技术外，还有其他用于宽带隙半导体器件的焊接技术研究正在进行，这些器件能够在超过 200℃的温度下工作，如图 8-1 所示，包括碳化硅（SiC）、氮化镓（GaN）和其他材料。为了连接电路元件，研究人员正在研究含锌（Zn）或铋（Bi）的高熔点焊料、掺有银（Ag）或铜（Cu）和铜锡（Sn）合金的烧结材料[1, 2]。Ag 基烧结材料已经取得了巨大的进步，并且已经可以在整个行业广泛使用。然而，Ag 基材料相当昂贵，并且有易于电迁移。本章介绍 Cu 基材料烧结的连接技术，该技术具备与 Ag 基烧结材料相似的高导热性和导电性。同时还讨论了 Cu 基材料的热性能和可靠性。

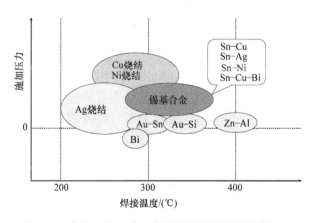

图 8-1　高温工作下功率半导体器件的焊接技术概述

8.2　铜纳米粒子的制备

用于焊接的 Cu 纳米粒子表面有脂肪酸和胺包覆。这项研究调查了三种类型的纳米颗粒。油酸（$C_{17}H_{33}COOH$）和油胺（$C_{18}H_{35}NH_2$）的组合称为 C18，其平均粒径为 64.8 ~ 19.9nm。十二烷酸（$C_{11}H_{23}COOH$）和十二烷胺（$C_{12}H_{25}NH_2$）的组合称为 C12，其平均粒径为 29.0 ~ 135nm。癸烷酸（$C_9H_{19}COOH$）和癸胺（$C_{10}H_{21}NH_2$）的组合称为 C10，平均粒径为 77.9 ~ 231nm。图 8-2 表征了这些铜纳米粒子的 TEM 图像。在 H_2 气氛中，250 ~ 350℃温度条件和 1MPa 的压力条件下进行焊接。

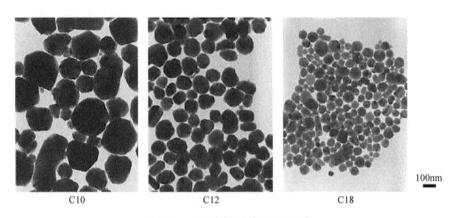

图 8-2　铜纳米粒子的 TEM 图像

8.3　热性能

8.3.1　热阻的测量和热导率的估算

　　首先，对 Cu 焊接的可靠性评估是基于这样的假设，即焊接已精确成型，几乎没有空隙或分层。我们对试验样品的检测起始于对其热性能的评估[3]。如图 8-3 所示，采用简单的结构制备试验标本，同时采取严格的措施以消除其他影响因素，从而将检测结果限制在焊接的特性上。试验标本具有分层结构。根据样品从上到下的结构，它由加热芯片，Cu 纳米颗粒焊接层和基板组成。

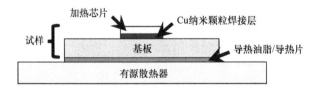

图 8-3　试验标本结构

　　使用导热油脂将试验样品固定在水循环冷却器上。在每侧的两个表面之间插入金属量规，以测量油脂的厚度，同时防止阻塞热流路径。加热芯片由 Al_2O_3 制成，其电阻为几十欧，这是相当高的了，因此能在约 1 ~ 2A 的低电流下使用。在恒定的温度和流量下，冷却水循环通过冷却器。加热器芯片施加恒定功率。使用薄的热电偶测量芯片上表面中心的温度以获得热阻。

如图 8-4a 所示，热阻随焊接温度和纳米颗粒的类型而变化，但是通常在高温下形成的接头具有较低的热阻。其原因是当材料在高温下焊接时，发生烧结，从而形成精细的结构。另外，为了估算稳态热分析中铜纳米粒子焊接层的热导率，建立了一个有限元模型。考虑到焊接层的厚度，焊接层的热导率是未知变量。结果如图 8-4b 所示。预估具有最低热阻的样品热导率至少为 125W/（m·K）。C18 焊接层的热性能较差，因此在随后的可靠性测试中仅检测 C10 和 C12。

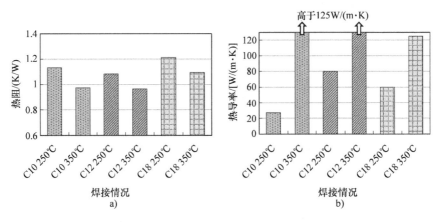

图 8-4　热性能
a）热阻　b）预估的热导率

8.3.2　进一步模拟

常规的 Pb 或 Sn 基焊接材料的热导率比基板低，约为 30 ~ 70W/（m·K），因此这些常规的焊接层可充当热电阻。相比之下，Cu 或 Ag 焊接材料具有超过 400W/（m·K）的热导率，高于这些电子设备中使用的其他材料的热导率，因此可以预估热量在这些焊接层中会水平散布。因此，我们在有限元（Finite Element，FE）热分析中对这些焊接的热性能进行了估算[4]。

样品的结构如上所述，并且评估了热性能。如图 8-5 所示，参数为焊接层的厚度、热导率以及基板的热导率。

首先，假设基板的导热系数为 207W/（m·K），并在改变焊接层的热导率的同时，检测焊接层的厚度，以确定热阻。图 8-6 给出了热阻的特性，与热导率成反比。

图 8-7 显示了热阻如何随焊接层的厚度而变化，从而使焊接层和基板的热导率分别保持恒定在 400W/（m·K）和 207W/（m·K）。对于一定的厚度，即 0.5mm，热阻达到最小值。

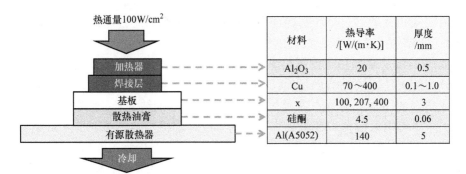

图 8-5　分析模型中的物理性质和边界条件

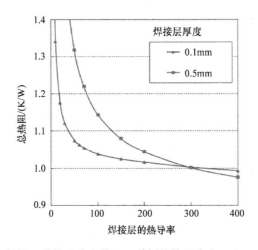

图 8-6　焊接层的热导率和热阻，基板的热导率为 207W/（m·K）

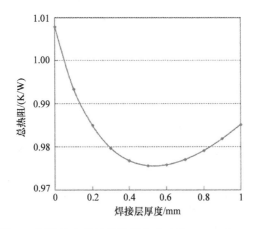

图 8-7　焊接层厚度和热阻，焊接层和基板的热导率分别为 400W/（m·K）和 207W/（m·K）

　　为了更仔细地观察这种行为，试验标本的热阻分布如图 8-8 所示。焊接层的热阻与厚度成比例地增加，即使基板的热阻降低了。该异常现象可归因于基板的特定区域增加，并且该特定区域在水平方向上将热量传导出去。

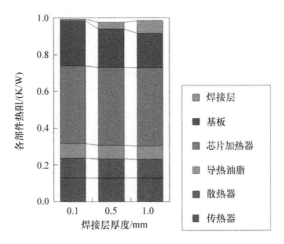

图 8-8　试样热阻分布，接头的热导率为 400W/（m·K），基板热导率为 207W/（m·K）（彩图见插页）

　　如图 8-9 所示，当基板的热导率设置为 400W/（m·K）（与焊接层相同）时，这种现象消失了。仅当焊接层的热导率高于基板的热导率时，才会出现这种现象。

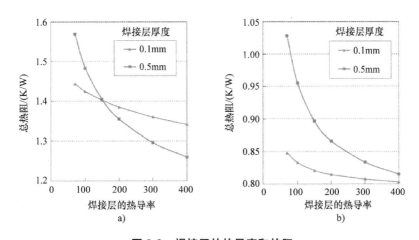

图 8-9　焊接层的热导率和热阻
a）底板：100W/（m·K）　b）底板：400W/（m·K）

　　当焊接层由 Cu 或类似材料直接结合在 Cu 上制成时，可以将这些发现扩展到实际电路中。基板由诸如 CuMo 或 Al-SiC 的材料制成时，该材料具有低的 CTE

和低的热导率。

通常，热应力集中在薄的焊接处，这会降低可靠性。但是，如上述情况所示，对于恒定的焊接厚度，热阻能达到最小值。从可靠性的角度来看，这也是理想的。因此，由 Cu 基材料制成的高导电焊接层可能比常规材料具备优势。

8.4　可靠性

8.4.1　功率循环测试

当大电流流过功率半导体模块的电子电路时，由于自身产生的热量，模块的温度在短时间内开始升高。功率循环（Power Cycle，PC）测试是模仿此类情况的加速测试。

使用先前描述的分层结构进行 PC 测试[5]。加热芯片为 Al_2O_3，基板为 Cu-65Mo，因此 CTE 的差异很小，约为 1.5ppm/K。可靠性在超过 200℃ 的高温下进行测试。评估结果如下：对于热性能的评估，使用计算机从直流电源提供电压脉冲，同时将温度，电压和电流持续记录在数据记录仪上，在 60s 内观察温度变化，在 65℃/200℃ 测试中，电压接通 10s，断开 50s。在 65℃/250℃ 测试中，它的开启时间为 20s，关闭的时间为 40s。65℃/200℃ 的测试持续进行了 3000 个循环。一旦没有进一步的变化，就启动 65℃/250℃ 测试。图 8-10 所示为这些测试期间的温度曲线。

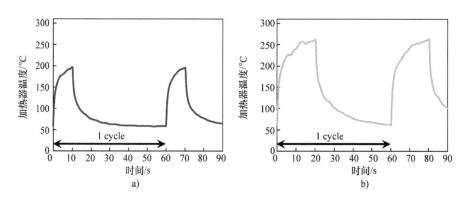

图 8-10　PC 测试条件
a）65℃/200℃　b）65℃/250℃

图 8-11 所示为这些测试的结果。使用 C12 颗粒时，在任一测试中均未发现温度变化。使用 C10 颗粒时，在 65℃/200℃ 的测试中未见变化，而在 65℃/250℃ 的测试中，温度突然升高，从而使加热芯片破裂。为了进行比较，还使用 Sn-0.7Cu 焊料（熔点 228℃）进行了测试，但是在 65℃/200℃ 测试的低循环中观察

到了快速的温度变化，因此停止了该测试。

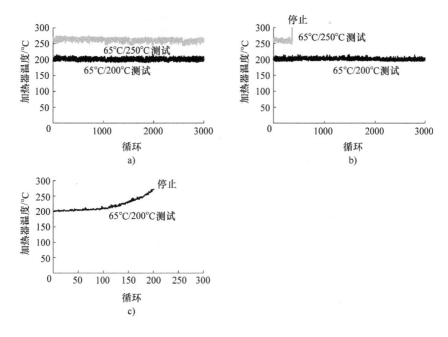

图 8-11　PC 测试结果

a）300℃焊接 C12　b）300℃焊接 C10　c）Sn-0.7Cu 焊料焊接

　　测试结束后观察样品的横截面，这些横截面如图 8-12 所示。在 C12 样品的焊接层中观察到垂直裂纹。这些裂纹的形成原因尚不清楚，但是由于它们的方向不妨碍热流，因此它们可能不会引起任何温度变化。在 C10 样品中，在界面处发现了明显的分层。焊接层出现横向裂纹，并有相当大的增长。以上结果表明，在超过 200℃的高温下，Cu 纳米颗粒焊接层提供的功率循环可靠性优于基于 Sn 的焊料系统。同样，在比较 C12 和 C10 时，由于 C12 的颗粒较小，因此在任何给定的连接温度下都要进行更多的烧结，并在界面连接处显示出更高的强度。

　　接下来，我们在 C12 上使用不同的焊接温度进行了相同的测试，结果显示了出色的功率循环可靠性。分别使用了 250℃、300℃和 350℃三个焊接温度。结果如图 8-13 所示。在 PC 测试期间，没有任何样品出现温度变化，并且获得了相同的结果。在图 8-14 所示的横截面中，再次观察到一些垂直裂纹。为了检查更高可靠性的可能性，进行了 65℃ /300℃的功率循环测试。这里的温差很大，因此周期延长到 120s，对应于 40s 打开和 80s 关闭。如图 8-15 所示，未发现温度变化。该测试证实了该材料在这些严格条件下具有良好的使用潜力。

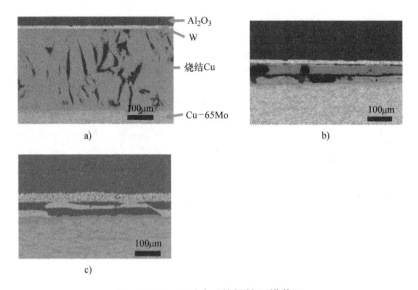

图 8-12 PC 测试后的焊接层横截面

a）300℃焊接 C12 b）300℃焊接 C10 c）Sn-0.7Cu 焊料

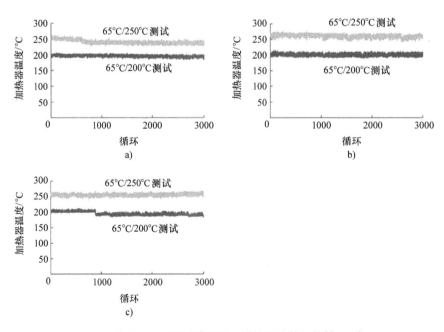

图 8-13 PC 测试结果，焊接温度的依赖性

a）250℃焊接 C12 b）300℃焊接 C12 c）350℃焊接 C12

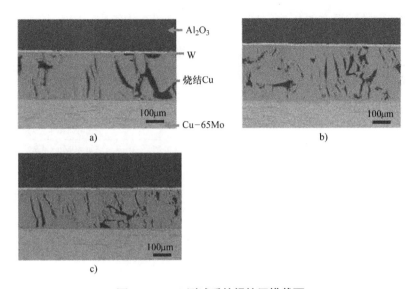

图 8-14 PC 测试后的焊接层横截面

a）250℃焊接 C12 b）300℃焊接 C12 c）350℃焊接 C12

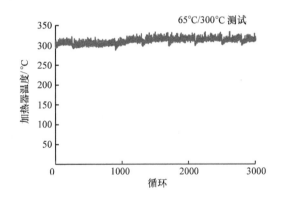

图 8-15 300℃焊接的 C12 上 65℃ /300℃的 PC 测试的结果

　　到目前为止，我们已经假设芯片的 CTE 与基板的 CTE 之间存在很小的差异，从而研究了功率循环可靠性 [6]。在下一步中，我们改变芯片和基板的 CTE 以获得四个级别的差异，并重复进行功率循环测试以检查焊接层的可靠性极限。表 8-1 列出了用于底板的材料。它们是 Cu-65Mo（8ppm/K），Cu-40Mo（11ppm/K），Al-SiC（14ppm/K）和 Cu（17ppm/K）。所有这些都经受了 65℃ /200℃测试的 3000 个循环，然后进行了相同次数的 65℃ /250℃测试的循环。在该实验中，将加热芯片的电阻用作检测的指标。选择了三个焊接温度为 250℃，300℃和 350℃的样品，并且当任何材料在测试过程中显示出明显的电阻变化时，停止测试。由于基板的热导率不同，因此应调整施加的电压，以确保在测试开始时都具有相同的最高温度。这些测试的结果在图 8-16 ~ 图 8-18，以及表 8-2 中给出。

表 8-1　△CTE 不同的试验标本

组件	尺寸 /mm	样本 [芯片的 △CTE/（ppm/K）]
加热芯片	6 × 6 × ᵗ0.5	Al₂O₃
连接点	6 × 6 × （ᵗ0.075 ~ 0.14）	Cu 纳米颗粒
基板	20 × 40 × ᵗ3	Cu-65Mo（1.5）
		Cu-40Mo（4.9）
		Al-SiC（7.3）
		Cu（10.3）

注：连接点环境：温度 250℃，300℃，350℃，压力 1MPa

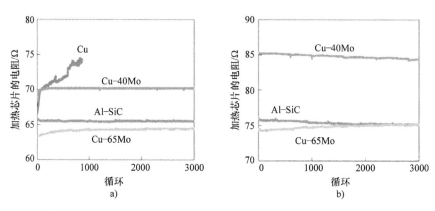

图 8-16　用不同的 △CTE（焊接温度：250℃）进行的 PC 测试的结果
a）65℃ /200℃测试　b）65℃ /250℃测试

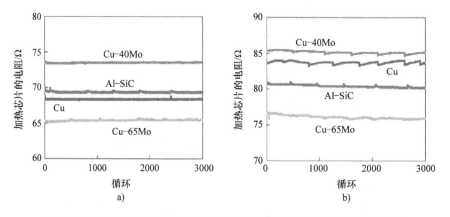

图 8-17　用不同的 △CTE（焊接温度：300℃）进行的 PC 测试的结果
a）65℃ /200℃测试　b）65℃ /250℃测试

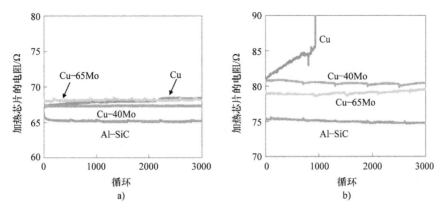

图 8-18　用不同的 △CTE（焊接温度：350℃）进行的 PC 测试的结果

a）65℃/200℃测试　b）65℃/250℃测试

表 8-2　不同 △CTE 的试验样品的 PC 测试结果

基板 △CTE/ （ppm/K）	250℃接层		300℃接层		350℃接层	
	65℃/200℃ 测试	65℃/250℃ 测试	65℃/200℃ 测试	65℃/250℃ 测试	65℃/200℃ 测试	65℃/250℃ 测试
Cu-65Mo （1.5）	≥ 3000	≥ 3000	≥ 3000	≥ 3000	≥ 3000	≥ 3000
Cu-40Mo （4.9）	≥ 3000	≥ 3000	≥ 3000	≥ 3000	≥ 3000	≥ 3000
AlSiC （7.3）	≥ 3000	≥ 3000	≥ 3000	≥ 3000	≥ 3000	≥ 3000
Cu（10.3）	857[1] （连接恶化）	—	≥ 3000	≥ 3000	≥ 3000	931[1] （芯片破碎）

① 加热芯片失效时的循环次数

　　对于 Cu-65Mo，Cu-40Mo 或 Al-SiC，未见明显变化。在 250℃和 350℃下由 Cu 连接的试样显示出电阻增加，表明性能退化。但是，这些焊接之间的退化模式有所不同。如图 8-19 所示，在测试后对焊接层的横截面进行观察，发现在 250℃焊接的试样中出现裂纹扩展。这些裂纹归因于接缝中的高热应力。相比之下，尽管在 Al_2O_3 芯片中观察到一些裂纹，但在 350℃形成的焊接层中几乎没有损坏。这归因于在较高温度下形成焊接层强度更高。结果，产生了超过加热芯片的破坏强度的热应力，从而导致芯片破裂。试样结构的有限元分析预测，试样中会出现高应力。如图 8-20 所示，在四种类型的基板中，显然是 Cu 基板中热应力最高。当假定焊接层具有高的杨氏模量时，芯片中的应力明显较高。分析表明，在 250℃进行焊接时几乎没有烧结，并且所得的杨氏模量很低。在 350℃的模型中，烧结进展良好，杨氏模量较高；这可以解释为什么芯片中的热应力达到了很高的值。

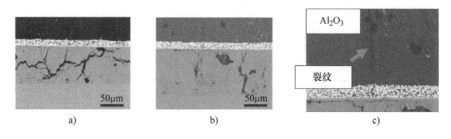

图 8-19　PC 测试后的样品横截面

a）250℃焊接　b）350℃焊接　c）以 350℃焊接的芯片的外围

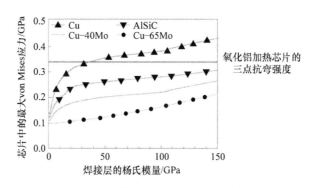

图 8-20　焊接层的杨氏模量和芯片中的最大应力

8.4.2　热循环测试

接下来检测热循环（Thermal Cycle，TC）可靠性 [7]。样品的结构与之前的相似，见图 8-2。使用了热冲击测试仪，并在指定的循环次数后，将每个样品从测试仪中取出，以使焊接层截面可以被评估。温度为 40℃/150℃和 40℃/200℃。将样品暴露于每种温度 20min，每个循环总计 40min。图 8-21 显示了实验中使用的温度曲线。在对横截面进行机械抛光之后，使用扫描电子显微镜（SEM）对样品进行评估，并根据是否存在裂纹或分层来对样品进行分级。由于焊接层在 PC 测试中显示出卓越的可靠性，因此将 C12 用于焊接。

图 8-22 显示了在 300℃下制造的焊层的 SEM 显微照片。首先对它们进行1000 次 40℃/150℃测试，然后进行 1000 次 40℃/200℃测试。在 40℃/150℃测试后，没有发现破坏，但是在 40℃/200℃测试后发现与基板发生分层。图 8-23 显示了在 350℃焊接的样品的检查结果。它们表现出很高的可靠性，在 40℃/200℃测试后，接头没有破坏。为了进行比较，对 Sn-0.7Cu 焊料的焊层进行了相同的测试，如之前针对功率循环测试所述。但是，如图 8-24 所示，在 40℃/150℃试验

后发现了一些裂纹。在 40℃ /200℃试验后，在焊料层中发现了大裂纹。这些结果表明，在热循环过程中，使用 Cu 纳米颗粒形成的焊接层比其余传统焊料更可靠，这与功率循环测试的结果相似。

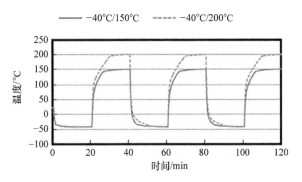

图 8-21 TC 测试条件

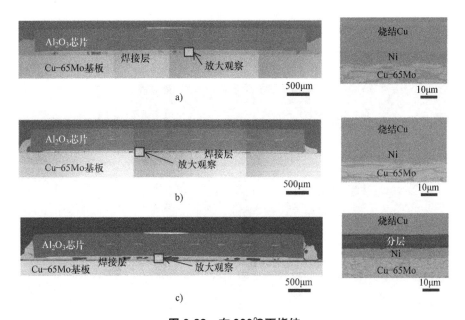

图 8-22 在 300℃下烧结

a）TC 测试前 b）40℃ /150℃测试 1000 循环 c）40℃ /200℃测试 1000 循环

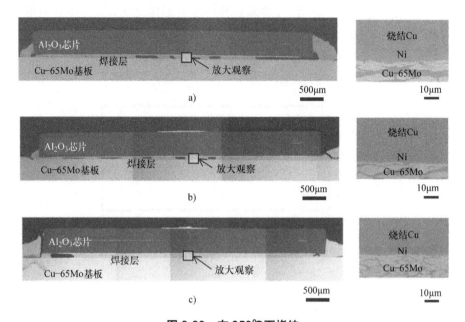

图 8-23 在 350℃下烧结

a）TC 测试前　b）40℃/150℃测试 1000 循环　c）40℃/200℃测试 1000 循环

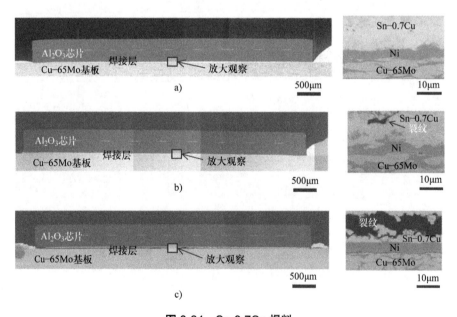

图 8-24 Sn-0.7Cu 焊料

a）TC 测试前　b）40℃/150℃测试 1000 循环　c）40℃/200℃测试 1000 循环

8.5　结论

本章研究了环保和低成本 Cu 纳米粒子焊接的热性能和可靠性，探讨了它们在 200℃以上的高温功率半导体器件中的潜在用途。发现它们具有优于 Sn 基焊料的热性能，并且在功率或热循环测试下具有良好的可靠性。

致谢

本章的研究由日本丰田中央研究所（Toyota Central R&D Labs）和日本大同大学（Daido University）联合完成。前者提供了纳米颗粒和烧结层样本，后者完成了热学和可靠性评估。

参考文献

1. Y. Yamada, Y. Takaku, Y. Yagi, I. Nakagawa, T. Atsumi, M. Shirai, I. Ohnuma, K. Ishida, Reliability of wire-bonding and solder joint for high temperature operation of power semiconductor device. Microelectron. Reliab. **47**, 2147–2151 (2007)
2. Y. Yamada, Y. Takaku, Y. Yagi, I. Nakagawa, T. Atsumi, M. Shirai, I. Ohnuma, K. Ishida, Pb-free high temperature solder joints for power semiconductor devices. Trans. JIEP **2**(1), 79–84 (2009)
3. T. Ishizaki, T. Satoh, A. Kuno, A. Tane, M. Yanase, F. Osawa, Y. Yamada, Thermal characterization of Cu nanoparticle joints for power semiconductor device. Microelectron. Reliab. **53**, 1543–1547 (2013)
4. T. Ishizaki, M. Yanase, A. Kuno, T. Satoh, M. Usui, F. Osawa, Y. Yamada, Thermal simulation of joints with high thermal conductivities for power electronic device. Microelectron. Reliab. **55**, 1060–1066 (2015)
5. T. Ishizaki, A. Kuno, A. Tane, M. Yanase, F. Osawa, T. Satoh, Y. Yamada, Reliability of Cu nanoparticle joint for high temperature power electronics. Microelectron. Reliab. **54**, 1867–1871 (2014)
6. T. Ishizaki, D. Miura, A. Kuno, R. Nagao, S. Aoki, Y. Ohshima, T. Kino, M. Usui, Y. Yamada, Power cycle reliability of Cu nanoparticle joints with mismatched coefficients of thermal expansion. Microelectron. Reliab. **64**, 287–293 (2016)
7. T. Ishizaki, M. Usui, Y. Yamada, Thermal cycle reliability of Cu-nano-particle joint. Microelectron. Reliab. **55**, 1861–1866 (2015)

第 9 章   瞬态液相键合技术

J.R.Holaday，C.A.Handwerker

缩写

CTE	Coefficient of thermal expansion	热膨胀系数
HTP	How melting temperature phase	熔融温度相
IGBT	Insulated-gate bipolar transistor	绝缘栅双极型晶体管
IMC	Intermetallic compound	金属间化合物
LPDP	Liquid phase diffusion bonding	液相扩散键合
LTP	Low-melting temperature phase	低熔点相
MSL	Moisture sensitivity level	潮气（湿度）敏感等级
NIST	National Institute of science and technology	国家科学技术研究所
RoHS	Reduction of hazardous substances act	减少危险物质法案
SAC	Sn-Ag-Cu	锡银铜
SLID	Solid-liquid interdiffusion	固液相互扩散
TLPB	Transient liquid phase bonding	瞬态液相键合
TLPS	Transient liquid phase sintering	瞬态液相烧结
WEEE	Waste electrical and electronic equipment	电子电气产品的废弃指令

关键短语

Transient liquid phase bonding（TLPB）	瞬态液相键合
Transient liquid phase sintering（TLPS）	瞬态液相烧结
Solid-liquid interdiffusion（SLID）	固液相互扩散
Low-temperature diffusion bonding	低温扩散键合
Thermodynamic equilibrium requirements for TLPB	TLPB 的热力学平衡要求
Kinetic requirements for TLPB	TLPB 的动力学要求
Power electronics	功率器件
Alternatives to high-Pb solder	高铅焊料的替代品
Phase diagrams	相图

9.1 引言：无铅耐高温连接技术挑战

自从集成电路制造和电路板组装开始以来，随着基础技术、几何形状和每块电路板互连数量的变化，Sn-Pb 焊接一直是提供可靠互连的主要手段。在消费类电子设备中，因为已经从欧盟的 RoHS[68] 和《废弃》WEEE [69] 指令中知道铅对于人类健康的危害以及其他地区也有类似的禁令，所以全球电子行业已经向无铅焊料转变。不管是在哪里销售，遵守欧盟的法律法规都促使消费类产品中材料的过渡更严格，特别是用于电路板组装和封装的焊料合金 [9, 68, 69, 71]。然而，向无铅焊料电子产品的转变还有很长的路要走：对于晶圆凸块，基板凸块和芯片连接中使用的高铅、高温合金，RoHS 的豁免可能会继续存在，直到有切实可行的替代方法可用为止 [24, 79]。

同时，新设备和应用对装配使用的焊料合金的要求比以往更高，这就要求在新的无铅合金以及互连解决方案上继续进行研究，以此来应对这些高性能的挑战。更加紧凑的汽车发动机舱需要将控制系统放置在靠近发动机和制动器的位置，这会使易出问题的集成电路暴露于更高的温度，振动以及疲劳和故障条件下。基于 GaN、III-V 族化合物，SiC 和金刚石的半导体工作温度远高于的 Si（Si 最高工作温度约为 200℃）。这就需要新的、符合 RoHS 要求的键合解决方案，用于芯片连接、绝缘栅双极晶体管（IGBT）连接和电力电子设备，以替代当今使用的高铅焊料、无铅焊料和热界面材料 [13, 15, 26-28, 40, 49, 53]。

在用于芯片连接、晶圆和基板凸起以及其他连接应用发展高温无铅焊料或者可替换的连接方法的挑战，可以进一步通过使用 Sn-Pb 系统在其加工温度、热和力学行为（热性能和机械性能），以及在一定加工条件下产生的显微组织方面的使用来解释。Sn-Pb 合金对电子产品具有许多优越的性能，包括形成具有 183℃共晶温度的简单二元共晶、优异且可重现的机械性能、耐损伤性以及热机械疲劳性和抗冲击/跌落冲击性、良好的导电性、出色的润湿特性，以及具有两个主要固溶相的经典共晶凝固形态（原固溶体的典型共晶凝固形态）。如图 9-1 的 Pb-Sn 相图所示，Sn 在 Pb 中的较大固溶度（183℃下为 18.9wt%）导致有用的可调节固相线温度范围从 183℃到接近于 Pb 的熔点（327℃），因此具有基于合金成分的可调的"膏状"（液体 + 固体）区域宽度 [55]。首先使用高固相线温度和熔化时狭窄的膏状区域的高铅，Pb-Sn 焊料在芯片或芯片级连接进行焊接。常用的 Pb-Sn 高温焊料成分为 95Pb-5Sn（wt%），固相线温度为 320℃。固化后，通过使用 62.13Sn-37.87Pb（wt%）的 Sn-Pb 共晶成分，低共熔温度 183℃或使用无铅焊料，将封装的组件焊接到电路板上，而不会熔化高 Pb 焊料，例如在 Sn-Ag-Cu 系统中的共晶成分为 95.6Sn-3.5Ag-0.9Cu（wt%），共晶温度（T_e）为 217℃ [54]。商业上也有许多其他的板级组装焊料可用，并广泛使用，包括 Sn-Ag 共晶（T_e = 221℃），接近共晶的 Sn-Cu 合金（T_e = 227℃）和各种合金添加物，甚至更低温度组装，Sn-Bi

共晶合金（$T_e = 139℃$）。

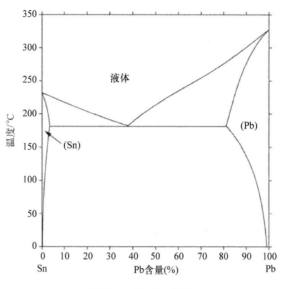

图 9-1　Pb-Sn 相图

在 260~310℃的液相线温度范围内虽然有许多合金成分，但没有与高铅焊料具有相同固相温度范围的无铅钎料（焊料）。例如，含（2~3）wt% Cu 的 Sn-Cu 合金的液相线温度在该范围内，但固相温度（固相线温度）为 227℃。基于对具有一种低熔点元素（$T_m<400℃$）或具有低温共晶的二元相图的研究，以及团队在设计无铅合金以替代 Sn-Pb 共晶方面的经验，除了 Chen 等人，Zeng 等人和 Suganuma 等人所评论的那种以外，这种焊料不太可能实现[12, 77, 82]。

已开发出非焊料替代品，从而提供了一系列商业产品，包括烧结 Ag 和 Cu 纳米颗粒，核壳纳米颗粒，粗 Cu 与 Ag 纳米颗粒的混合物，填充 Ag 的黏合剂，Bi-Ag-X 合金，瞬态液相烧结和基于箔的瞬态液相键合。对于给定应用或更高温度应用中的任何高铅焊料替代品，互连 / 键合必须：

1）在适用（应用）的电气，热和机械要求的可接受范围内执行操作；

2）在低于或等于商业高铅焊料的温度下（<300℃）或在要连接的系统确定的任何温度限制下成型；

3）在典型的操作和使用条件下（包括在热循环期间进行低温和高温期间）要可靠地执行，具体取决于操作范围，在某些应用中，温度可以达到 400℃；

4）长期老化和使用后，具有仍可使用的机械，热和电性能；

5）可在大批量的电子产品中制造，具有与性能要求相称（相符）的极低水平的制造缺陷。

在本章中，我们特别关注创建满足这些标准的瞬态液相系统的方法，并定义适合其在特定应用中使用的组成范围和加工条件。尤其重要的是目前对以下方面的理解：

1）要实现无铅技术所需的可制造性，该技术可在当前应用中替代高铅焊料；

2）如何将其扩展到更高温度的应用中；

3）瞬时液相键合与其他替代技术相比如何。

9.2　瞬态液相键合：热力学的关键概念

瞬态液相键合（TLPB）的定义特征是通过等温固化反应形成固体键，这与在冷却中（即钎焊过程中）液态合金的熔化，润湿和固化相反。在常规焊接中，将诸如 Sn 合金的相对低熔点的成分加热到其液相线温度以上。液态金属润湿了要连接的表面，并可能形成一些金属间化合物，并在剩余大部分液体的情况下冷却。

在冷却过程中，通过凝固形成一个坚固的接头。液态 Sn 有明显的过冷，导致在大多数情况下即使是共晶合金也会形成 Sn 枝晶。TLPB 技术通过以下几种可能的途径在低熔点相（LTP）和两个高熔点底物（基板）相（HTP）之间产生固体键：

1）通过至少消耗 LTP 的一个组分的金属间化合物（IMC）形成，改变液体的成分，并继续反应直到没有液体残留；

2）通过相互扩散进入 HTP 形成固溶体；

3）当液固界面的相平衡反应由两相（液体 +IMC）转变为三相平衡（液体 + IMC+ 析出相）时，另一相在三元相和高阶相图中析出。

从 MacDonald 和 Eagar 的文献综述 [48] 中可知对于非电子领域使用这些反应的历史古代延续至 20 世纪 80 年代。在 Ag-Sn-Ag 的 TLPB 的综合研究中，Li、Agyakwa 和 Johnson 详细回顾了电子应用的文献，从 1960 年 Bernstein 和 Bartholomew 在将 Ag、Au 和 Cu 与 In 进行键合方面的开创性工作开始。In 作为最初的液体，用于"利用低温加工条件来产生用于多种半导体和非半导体钎焊和键合应用的高温键合" [41]。他们回顾了其他的研究及其与电子产品的相关性，包括 Roman 和 Eager 将商业焊料合金作为低温相来连接 Ag、Au 和 Cu 基板以及连接 Ni、Pd、Pt 和 Zr 基板，并且在 Cu-In-Sn-Bi 系统中使用三元相和四元相 [73]。在以 Sn 为基础的瞬态液相键合过程中会涉及到来自不同的研究组织的各种名词和缩略词，比如瞬态液相烧结（Transient Liquid Phase Sintering，TLPS）、液相扩散键合（Liquid Phase Diffusion Bonding，LPDB）、瞬态液相键合（Transient Liquid Phase Bonding，TLPB）和固液相互扩散（Solid-Liquid Interdiffusion，SLID）这类术语都被用来描述在低熔点相和高熔点基板之间的等温固化反应，形成两个基板之间的键 [16, 50, 53, 72]。虽然所有这些术语都可以互换使用，但在本章中使用 TLPB。

本章用两种二元相图和两种三元相图来说明三种 TLPB 等温凝固方法。Cu-Sn 二元相图是经典的 TLPB 系统，且需要考虑到 Cu 和 Sn 在电子互连中无处不在。Cu-Ni 相图是一个常见的二元匀晶相图，用来解释单独的相互扩散是如何导致等温凝固的。当其他两个进程耗尽一种组分中的液体而形成新相时，需要三元系统才能发生沉淀。本章第一个三元系统为 Sn-Ag-Cu 系统，在该系统中，低熔点液相与基板间 IMC 的形成最终导致 Sn 与非反应组间 IMC 的析出。在完全的等温凝固后，由于可能与三元合金（以及元素成分较多的合金）发生额外的反应，键的熔化温度不像单个相的熔点那么高。第二个三元系统是 Sn-Bi-Cu 系统，随着 Sn-Cu IMCs 的生长，Bi 析出。这种三元系统的出现是因为固化键合的熔化温度可以大大低于单个相的熔化温度。可能发生的反应、发生反应的温度以及最终键合的稳定温度可以通过显示成分如何随着反应、扩散和沉淀的进行而转移来理解。

9.2.1 铜 - 锡二元系统：反应、金属间化合物的形成及相互扩散

图 9-2 显示了 Cu-Sn 二元相图，该图有 5 个可能的温度范围，以及 Cu 与瞬态 Sn-Cu 液相键合的反应[56]。液体（Sn）中 Cu 的溶解度随温度变化，Sn 在（Cu）中的溶解度也一样 [请注意，括号表示的是一种液相或固溶相，如（Sn），它是一种含有 Sn 和 Cu 的液体；或（Cu），它是一种溶解 Sn 的固态 Cu]。尽管只有两种低温状态适用于电子制造，但为了完整性，所有范围都包括在内，特别是为了说明如何在 TLPB 背景下解释二元相图。在每个系统中需要注意的重要特征是固相线和液相线在相图上的温度，什么相是稳定的，什么成分组成，以及当金属间化合物等温形成时，它们是如何从初始成分改变的。

Sn-Cu（227℃）合金（共晶）温度上升至大约 415℃（图 9-2 中的 A），Sn 液体与 Cu 基板发生反应形成图 9-3 示意的两种金属间化合物 Cu_6Sn_5 和 Cu_3Sn。当 Sn 相对于 Cu 基板的数量有限时，液体（Sn）可以被这两种金属间化合物的形成完全消耗。当液体被消耗时，两种金属间化合物和 Cu 会保留下来，这意味着接头可以被加热到 415℃，这是剩余三个相的最低熔化温度，例如：Cu_6Sn_5，没有液体形成。作为二元系统热力学平衡的一个条件，除不变点外，只有两相才能处于平衡状态。二元系统中的一个不变点是在一个特定的温度和成分下，在这个温度和成分下，三个相可以共存，例如共晶成分和温度。当 Cu_6Sn_5 分解成液态（Sn）和 Cu_3Sn 时，该二元系统中的另一个不变点是在 415℃的包晶层里。在 A 的情况下，等温凝固后继续退火会导致两相之一消失。在这种情况下，当 Cu 的初始量显着增加时，Cu_6Sn_5 消失，Sn 的量以及最终的平衡在 Cu_3Sn 和（Cu）（一种 Cu-Zn 固溶体）之间。Li 等人对 TLPB 反应进行了详细的研究[40]。从 348℃开始，Cu 和 Cu_3Sn 之间有一个稳定的附加相，其组成为 $Cu_{41}Sn_{11}$。

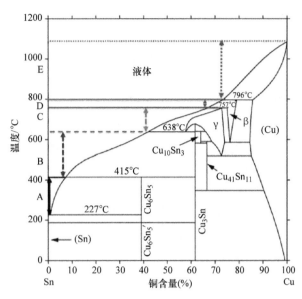

图 9-2　NIST 的 Cu-Sn 相图标注了可进行瞬态液相键合的 5 个范围（修改自 NIST[56]）

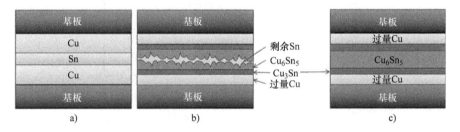

图 9-3　a）Cu-Sn 系统中瞬态液相键合的平面几何示意图　b）图 9-2 的 A 区域部分反应后
c）完全反应后

在 348~415℃的温度下继续退火（对等温凝固接头进行持续退火），不仅会导致 Cu_6Sn_5 的消失，还会导致 Cu_3Sn 的消失，只留下 $Cu_{41}Sn_{11}$ 和（Cu）。在 415℃和 638℃之间（图 9-2 中的 B），液体（Sn）与 Cu 的反应生成直接与 Sn-Cu 液体接触的 Cu_3Sn，并且在 Cu_3Sn 和 Cu 之间处于平衡状态。由于 Cu_3Sn 在 638℃以上的稳定性，所以等温固化键的熔化温度为 677℃。在 638℃和 757℃（图 9-2 中的 C）之间，液态 Sn 和 Cu 之间的反应导致形成固溶体 γ（γ 相），这是与（Sn）接触的稳定相。凝固接头的熔化温度由所形成的固溶体 γ 的具体组成决定。在此范围内继续退火会导致 γ 和 Cu_3Sn 消失，只留下 β 和（Cu）。在 D 范围内，β 是稳定的金属间化合物相，在与液体和（Cu）接触时具有广泛的固溶性。在区间 A—D 是金属间化合物的形成导致等温凝固。在图 9-2 中的 E 中，（Sn）液相和（Cu）之间没有稳定的金属间化合物相，这意味着，在该温度范围内，等温凝固仅通过 Sn 向 Cu 基板扩散形成（Cu）。这与下面描述的 Cu-Ni 系统的概念相同。

值得注意的是，即使存在金属间化合物，Sn 向 Cu 中扩散形成的固溶体（Cu）也可能有助于在较低温度下的等温凝固。Sn 扩散到（Cu）中的贡献取决于 Sn 在 Cu 中的金属间化合物形成和扩散的相对速率，例如温度以及 IMC 和 Cu 的微观结构。

9.2.2 铜 - 镍二元系统：单一扩散

Cu-Ni 系统是一个共晶系统，只有一个液相和一个面心立方（FCC）固溶相，如图 9-4 相图所示。当纯液体 Cu 与纯 Ni 在该温度范围内接触时，Ni 会溶解到 Cu 液体中，直到液体中 Ni 饱和。同时，Cu 向 Ni 扩散形成固溶体。当初始 Cu 液相对于 Ni 液的体积较小时，可以实现 Ni-Cu-Ni 结构的等温凝固，从而使最终的键合成分完全处于 FCC 固溶相中。由 Illingworth 等人开发的单焊料相扩散等温凝固的热力学和动力学模型对于电子学具有相关性，如果温度足够高，使得熔化温度相中的固态扩散显著[30]。

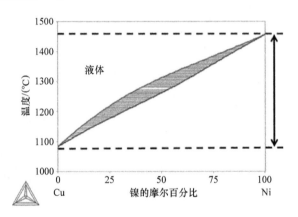

图 9-4　ThermoCalc 计算的 Cu-Ni 相图显示了两相区，在其中可以通过互扩散实现等温凝固

9.2.3 三元系统中沉淀物的析出

1. Sn-Ag-Cu 系统：Sn-Ag-Cu 系统：IMC 形成与第二次 IMC 的沉淀

在对 Sn-Ag-Cu 系统的分析中，首先讨论的是 Cu 或 Ag 基体（基板）和（Sn）液体之间在稳定相的温度下形成 Cu_6Sn_5 和 Ag_3Sn 的反应。这里利用 Sn-Ag-Cu 相图[54] 中的 4 个等温截面，展示了 Sn-3.0Ag-0.5Cu（wt %）合金（SAC305）在 270℃、240℃、223℃和 219℃处与 Cu 接触时的等温凝固反应过程如图 9-5 所示。在图 9-5a~c 中，液体会溶解额外的 Cu 直到 Cu 饱和，而 Ag 和 Sn 的含量在 IMC 形成之前保持不变。在图 9-5d 中，初始合金中含有一些固态 Sn，但与 Cu_6Sn_5 接触后熔化形成液体且与 Cu_6Sn_5 接触的饱和溶液的组成是温度的函数，如联络线所示。随着 Cu_6Sn_5 与 Cu 之间的 Cu_6Sn_5 层和 Cu_3Sn 层的生长，如图中箭头所示，液体中 Ag 的含量逐渐增加，直到达到各温度下的终态液体成分，如图中的星状成

分所示。随着 Cu-Sn IMCs 的继续生长，Ag_3Sn 在液体中析出，以保持末端液体浓度。

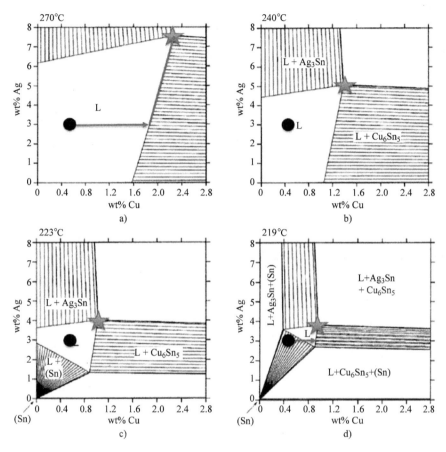

图 9-5　Sn-Ag-Cu 三元合金的等温截面（修改自 Moon[54]）

a）270℃　b）240℃　c）223℃　d）219℃

如果在 270℃下用 SAC305 来键合两个 Ag 基板，则路径会反向，如图 9-6a 所示。Ag_3Sn 金属间化合物在液体和 Ag 基板之间的表面形成。液体中 Cu 浓度增加，与 Ag_3Sn、Cu_6Sn_5 平衡达到同一终端液。随着 Ag_3Sn 的进一步生长，Cu_6Sn_5 在液体中析出，直到液体被消耗。沿着图 9-6b 箭头所示的液相线投影处 Cu_6Sn_5-Ag_3Sn 两相槽，可以很容易地看出终端液相对温度的依赖关系。最终的结构中含有沿键中心线析出的金属间化合物颗粒。随着进一步退火，可能会有额外的固态转变，改变固相之间的联络线，但这里不考虑。

然而，由于在较低的温度下会发生额外的转变，由此产生的接头的熔化温度不是在 414℃ [57]。$L+Cu_3Sn \longleftrightarrow Cu_6Sn_5+Ag_3Sn$ 反应发生在约 356℃处，如图 9-7b 等温三元图（三元截面）所示。

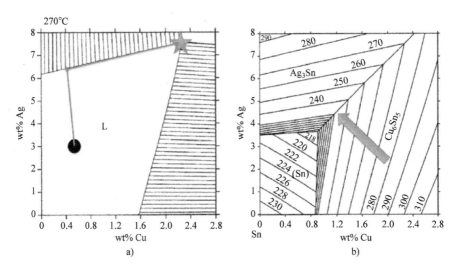

图 9-6　a）Sn-Ag-Cu 三元相图的等温截面，显示了在 270℃处 Ag 基体上 SAC305 的反应路径　b）为 Sn-Ag-Cu 三元图在 355℃时的液相线投影，终端液相成分出现在 Cu₆Sn₅ 和 Ag₃Sn 初生相的连接处，如箭头所示（修改自 Moon[54]）

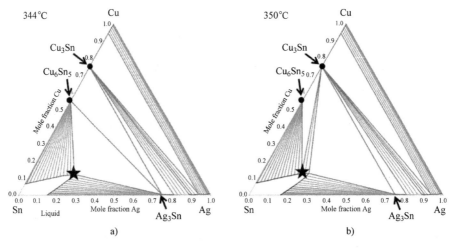

图 9-7　计算的 Sn-Ag-Cu 三元图的等温切片显示了Ⅱ类反应分别发生在 344℃和 350℃，显示终端液体与 Cu₆Sn₅（五角星）平衡：在图 a 中，该化合物与 Cu₆Sn₅ 和 Ag₃Sn 形成三相三角形，而在图 b 中，三相三角形位于 Cu₆Sn₅ 和 Cu₃Sn 之间

2. Sn-Bi-Cu：Bi 沉淀的形成 IMC

　　本文还介绍了 Sn-Cu-Bi 系统中沉淀加成相的反应的第二个例子。选择该系统是因为该系统在约 200℃以上发生 2 型反应，Bi+Cu₆Sn₅ 转化为 Cu₃Sn 和液体。这意味着，在 200℃以下的任何反应路径中，最终的微观结构中含有 Cu₆Sn₅ 和 Bi，在更高的温度下会形成液体，而不是在二元 Cu-Sn 图中 Cu₆Sn₅ 的熔点处[58]。这些反应表现在 Sn-Bi-Cu 相的两个等温部分（截面），如图 9-8 所示。当温度低于

约 200℃（图 9-8a）时，与 Cu 接触的 Sn-Bi 液体在 Cu 上形成 Cu_6Sn_5 和 Cu_3Sn，并且该液体会降低其 Sn 浓度，直到达到终端液体成分为止。进一步的反应形成金属间化合物导致 Bi 的沉淀，以保持恒定的终端液体成分。等温凝固可以这样完成。如果将固化后的粘接剂加热到稍高的温度（图 9-8b），Ⅱ类反应将导致液态形成，没有固体 Bi 残留。这是因为对比图 9-8a 和 b 可知，在此温度下，Cu_6Sn_5 与固体 Bi 并不平衡。Cu_6Sn_5 只与 Cu_3Sn 和终端液体（黑星）平衡。在这种情况下，Cu_3Sn 的进一步增长可能会消耗 Cu_6Sn_5，直到 Cu_6Sn_5 被完全消耗。此时液体与 Cu_3Sn、Bi 处于平衡状态，Bi 可以析出。然后通过 Cu_3Sn 的生长和 Bi 的析出进行等温凝固，直到所有的液体被消耗掉。最终凝固键合处于 Cu、Bi、Cu_3Sn 三相稳定三角形中。

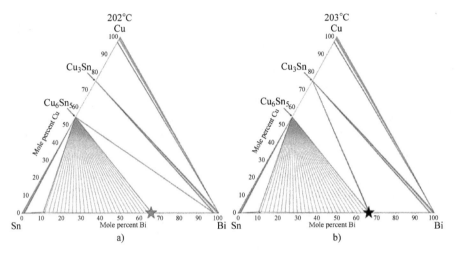

图 9-8　计算得到的 Cu-Sn-Bi 三元相图中Ⅱ类反应的等温截面
a）202℃　b）203℃

这些例子说明了系统的热力学性质、可使用的加工温度以及由此产生的应用和使用温度之间的关键关系。二元相图提供了有关什么相可能在什么温度下发生的所有相关信息。对于三元系统和高阶系统，第Ⅱ类反应可能会显著降低液体形成时的温度。因此，为了了解三元和高阶系统可能发生的情况，我们不能根据单个二进制的行为来估计它们的行为。后几节将详细解释更多的例子，以及它们如何确定特定成分的可能处理和应用 / 使用温度。

9.3　瞬态液相键合：动力学的关键概念

对于要采用的 TLPB 技术，形成等温固化粘接剂的反应速度必须足够快，以与商业生产相一致，也就是说，它必须足够快，以具有实用性。四个参数结合在一个简单的几何和动力学模型中，可以判断反应发生的速度。这些参数是

1）IMC 增长是温度、时间和成分的函数关系；

2）低熔点的阶段，等温凝固必须消耗的低熔点相的总体积；

3）界面反应发生的地区（反应发生的界面面积）；

4）微观结构的均匀性。

9.3.1 金属间化合物的增长率

无铅焊料研究协会对 IMC 生长动力学进行了大量的观察。这些研究通常集中在铜触点、任何金属化和大块焊料合金之间界面的 IMC 的形成上。Kirkendall 孔洞形成相关的相互扩散研究也为 TLPB 设计提供了有价值的数据来源。还针对典型使用的关键 IMC 阶段进行了专门针对 TLPB 的 IMC 形成的研究。这里我们介绍一些关于 Ag_3Sn，Cu_3Sn，Cu_6Sn_5，Ni_3Sn_4 的相关文献结果。

已有许多研究报道了 Cu-Sn 系统中 Cu_6Sn_5 和 Cu_3Sn 生长的动力学。Li 等使用示差扫描量热仪（DSC）和测量横截面的 IMC 生长的组合来测量 Cu/Sn/Cu 组合中 IMC 的生长[40]。然后通过测量 IMC 厚度来测定 DSC 热流测量中残留的 Sn 含量。该技术用于收集 Cu-Sn 中 IMC 生长的综合数据集，并开发一个包括通过形成 Cu_3Sn 消耗 Cu_6Sn_5 的模型。基于此数据集，发现总 IMC 厚度随时间的变化与 $Kt^{1/2}$ 成比例，$Kt^{1/2}$ 是假设与晶格扩散控制相对应的典型方程，其中 K 包括温度依赖性。有了这个数据集和推导出的方程，就有可能预测 Cu-Sn 系统中已知层厚的完全等温凝固和完全转化为 Cu_3Sn 所需的加工时间。采用 Arrhenius 法，在 260℃、300℃和340℃的条件下，Cu_3Sn、Cu_6Sn_5 的活化能分别为（84.6±25.8）kJ/mol 和 19.7±13.1kJ/mol。Laurila 等人[38]的总结进一步提供了 Sn 和 Cu 之间的反应背景以及三元添加的影响[38]。

Li 等人[41]还研究了 260℃、300℃和 400℃下 Ag/Sn/Ag 对中 Ag_3Sn 的生长动力学，并且结合了 DSC 实验和 SEM 的微观结构表征[41]。研究表明，Ag_3Sn 的生长符合 $t^{1/3}$ 的时间依赖性，其指数为 1/3，与晶界扩散型受控生长相对应。IMC 的生长速率和形态与晶界扩散/熔融通道控制的生长相一致，即生长形态为不规则的、分面生长前沿，记录的活化能为（37.2±18.9）kJ/mol[41]。

Ni-Sn 的形成动力学一般比 Cu-Sn 或 Ag-Sn IMC 缓慢，Ni_3Sn_4 IMC 主要在较低的温度下生长，呈抛物线状。Tomlinson 和 Rhodes 研究了 Sn 与 Ni、Ni-p 和 Ni-b 表面在 180~220℃之间界面 IMC 的形成。活化能为 128kJ/mol[78]。

如图 9-9a 所示，对于 Cu-Sn 的简单情况，在面积为 a 的两个平面的 Cu 基板之间放置厚度为 L 的 Sn 薄膜。形成 Cu_6Sn_5 和 Cu_3Sn 的金属间化合物的形成仅发生在 Cu 和 Sn 之间的界面上，因此 Sn 用于等温凝固组织（结构）和形成键（键合）的消耗量且受接触面积的限制，在这种情况下，接触面积为 2A。L/2 的金属间化合物的形成消耗了 Sn 的有效厚度，所消耗的液态 Sn 的总体积为 $2AL/2 = AL$。He 等人、Kumar 等人和 Park 等人描述反应通过相互扩散发生，反应速率随着层厚的增加而减小，随着温度的升高而增大 [29, 37, 66]。在给定温度下，IMC 厚度与时间关系的最简单形式是，时间 t 后形成的 IMC 层的厚度与运动（动力学）系数 K 和 $t^{1/2}$ 的乘积成正比。因此，应用该方程时，等温凝固所需时间与层厚的平方成正比，如图 9-9 所示。

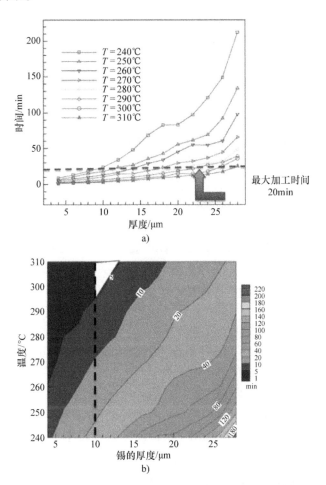

图 9-9　a）Sn 消除时间与温度和 Sn 层初始厚度的关系，最大加工时间线绘制在 20min，以说明可能的实际限制　b）表示 Sn 消除时间与温度（240~310℃）和 Sn 层厚度 4~28μm 的等高线图，白色阴影区域显示在最大 5min 的处理时间内，温度范围和厚度接近 10μm（修改自 Park[66]）（彩图见插页）

$Kt^{1/2}$ 方程通常被解释为形成 Cu_6Sn_5 和 Cu_3Sn 复合生长的晶格扩散测量，但这并不能反映导致 IMC 生长的实际扩散路径。即使在单个 IMC 的生长过程中，反应速率也取决于晶界、晶格和界面扩散的特定作用，以及其他影响其随时间和温度演化键合的微观结构和物理特性。当两个 IMC 不断发展时，两个 IMC 的增长率是耦合的。

　　Park 等人的相场计算考虑了这些因素，并成功捕捉到了 Cu_6Sn_5 的扇形形态[67]。相场模型可以识别各种扩散途径的相对扩散速率，而不是依赖于单一的扩散项。观察到的形态准确表示表明了晶界扩散、相间界面扩散、体扩散（体扩散率）等真实的扩散项。这些模型依次用于创建 Cu-Sn TLPB 的加工图（见图 9-9），包括加工温度、Sn 键合线厚度和完全转换时间。最大可接受的加工时间决定了最大键合线厚度和温度，可用于给定的系统及其动力学和几何形状[66]。根据图 9-9a 中 Park 等人的结果，只有水平虚线以下的温度和键合线厚度才能在 20min 内实现等温凝固。作为另一个例子，假设一个实际的下限键合线厚度是 10μm，处理时间的上限是 5min。只有图 9-9b 中 Park 等人加工图左上角的小阴影三角形所表示的条件才会在温度高达 310℃ 的情况下产生等温凝固。

　　在此要说明的最后一个关键点是，金属间化合物的生长速率会受合金成分以及 IMC 中晶界/界面的存在和稳定性的显著影响。即使比较两个形成 IMC 相同的系统，也会发生这种情况。尽管假定 $t^{1/2}$ 和 $t^{1/3}$ 依赖性分别仅通过晶格扩散和晶粒边界/界面扩散反映生长，但是 IMC 层的增长是通过晶界，晶格，表面或界面扩散与晶粒的结合而发生的，晶界充当两个边界相之间的快速扩散路径。IMC 层中晶界密度越大，即晶粒尺寸越小，生长速度越快。加工过程中任何给定阶段的晶粒尺寸也将取决于通过表面/界面扩散和晶界运动而产生的 IMC 粗化速率。Sn-Cu-Ni 系统中的 TLPB 就是一个例子。利用不同成分的 Cu-Ni 固溶基板与最初纯的 Sn 接触，几篇论文报告了 Cu_6Sn_5 在 Cu-Ni 合金上形成时，其金属间化合物生长速率比在 Cu 上形成时高几个数量级[1, 2, 16, 70, 72, 80]。此外，在（$x \geq 10$）的 Cu-xNi 复合材料中，Cu_3Sn IMC 变得不稳定。Choquette 和 Anderson 使用基于颗粒的 TLPB 方法确定，根据液体的体积分数，（Cu，Ni）$_6$Sn$_5$ 的增长速度足以在超过 250℃ 的 90s 后完全固化键合/焊接[16]。另一个例子是 Cu-Sn-bi 系统，在相同温度下，Cu_3Sn 的有效扩散系数比 Cu-Sn 系统快两个数量级。两种情况下的 IMC 生长形态都与 Cu-Sn 不同，前者的 IMC 晶粒尺寸明显较小，但稳定，如图 9-10 所示[1, 3, 70]，后者的 IMC 生长呈分面不规则。

 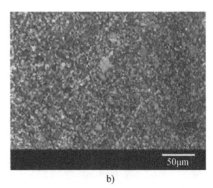

a)　　　　　　　　　　　　　　　　b)

图 9-10　a）二元 Cu/Sn　b）三元 Cu（5Ni）/Sn 在 215℃ 退火 400h 时扩散对中 Cu_6Sn_5 相的晶粒[70]

　　观察这些的实际意义是，任何新材料系统的校准都需要生长速率和微观结构演化实验。下面将更详细地描述这两种系统的结果。

9.3.2 反应几何形状对等温凝固速率的影响：改变反应的低温相体积和界面面积

　　在保持低熔点相体积不变的情况下，通过增加反应发生的界面面积，可以缩短等温凝固时间。例如，通过添加与所连接基板尺寸相同的 Cu 箔来改变反应配置，同时保持 Sn 总体积不变，如图 9-11a～c 所示，则反应的界面面积将增加一倍，并且 IMC 形成必须消耗 Sn 层厚度，因此，Sn 层厚度减小了 2 倍。根据上面的简单方程，这将使反应时间减少 4 倍。Bajwa 和 Wilde 证明，创建多层几何结构是减少等温凝固所需时间的有效策略，实现多层 Ag-Sn-Ag 键合的机械、热和电学性能，相当于烧结纳米 Ag[4]。

　　另一种减少反应时间的几何结构是通过将高温相的颗粒与低温相的颗粒结合来增加可用于反应的界面面积。图 9-11d 所示为 Sn-Cu 系统的示意图，这里称为瞬态液相烧结（TLPS）。在 Cu 和 Sn 的总体积不变的情况下，减小 Cu 的粒径可增加反应发生的总面积，从而减小有效 Sn 层厚度，完全转化时间与 Sn 层厚度的平方成正比。使用 Cu HTP 颗粒和 Sn-Bi 基体的 TLPS 键合的典型微观结构如图 9-11e 所示。需要注意的是，除了致密的 Cu 颗粒、IMC 和残余的 Sn 网外，还存在大量的孔隙。

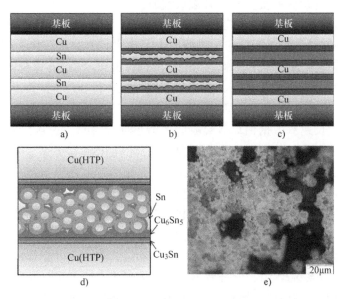

图 9-11　a）多层 Cu-Sn TLPB 示意图　b）部分反应　c）完全反应　d）Cu 基颗粒 Cu-Sn 瞬态液相烧结键合示意图　e）Cu HTP 颗粒与 Sn-Bi TLP 经过 20min 后形成的 Bi-Cu-Sn TLPS 键合的截面，在 210℃退火（彩图见插页）

9.4 制造和设计约束

除了反应本身，特定应用的制造工艺在选择 TLPB 的制定和选择键合材料时必须考虑到额外的限制条件。加工过程发生在相对低熔点温度相的液相线之上，通常是 Sn 或 Sn 基合金，它与高温相熔化并发生反应，从而等温凝固。与焊接一样，还有许多其他额外的加工步骤会影响产生键合的微观结构、性质、性能和可靠性：

1）助焊剂或基板的预加工；

2）将金属箔片、预成型结构或膏体放在一个基板上，然后用另一个基板盖上。需要一些压力来设置初始配置。在后续步骤中可能需要额外的压力；

3）在有压或无压的条件下，加热需要键合的组件；

4）在加热时助焊剂的脱气，在颗粒/膏状系统中发生固体状态的重新排列和致密化；

5）在 LTP 熔化；

6）由液相和毛细管流润湿 HTP（基板和颗粒），以重新分配液体；

7）将 HTP 溶解到 LTP 中直到 LTP 饱和；

8）在最高温度下反应，形成所需的金属间化合物并析出相，直到没有液体残留，也没有形成孔隙；

9）将总体冷却到室温，不会开裂或脱胶。

所有的步骤都必须成功才能形成有用的键合。

由于 TLPB 是一个基于反应的过程，为了确保 LTP 完全转化为所需的 IMC 和沉淀相，保持适当的化学计量是必要的。例如，如果考虑 Sn 完全转化成 Cu_6Sn_5，Cu : Sn 的摩尔比必须大于 6 : 5。如果我们考虑 Cu 和 Sn 的密度和原子体积，最小的摩尔比可以转化为体积与质量之比和分数，这有助于选择 HTP 和 LTP 粒度，并根据 IMC 生长速率数据估算等温凝固的最小反应时间。表 9-1 列出了 TLPB 过程中最常见的 Ag 基、Cu 基和 Ni-Sn 基 IMC 的转化率和分数。在某些情况下，LTP 的比例需要产生键合来产生合理的附着力和密度，在完全转换完成后超过最大的 LTP/THP 比。增加 LTP 与 HTP 的比例通常会改善要键合表面的润湿性。对于 TLPS 系统，它还能促进颗粒重组和致密化。当 HTP 的界面面积不变时，增加 LTP 体积会增加必须形成的单位面积的 IMC 厚度，从而增加最小加工时间。

研究中使用了各种组装 TLPB 结构的技术，其中一些已经被应用到商业产品中。在 Sn-Cu-Bi 系统[63] 中，已开发出含有高分子聚合物的可丝网印刷 TLPS 膏料，以提高其稳定性，作为无铅焊料、Cu 焊料、TIMs 和高铅锡膏的替代品。TLPB 箔、LTP 预成型结构或 TLPS 预成型结构可以使用当前用于芯片粘接剂膜的芯片连接设备进行应用。LTP 的电镀和其他沉积技术，除箔外，也被用来代替，以促进基板润湿。此外，可以采用新颖或混合的方法，如上面描述的多分子层。所有的设计选择都需要在工艺要求、键合质量、应用空间和市场吸引力等方面进行权衡。

表 9-1　二元金属间化合物的 LTP 与 HTP 比值及分数

相	LTP 与 HTP 的最大体积比	LTP 最大体积分数	LTP 与 HTP 的最大质量比	LTP 最大质量分数
Ag$_3$Sn	0.52 : 1	0.34	0.37 : 1	0.27
Cu$_3$Sn	0.76 : 1	0.43	0.62 : 1	0.38
Ni$_3$Sn	0.67 : 1	0.45	0.81 : 1	0.45
Cu$_6$Sn$_5$	1.89 : 1	0.66	1.56 : 1	0.61
Ni$_3$Sn$_4$	3.22 : 1	0.78	2.70 : 1	0.73

箔片或 LTP 预成型结构通过最大限度地减少通量和致密化问题来简化设计过程，但工艺时间随着粘结线厚度的增加而增加，因为被粘接的两个界面是 HTP 的唯一来源。当金属化层很薄时，这就成为需要特别关注的问题。例如，根据 IPC4552 标准，无电镀 Ni 层厚度限制在 3 ~ 6μm 之间 [31]。例如，要在不完全消耗 Ni 的情况下将两个 3μmNi 层完全转化为 Ni$_3$Sn（每个要结合的表面上有一个），Sn 的键合线总厚度必须小于 5μm。由于基板平面度、沉积控制和基板润湿性的问题，使得这对于初始键合是一个挑战。当反应层仅为 Ni$_3$Sn$_4$ 时，最大允许 Sn 的厚度约为 20μm。可接受的回流时间和温度、提供压力的能力以及组装后退火能力也限制了 TLP 的成分和最大厚度。

LTP-HTP 膏剂的核心优势是，由于 HTP 在粘接剂的大部分中存在，完全转换的最大键合线与键合线厚度无关。如上所述，这与基于箔的格式相反，在箔格式中，键合界面是 HTP 的唯一来源。由于反应速率是 HTP 表面积、LTP 体积和相互扩散速率的函数，因此基于膏体的技术（TLPS）提供了一个通过独立改变 HTP 体积、HTP 界面面积和 LTP 体积来控制反应速率的机会。此外，基于膏体的配方还引入以下变量：粒径、粒径分布和形态、助熔剂和粘接剂的特性和用量、LTP 与 HTP 的比例以及整体键合线厚度等。在减小 HTP 的粒径以增加界面面积从而减少处理时间方面可能存在问题。例如，在较小的粒径下，较差的润湿性和氧化性可能会更加明显。下一节将介绍其他问题。

9.5　润湿和微观结构的不均匀

在上一节中，改变 LTP 与 HTP 的比例和 LTP 层的厚度可以直接得出动力学的结论。当 HTP 的界面面积不变时，增加 LTP 的体积会增加 IMC 单位面积的厚度，从而增加最小加工时间。此外，增加 LTP 与 HTP 的比例通常会改善待键合表面的润湿性。对于含有 HTP 颗粒的系统，它也促进重新排列和致密化。然而，为了使这些关系真实，并最终生产出具有商业可行性的 TLPB 技术，需要对 HTP 进行均匀、可预测的润湿。

9.5.1 不完全润湿

如果低温相没有完全润湿高温相，则等温凝固消耗的低温相的实际厚度将大于该系统的最佳厚度，这意味着所需的凝固时间将随着厚度的 2 次方或 3 次方增加。此外，该键合将包含明显的孔洞和应力集中缺陷。图 9-12a 展示了这种局部润湿的情况，其中的助焊剂为 10μmSn 箔，位于两片单独的引线框架 Cu 片（5.6mm×5.6mm，经酸蚀刻）之间。

使用加热板将三层组件加热到 260℃，并保持 40min。由于熔化和润湿的不均匀性，如图 9-12b ~ d 所示，薄片包含润湿区和非润湿区，润湿区比初始 10μm 箔厚度厚得多。沿着润湿区域的边缘，随着 IMC 的形成，低温相回缩，导致裸露的 IMC，在该处，液体先前已经与基板接触，并且如图 9-12d 所示，界面处开始出现"裂纹"。这种固化现象称为"热撕裂"。通过在加热过程中创建更均匀的温度场，施加压力以在两个基板之间重新分配液体，使用还原性气氛，可以改善在 TLPB 中使用箔系统的润湿性，改善基板的平面度，并确保有足够的液体完全润湿 IMC 生长开始前，在加热表面形成两个基板之间的桥梁。

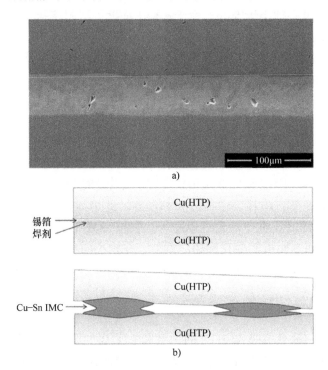

图 9-12 TLPB Sn-Cu 中的键合使用 10μm 纯 Sn 箔，免清洗的 RMA 助熔剂在低压（28kPa）260℃下连接 Cu 引线框架基板长度为 40m

a）一个具有良好的润湿性的区域　b）TLPB 横截面示意图，显示了理想的润湿条件（顶部）和最终的部分润湿条件（底部），并带有夸大的缺陷（非平面性，不规则的生长前沿和热撕裂）

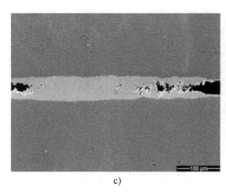 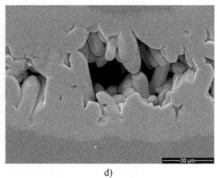

c) d)

图 9-12　TLPB Sn-Cu 中的键合使用 10μm 纯 Sn 箔，免清洗的 RMA 助熔剂在低压（28kPa）
260℃下连接 Cu 引线框架基板长度为 40m（续）
c）润湿区域的边缘显示热撕裂　d）暴露的 Cu-Sn IMC

在 Cu-Bi-Sn 系统中，在加热板上预热两个助焊剂基板，在一个基板上滴下两个直径为 500μm 的焊球，然后将焊球润湿并散布在整个基板上，以目标键合线厚度完全润湿 Cu-Bi-Sn 系统，然后将第二个基板与熔化的焊料接触，用轻微的压力将两者压在一起。液相线上方的总时间为 5 ~ 10s。将连接的基板冷却，然后退火形成等温固化键。其他几项研究表明，如果压力足够高，如果连接的表面对于使用的 LTP 量足够平坦，并且其他影响得到控制，则完全润湿结构在基于箔的系统中是可能的。

9.5.2　瞬态液相烧结系统中液体的再分布和多孔隙的形成

在基于颗粒的瞬态液相烧结（TLPS）系统中，由于低熔点相的熔化和再分布到团聚的 HTP 颗粒簇中，因此也可能出现与低熔点相颗粒尺寸大小相同的孔隙率。此外，由于颗粒的简单几何布置，可以形成液体和空隙的孔洞，如图 9-11e 和图 9-13 所示。这表明与低温熔化相的理想均匀层厚度有着很大的偏差。Flanagan 等人[23] 和 Greve 等人[26, 27] 指出，如果将 Cu 与低温相颗粒混合在一起形成膏体[23]，在等温凝固键中这种孔隙率仍会保留。当低温相颗粒熔化时，液体会湿润 Cu 颗粒，毛细作用力将 Cu 颗粒拉在一起，但并不一定会导致 Cu 颗粒重排。当 IMC 在相邻的 Cu 颗粒之间形成时，该结构变得刚硬。这就在低温相颗粒所在的地方留下了孔洞，由于 IMC 的刚性互连结构，这些孔洞无法去除。此外，膏体配方的作用也很重要，包括粒径的差异、LTP 组成的差异和助焊剂。Pan 和 Yeo[65] 对含 Cu、Sn 合金颗粒和 Sn-bi 合金颗粒、助焊剂和聚合物添加剂的三种不同膏体进行了工艺优化研究。结果表明，控制回流参数可以显著减少大孔洞的形成，改善由此产生的键合结构的机械性能和热性能，如图 9-14 所示。

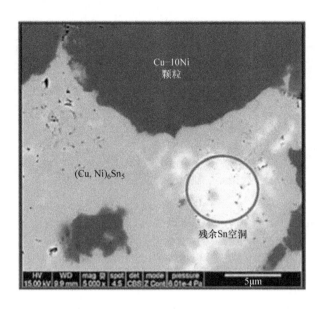

图 9-13　使用 Cu-10 Ni wt% HTP 颗粒和 Sn-Ni LTP 制备的 Cu-Ni-Sn TLPS 键的横截面，展示了（Cu，Ni）-Sn IMC 和未反应的 Sn 在颗粒连接处形成；TLPS Cu-Ni-Sn 键中 HTP 颗粒之间残留的 Sn 孔洞 [16]

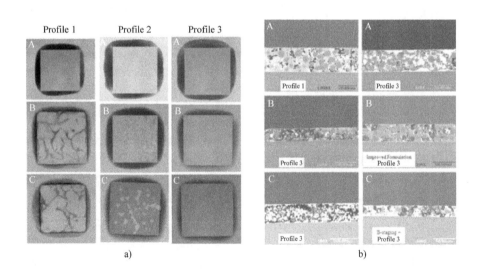

图 9-14　工艺优化显示了使用三种不同的热回流曲线得出的三种膏体配方的结果

a）处理后 TLPS 样品的 X 射线图像　b）不同形貌下不同 TLPS 试样的 SEM 照片显示，相同材料加工后的孔隙和微观结构发生了显著变化 [65]

在最近的一项研究中，Chen 等人通过使用 Cu-Sn 核壳颗粒在 30MPa 下形成预型件，并在加工/反应过程中施加轻负荷，消除了 TLPS 的这些问题[11]。通过该过程，可以形成具有最小孔隙率的高密度键，并为 IGBT 应用提供可接受的机械，热和电气性能。应该注意的是，必须针对所考虑的特定应用和几何形状的所有新配方进行工艺优化研究。

9.5.3　等温凝固和固态转变过程中孔隙的形成

TLPB 系统中多孔隙的形成还有其他几个需要避免的根本原因。这些原因包括

1）在液态形成之前的加热过程中，固态 IMC 的形成消耗 Sn；

2）等温凝固后在键合形成和 IMC 平衡过程中的体积变化；

3）由于 HTP 的消耗而脱胶；

4）助焊剂的残留。

就固相反应过程中的孔隙形成而言，Bosco 和 Zok 的研究表明，如果在形成任何液体之前完成 Cu-Sn 系统中 IMC 的形成，则沿键合的中线会形成明显的孔隙[8]。孔隙形成的临界极限由 LTP 厚度、目标反应温度和升温速率决定。对于金属基板上的电镀 LTP 相而言，这是一个特别的问题，在诸如 Sn-Cu 系统中，IMC 的生长始于室温。这可能导致薄 Sn-Ag TLPB 键合在大约 10 ~ 300℃/min 的加热速率下形成多孔隙[75]。Chuang 等人也观察到了中线孔隙的形成。对于 Sn-Ni 键合，它们在 LTP 液相线温度以上部分反应，然后在固相线温度以下退火以消耗 Sn[18]。与 Bosco 和 Zok 一样，他们将孔隙形成归因于沿中线的一些大 IMC 颗粒的撞击，因为随着邻近区域 IMC 的持续增长，这限制了体积变化的适应能力。他们发现，在 Sn 中加入 2.4 wt% Ag 可以消除孔洞的形成，这可能是由于 Ag_3Sn 快速粗化填充孔洞所致。

第二个导致孔洞形成的原因是等温凝固平衡过程中 IMC 相分数的变化引起的体积变化。Budhiman 等人观察到在 300℃形成的由 Ni_3Sn_4 和 Ni 组成固体的 Ni-Sn TLPB 键中，沿中线出现明显的孔洞生长，随后在 600℃发生反应，形成 Ni_3Sn_2 和 Ni_3Sn，如图 9-15[10] 所示。在初始键合过程中，Sn 被挤压到键的边缘，在高温退火过程中 Sn 继续形成 IMC，从而加剧了孔洞的形成。多孔洞的第三个根本原因是，当薄的电镀 HTP 层不仅与 HTP 一起形成 IMC，还与下面的底层金属化层一起形成 IMC[17]。助焊剂截留还会对两个反应前沿的撞击形成物理屏障，从而导致中线孔隙形成[17]。

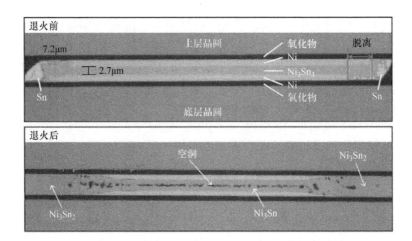

图 9-15　Ni-Sn TLPB 键合的光学显微镜截面图，显示了（顶部）在 300℃下使用 0.5bar[⊖] 的压力制作 20min 键合 Ni₃Sn₄/Ni。请注意，未反应的 Sn 在制造过程中被迫脱离键合，而 Ni₃Sn₄ 的中线孔隙率线较小（底部）；在 600℃退火 24h 后，伴随着向 Ni₃Sn 的转变以及形成残留 Sn 的 Ni₃Sn₂ 的形成，明显形成了孔洞[10]

9.6　商业电子产品的应用和技术要求

9.6.1　应用温度

TLPB 已被提出应用于各种需要高温兼容性的电子产品中。汽车、航空航天和深井应用通常在文献中被引用为需要在更高温下操作的行业[15]。电力电子半导体市场的变化也需要新的互连解决方案。与硅基器件相比，这些电力电子器件效率更高，由于它们的面积较小，往往在更高的温度下工作，热通量也更大。背面贴装或管芯贴装是高铅焊料的常见应用，目前不受 RoHS 法规的约束，RoHS 法规已将全球大多数消费市场推向无铅焊料的使用。

汽车和航空航天行业的电气化预计将增加对可以在恶劣条件下维持高温应用的互连技术的需求[15]。正如 Chin 等人所述，根据 DaimlerChrysler 的一份报告所示，安装在发动机舱中的设备可承受的最高工作温度为 200℃。传感器和电子控制装置在整个车辆中的广泛布置也意味着互连技术将需要承受甚至更高的极端温度，对于轮式安装的部件，最高温度为 300℃，对于燃烧系统，最高温度为 500℃，而在排气系统中，最高温度为 800℃。随着线控飞行技术的普及，电力电子的热管理越来越受到航空航天业的关注。

⊖　1bar=10⁵Pa。

9.6.2　应用需求

可能的应用温度范围涉及排气系统的高铅焊料（室温至 200℃）加热至 800℃ 的范围。不管高温应用如何，都必须满足以下性能、特性和可加工性要求，根据 Chin 等人 [15] 和 Manikam 等人 [49] 的综述所总结，并且进行了一些补充和修改 [15, 49]。具体如下：

1）对于焊料：特定应用的适合的固相线和液相线温度，例如，在 ≥ 260℃ 的条件下，用于替代高铅焊料，甚至在更高的温度下用于其他应用；

2）对于非焊料替代品：可在合理的温度下加工，在使用温度附近没有液体形成；

3）可接受的润湿性和附着力；

4）低毒性；

5）合理的成本；

6）导热率小于 20 ~ 30W/(m·K)；

7）高导电率；

8）良好的耐腐蚀性；

9）粘接内应力松弛的延展性；

10）热冲击可靠性；

11）热力学疲劳强度；

12）有能够适应芯片和基板之间 CTE 不匹配的能力；

13）在使用温度下具有长期稳定性；

14）可在大批量生产中制造；

15）可再加工。

由于无法在大批量生产中为广泛的应用提供替代方案来满足这些要求，导致 RoHS 豁免 7（a）继续适用于"高熔点型焊料中的铅（即铅含量为 85% 或 85% 以上的铅基合金）"。

可以根据给定技术的内在和外在行为来检查上面列出的属性、性能和处理需求。例如，纯单晶金属的导热性和导电性是固有特性。然而，在大多数应用中，掺杂剂、杂质、第二相颗粒和缺陷（例如位错和晶界）会产生散射部位，从而导致电导率降低。微观结构产生了材料的大部分外在行为，对导电性和导热性以及上面列出的大多数其他要求都有显著的影响。例如，孔隙的存在和空间分布可以显著降热导率和电导率，这是众所周知的焊点互连。考虑以下三种具有孔隙度的固体情况：

1）50% 孔隙度在致密基质中以孤立孔隙的形式分布；

2）孔隙率为 50% 但没有颗粒与颗粒键合的颗粒致密体；

3）具有与基板的界面裂纹的致密固体。

在第一种情况下，热导率和电导率将比整体值降低约50%。对于第二种情况，颗粒之间只有点接触，导致非常高的接触电阻／低电导率[34]。在第三种情况下，如果裂纹跨越整个界面，则结构的电导率由气隙上的电导率决定。微观结构和微观结构的演变决定了TLPB互连的外部行为，必须针对特定应用进行优化。

在针对特定应用选择技术时，考虑多个标准的常见方法是通过加权决策矩阵评估。表9-2列出了用于比较芯片连接材料候选物的加权决策矩阵，该矩阵由iNEMI高温无铅芯片连接材料项目创建。具体特性的重要性取决于应用的要求和整个系统的具体特性。在某些情况下，一项技术必须满足及格-不及格等级，因此，由于一项特性而导致的失败将使该技术不再需要进一步考虑。数值分数（0～5）分配给应用程序设置的不同性能级别，分数越高越好。每个分数乘以它的权重因子（此处未显示），然后对给定技术的所有分数求和，得出一个总分，可以与其他选择进行比较。在许多情况下，建立加权决策矩阵的真正价值是澄清应用的需求，检查各种技术的不足之处，并确定是否可以使用设计或处理的其他部分来克服这些限制。在某些情况下，我们发现某些标准不是绝对的，可以权衡其他标准，也就是说，权重因素可以在进一步分析结果后进行修改。

表9-2　评分因素与关键特性的商业适用性，旨在比较不同的模具附加技术

特征	单位	0	1	2	3	4	5
是焊接材料吗	—	×	否	是			
相对高铅焊料的成本（Pb5Sn）	—	×	>100倍	10～100倍	5～10倍	2～5倍	<2倍
最终键合的熔化温度	℃	×	<260	≥260	≥280	≥300	≥350
使用温度	℃	×	<150	<175	<200	<250	>250
刚度（系数）	GPa	×	>100	80～100	50～80	20～50	<20
可用于的产品	—	×	晶体管	二极管	晶闸管	整流器，逆变器	MOSFET，IGBT功率模块
表面金属化相容性	—	×	Cu	Cu，Ag	Cu，Ag，NiAu	Cu，Ag，NiAu，NiPdAu	Cu，Ag，NiAu，NiPdAu，Ag厚膜
热导率	W/(m·K)	×	0～10	10～25	25～50	50～100	>100
电导率	μΩ·m	×	>100	<100	<50	<1	<0.2
湿气敏感等级（MSL）	—	×	6	3	2a	2	1
可靠性（疲劳破坏周期数）	℃	×	最大125	最大150	最大165	最大175	最大200

（续）

特征	单位	0	1	2	3	4	5
热膨胀系数（CTE）	ppm/℃	×	>80	40～80	20～40	10～20	<10
加工温度	℃	×	<200	200～250	250～300	300～400	>400
加工压力	MPa	×	>50	>10	1～10	<1	无
加工气氛	—	×	其他	真空	合成气体	N_2	空气
加工时间	—	×	>1h	<1h	<30min	<10min	<1min
技术成熟度	—		研发水平	—	小规模批量生产	—	大规模批量生产
材料类型	—	×	膏体	—	预制件	线材	薄膜
如果是膏体，则膏体类型	—	×	配药	—	印刷	—	都可以
清洗	—	×	其他	化学洗	水洗	—	不需要
返工	—	×	不，组分会被破坏	可能可以，但是将需要更多的步骤	—	大多数可以	是的，与传统的返工技术相匹配
芯片大小兼容性	—	×	<4mm²	4～16mm²	16～36mm²	36～100mm²	>100mm²
潜在的电迁移	—	×	可能				不可能

　　如相对分数所示，此处显示的评分系统评估了高熔融温度、高工作温度、高热导率和电导率以及低 CTE。可靠性、耐腐蚀性、电迁移和其他复杂标准的评分通常基于与基准材料相比的标准化测试的性能，或基于一系列实验室测试来评估影响更复杂标准的特性。例如，出于可靠性考虑，这些可能包括组件的热循环测试，包括在特定测试条件下对组件的破坏循环以及拉伸测试中的应力应变行为，断裂韧性，各种弹性模量，延展性，冲击测试，以及后者的蠕变率。（包括前者在特定试验条件下的失效循环，以及后者在拉伸试验中的应力应变行为、断裂韧性、各种弹性模量、延展性、冲击试验和蠕变率。）

　　另一种方法是使用"蜘蛛"图，如图 9-16 所示，在特征的基础上进行定量的，更直观的比较。对于满足及格或不及格向下选择准则的候选系统，其特征分布在一个分面圆（多面圆）的外圆周上。一项技术的每一项特征的得分将在六个等级中的一个上进行标记，这个等级由他们的得分（0～5）决定。可以更改特征的顺序以反映优先级，并且个体特征的权衡可以比使用复合分数更加明显。

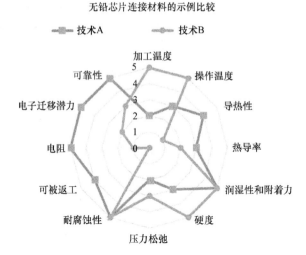

图 9-16　比较两个使用多种特性的芯片连接技术的示意性蜘蛛图

表 9-3 列出了三种常用的 Sn 基金属间化合物的一些关键特性，可用于技术比较。

表 9-3　TLPB 常用金属间化合物的性质（NIST 发布的室温性质）[22]

相	Cu_6Sn_5	Cu_3Sn	Ni_3Sn_4
转变温度 /（℃）	415	638	798
维氏硬度 /（kg/mm²）	378±55	343±47	365±7
韧性 /MPa²$\sqrt{m}$	1.4±0.3	1.7±0.3	1.2±0.1
弹性模量 /GPa	85.56±1.65	108.3±4.4	133.3±5.6
泊松比	0.309±0.012	0.299±0.018	0.330±0.015
热膨胀系数 /（ppm/℃）	16.3±0.3	19.0±0.3	13.7±0.3
热扩散系数 /（cm²/s）	0.145±0.015	0.240±0.024	0.083±0.008
热容 /[J/（g·℃）]	0.286±0.012	0.326±0.012	0.272±0.0012
电阻率 /（μΩ·cm）	17.5±0.1	8.93±0.10	28.5±0.1
密度 /（g/cm³）	8.28±0.02	8.90±0.02	8.65±0.02
热导率 /[W/（cm·℃）]	0.341±0.051	0.704±0.098	0.196±0.019

9.7　瞬态液相键合设计的一般热力学框架

加工温度和时间、操作温度和时间，以及在等温凝固键的相稳定性方面和耐久性要求可以转化为基于成分和温度的热力学约束。大量的数据和文献详细描述了各种低熔点金属与高熔点金属接触时的平衡相和反应动力学。在这里，我们提出了一个将这些数据与 TLPB 设计的热力学评估相结合的框架。引入了用于评估特定的二元、伪二元和多元体系的简单标准。此外，"处理状态图"和"反应图"

被用作两种可视化技术，通过使用扩散偶 / 互扩散实验来识别反应过程中缺失或亚稳态的相，从而扩展热力学数据的解释，从而设计三元和高阶多元 TLPB 系统。

TLPB 的一般热力学准则的基础如下：

1）所需的与 HTP 反应的 LTP 的熔化温度；

2）结合液体适当成分的选定 IMC 的形成；

3）对于三元及以上，连接终端液体成分，IMC 和在等温凝固过程中析出的任何其他相的三相平衡；

4）特定应用中特定操作温度下产物相的液相形成的反应温度。

准则 1 既适用于二元又适用于多元体系。例如，使用 Cu-Sn、Ni-Sn 和 Ag-Sn 等常见二元体系下进行加工，必须在纯 Sn（232℃）的熔化温度以上进行。在三元和多元体系的情况下，必须在 LTP 的固相线温度以上且通常在 LTP 液相线温度以上进行处理，以便有足够的液体组分存在以润湿 HTP。

准则 2 的应用要求相关的液体组分在加工温度下与包含所需液体组分的 IMC 控制相平衡。由于 HTP 组分在液体中可能存在一定的溶解度，因此与之相关的是 HTP 饱和液体的平衡。当 IMC 层通过相互扩散形成时，一般假定在各界面处均满足局部平衡。在三元体系中，一种元件不能合并到 IMC 中。这样的体系将调用标准。

准则 3 要求固相从非反应组分通过其与终端液体组分和期望的 IMC 相的平衡等温形成。

准则 4 表明在加工过程中形成的相必须在预期的操作温度下保持稳定和固态。对准则 4 的考虑对创建特定阶段的处理条件有影响，这些阶段不仅在处理过程中稳定，而且在运行过程中也稳定。

下面根据这些标准对 TLPB 中 Cu-Sn、Ag-Sn 和 Ni-Sn 这三种最重要的二元体系进行分析。在二元体系中，基于 4 个准则的可能处理和使用范围可以直接从相图中读取：三相不变量（共晶和包晶反应）的位置是二维空间温度与成分相图图中的点。在二元系统中对这些不变量的识别有助于理解当添加其他元素以形成三元时如何发生更复杂的反应。

在三元体系中，二元体系的平衡并不是发生的唯一反应。例如，对于一个三元体系，可能存在四相平衡点，例如在三元共晶中，液体在特定的成分和温度下转变为三相。同样，也有包晶、共析和包析。对于 TLPB 来说特别重要的是附加的四相不变式，其中两个固相转化为液体加另一个固相。涉及液相的四相不变反应分类如下：

Ⅰ类不变量：液体中的三元共晶反应 $\leftarrow \rightarrow \alpha+\beta+\gamma$

Ⅱ类不变量：液体中包共晶反应 $+\alpha \leftarrow \rightarrow \beta+\gamma$

Ⅲ类不变量：液体中三元包晶反应 $+\alpha+\beta \leftarrow \rightarrow \gamma$

通过比较三元相图的等温截面，以及通过基于 CALPHAD 的软件进行热力学计算，可以在特定体系中识别这些特征。对于 TLPB 设计，所有处于固态的四相反应（共析、包共析和包析）也很重要，因为通过持续的相互扩散形成更高温度的相可能需要在等温凝固过程中先前形成的相消失。接下来将展示一系列三元实例，以说明导致不同组成和温度变化的阶段，以及这些变化如何限制加工条件和组成范围。

本节说明了相图是 TLPB 设计的起点。相图显示了在某些组成和温度范围内处于平衡状态时可能预期出现的相。达到平衡意味着，在二元成分体系中，只有两相存在。TLPB 过程是互扩散过程，本质上是非平衡的，根据温度、时间、起始成分和几何形状的不同，多个相通常保持在等温凝固键中。此外，在相互扩散和等温凝固过程中，相图中的某些平衡相可能不会形成。下面的内容将根据这些不变反应、从相图中预测的相序列以及相作为成分、温度、时间和样品几何形状的函数来讨论 TLPB 合金设计。

9.7.1 二元瞬态液相键合系统

1. Cu-Sn

Cu-Sn 相图（见图 9-2）已在 9.2.1 小节中进行了描述。考虑 Cu-Sn TLPB 键从接触 Cu 的纯 Sn 开始。等温凝固的范围在图 9-2 中显示为 A，温度为 227～415℃，形成 Cu_6Sn_5；B，温度为 415～638℃，形成 Cu_3Sn；C，γ 的三个较高范围；D，β；E，（Cu）。如参考文献 [56] 中详细描述的，在 Cu-Sn 体系中存在 13 个不变平衡，其中 5 个涉及液相，因此与纯 Sn 与纯 Cu 反应有关：

1）在 227℃，液体 ←→ Cu_6Sn_5+（Sn）；

2）在 415℃，液体 +Cu_3Sn ←→ Cu_6Sn_5；

3）在 638℃，γ ←→ 液体 +Cu_3Sn；

4）在 757℃，液体 +β ←→ γ；

5）在 796℃，液体 +（Cu）←→ β。

9.2.1 小节提供了有关等温固化过程中预期反应随温度变化的其他详细信息。在 Cu-Sn 体系中需要注意的另一个特征是，如果键合在范围 A 中反应直至其不含 Cu_6Sn_5 或范围 B，则操作温度范围将扩大。在这种情况下，系统中的最低熔点 IMC 为 Cu_3Sn。如果将 Cu_3Sn 加热到 638℃以上，则当 Cu_3Sn 完全转变为 γ 时，它将保持稳定直到 677℃。这为等温凝固的键合提供了额外的 39℃ 固相稳定性，而没有剩余的 Cu_6Sn_5。

在等温凝固过程中，特定键合的微观结构和相含量将随着退火温度和时间的变化而变化，这可以根据热力学角度进行解释。Bosco 和 Zok 证明，在 400℃ 下对具有 20μm 厚 Sn 层的 Cu-Sn-Cu TLPB 键合进行退火只会产生与（Cu）（C）接触的 $Cu_{41}Sn_{11}$ 相（δ）。当将固态的键合加热到 550℃ 时，如相图所示，δ 转变为 γ（D），然后蠕变为 δ 和（Cu）颗粒的分散体。在 600℃ 退火原始 δ 键合，只有（Cu），即 Sn 在 Cu 中的固溶体（E）[7, 8]。

2. Ag-Sn

图 9-17 所示的 Ag-Sn 二元相图显示了等温凝固的三个温度范围：A，温度为 220 ~ 480℃，形成 Ag_3Sn；B，温度为 480-724℃，形成 ζAg；C，温度为 724 ~ 962℃，形成（Ag）[59]。在 A 中，两个 IMC 相中，Sn 与 Ag 的反应为 Ag_3Sn 和 ζAg；然而，在互扩散实验中通常只观察到 Ag_3Sn。互相扩散过程中缺少第二层 IMC 层，简化了 A 中 Ag-Sn 二元的分析。该体系中只有三个三元不变量：

1）在 220℃，液体 ←→ Ag_3Sn +（Sn）；

2）在 480℃，液体 +ζAg ←→ Ag_3Sn；

3）在 724℃，液体 +（Ag）←→ Ag。

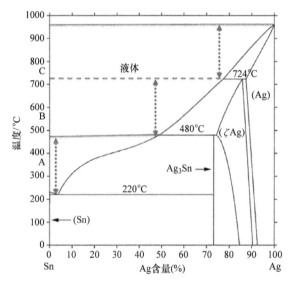

图 9-17　三个不同 TLPB 反应区的 Ag-Sn 相图（修改自 NIST[59]）

这使得在 TLPB 系统中使用 Ag-Sn 在相演化方面变得简单明了。有关 Sn-Ag 的相演变的更多细节，请参见参考文献 [44]。如上所述，必须控制工艺条件，避免因其金属间化合物生长速度比 Cu-Sn 快，以及等温凝固后继续退火导致体积变化而形成孔隙。

3. Ni-Sn

由于在电子学中使用了 ENIG、Au/Ni 和 Au/Ni-p 表面处理，所以 Ni-Sn 二元体系与 TLPB 高度相关。图 9-18 的 Ni-Sn 相图显示了三个共晶反应、一个包晶反应、两个共析反应和三个同熔点。如果只考虑与 TLPB 相关的 Sn 和 Ni_3Sn_2 之间的反应，则不变反应为

1）在 232℃，液体 ←→ Ni_3Sn_4 +（Sn）；

2）在 795℃，液体 + Ni_3Sn_2 ←→ Ni_3Sn_4；

3）在 1294℃，液体←→Ni_3Sn_2。

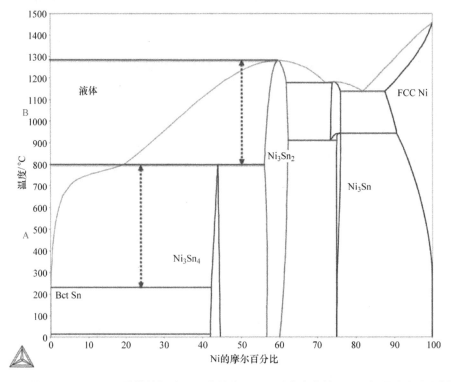

图 9-18 使用 ThermoCalc 计算并标注了两种特定 TLPB 反应方案的 Ni-Sn 相图（彩图见插页）

这导致了 TLPB 的两个相关温度范围：A 温度为 232～795℃，B 温度为 795～1294℃。尽管二元体系的简单性使其非常有吸引力，但 Ni 通常与 Au 表面精加工层结合使用并与 P 或 W 共沉积。具有 P 会使反应变成三元体系，并可能增加其他稳定性问题，包括针状的 IMC 的生长，Ni-P 和 Ni-P-Sn 三元化合物的形成以及反应期间 IMC 的剥落 [33, 43]。另外，前面提到的 Ni-Sn 的孔隙形成趋势将需要仔细的几何设计和过程控制才能成功应用。正如在固态反应中观察到的那样 [18]，使用 Sn-Ag LTP 而不是 Sn 可能会消除一些孔隙率。

9.7.2 三元体系

因为三元体系中有三个相处于平衡状态，从而提供了更广泛的成键机会，中间 IMC 相之一可能发生的转变由于连续扩散而消失，而 II 类反应则消除了相的形成，从而限制了使用温度。这里所描述的体系均为 Sn 型，包括

1）Ag-Cu-Sn；

2）Cu-Ni-Sn；

3）Ag-Bi-Sn、Bi-Cu-Sn、Bi-Ni-Sn。

通过对 Ag-Bi-Sn、Ag-Cu-Sn 和 Bi-Cu-Sn 体系的热力学和互扩散 / 反应路径进行深入研究，热力学框架可以直接应用。尽管在热力学跃迁和相互扩散 / 反应路径行为的认识上存在差距，但涉及 Ni-Cu-Ni-Sn 和 bi Ni-Sn 的两种体系为 TLPB 提供了让人感兴趣的机会。

1. Ag-Cu-Sn

9.2.3 小节介绍了与 Ag-Cu-Sn 体系有关的 TLPB 的最低温度反应[57]。为了考虑整个处理的可能性和温度范围，就必须考虑在 Ag-Cu-Sn 体系中的 9 个三元不变量，如下所示：

1）发生温度大约在 216℃，$L \longleftrightarrow Cu_6Sn_5 + Ag_3Sn + (Sn)$；

2）发生温度大约在 356℃，$L + Cu_3Sn \longleftrightarrow Cu_6Sn_5 + Ag_3Sn$；

3）发生温度大约在 459℃，$L + \zeta - Ag \longleftrightarrow Cu_3Sn + Ag_3Sn$；

4）发生温度大约在 574℃，$L + (Ag) \longleftrightarrow \zeta - Ag + Cu_3Sn$；

5）发生温度大约在 611℃，$L + (Ag) + Cu_{10}Sn_3 \longleftrightarrow Cu_3Sn$；

6）发生温度大约在 613℃，$L + (Ag) + \gamma \longleftrightarrow Cu_{10}Sn_3$；

7）发生温度大约在 550℃，$L \longleftrightarrow \gamma + Cu_{10}Sn_3 + Cu_3Sn$；

8）发生温度大约在 636℃，$L + (Cu) \longleftrightarrow (Ag) + \gamma$；

9）发生温度大约在 642℃，$L + \beta \longleftrightarrow (Cu) + \gamma$。

这些三元不变量改变了相对于二元的处理和使用温度限制。例如，当 Cu_6Sn_5 在等温凝固键中存在时，Cu_6Sn_5 的最高使用温度低于 356℃，而不是 415℃，此时 Cu_6Sn_5 在 Cu-Sn 二元体系中变得不稳定。

2. Cu-Ni-Sn

由于二元相图的一些独特特性，已经在低温下研究了 Cu-Ni-Sn 三元体系的瞬时液相键合。Cu-Ni 体系具有如图 9-4 所示的众所周知的匀晶相图。Cu 和 Ni 都在二元金属间化合物中也表现出固溶性，例如（Cu, Ni）$_6Sn_5$。研究表明，微量 Ni 可以抑制 IMC 在冷却时的同素异形相变，即稳定高温六方（Cu, Ni）$_6Sn_5$[61]。除了相稳定性外，Cu-Ni 合金化还可能影响反应动力学，因为已知它会影响固态 Cu-Ni 基体在熔融 Sn 中的溶解速率和 IMC 生长速率[36]。在最近的实验中遇到的 Cu-Ni 特性的含义将结合几个例子进行讨论。

Cu-Ni-Sn 体系的三元不变量尚未确定，但 Schmetterer 等人已确定了不同温度下的相平衡[74]。在 400℃时，液态 Sn 与（Cu, Ni）$_6Sn_5$ 和（Ni, Cu）$_3Sn_4$ 平衡。当温度为 500℃时，Sn 与（Cu, Ni）$_3Sn$ 和（Ni, Cu）$_3Sn_2$ 平衡；当温度为 700℃时，Sn 与 γ 和（Ni, Cu）$_3Sn_2$ 平衡。这就是三元描述。

Greve 等人使用膏体展示将 Ag 金属化的 Si 芯片与 Ni 衬底进行 Sn-Cu-Ni 键合[27]。膏体包括纯 Cu、Ni 和纯 Cu/Ni 粉末 HTP 颗粒的混合物，并结合 Sn-3.5Ag LTP。处理过程在 300℃的惰性气氛中进行约 30min。施加压力（0.2MPa），以尽量减少孔洞的形成。Ni-Sn 和（Cu, Ni）-Sn 组织中孔洞较少。结构中残留的 Sn 表明液态 Sn 的不完全转化。芯片的剪切测试表明，键合的耐压强度为 10MPa，远远超过 Sn-3.5Ag 的熔化温度。在 10MPa 的剪切测试中，Cu-Ni 复合材料形成的键合能达到 435℃ 左右，与 Cu_6Sn_5 的熔化温度（415℃）一致。失效温度表明尽管有少量未反应的 Sn，但键合仍由 IMC 基板支撑。类似地，含 Sn 的 Ni HTP 的情况下，键合承受的最高温度为 600℃（测试极限），这与 Ni_3Sn_4 的熔化温度 798℃ 一致。混合的 Cu 和 Ni 微观结构分别在 Cu 和 Ni 界面形成 Cu_6Sn_5 和 Ni_3Sn_4 的竞争结构。在与 BGA 的反应中，一种基板是 Cu，另一种基板是 Ni，IMC 的相和组成随着老化而变化。

与混合的 Cu 和 Ni 粉末不同，Choquette 和 Anderson 采用了 Cu-Ni-Sn TLPB 体系，其中加入了 Cu-10Ni wt% HTP 合金粉末和 Sn-0.7Cu-0.5Ni LTP 粉末（SN100C, Nihon Superior 公司）。键合采用液相线（227℃）以上 30s 的回流焊工艺，峰值温度为 250℃。图 9-13 中的微观结构显示了 Sn（光相）和 Cu-10Ni 颗粒之间的（Cu, Ni）$_6Sn_5$（中灰色）层。注意，剩余的 Cu-10Ni 颗粒与（Cu, Ni）$_6Sn_5$ 层之间缺少（Cu, Ni）$_3$Sn。Baheti 等人提出的证据表明，在 200℃ 的（Cu, Ni）$_3$Sn 中，当 Ni 浓度等于或大于 7.5wt% Ni 时，其热力学不稳定。Baheti 等人也提出了热力学稳定相成核困难的问题[1]。Vuorinen 等人将（Cu, Ni）$_3$Sn 的缺乏归因于 240℃ 实验的动力学起因[80]。快速增长的（Cu, Ni）$_6Sn_5$ 相阻碍了热稳定性形成（Cu, Ni）$_3$Sn[80]。Lin 等人提出的（Cu, Ni）$_3$Sn 在 240℃ 下与 Cu-Ni 合金平衡的证据支持了动力学解释[42]。

因此，该系统最重要的特性是，它可以被视为两个伪二元系统。这可以通过比较 240℃ 的相图（如图 9-19a 所示）和我们所说的"反应图"（如图 9-19b 所示）来理解。该等温反应图示意性地显示了在 LPDB 体系所需的短退火时间内观察到的相。如上所述，在平衡相图中存在的许多二元和三元相在扩散对中缺失。与 Sn 接触时，Cu-Ni 合金的形态为（Cu, Ni）$_6Sn_5$ 或（Ni, Cu）$_3Sn_4$，当 Ni 浓度较低时，合金的形态为（Cu, Ni）$_3$Sn。这张图有助于可视化在不同 HTP 和 LTP 组成体系中由扩散对形成的结果相。进一步开发这种图表可能会对 TLPB 的设计应用有帮助。

3. 带有 Cu、Ni 或 Ag 的 Sn-Bi LTP

Sn-Bi 体系中的合金作为 LTP 具有吸引力，这是由于在 139℃ 附近 57wt%Bi 和 43wt% Sn 的温度发生在 Sn-Bi 的低温共晶反应中。Sn-Bi 体系是没有 IMC 的简单共晶体系。元素 Bi 也与 Ag（T_e=262.5℃）和 Cu（T_e=270.6℃）形成简单的二元共晶，没有 IMC。Ni-Bi 相图包含两个 IMCs，NiBi 和 $NiBi_3$，有两个包晶反应和 $NiBi_3$- Bi 的共晶反应（T_e=270.6℃）。在 Sn-Bi 共晶较深的情况下，Bi 的最大有效添加量仅受等温凝固的不变反应和反应路径的限制。在 Ag-Bi-Sn 和 Bi-Cu-Sn

体系中，Bi 在 IMC 中固溶度很低，在没有 Ag-Bi 或 Cu-Bi IMC 的情况下，（Bi）是唯一的含 Bi 相，并在 271℃熔化。Bi-Ni-Sn 体系中同时含有 Ni-Sn 和 Bi-Ni IMCs，使相图和反应路径更加复杂。

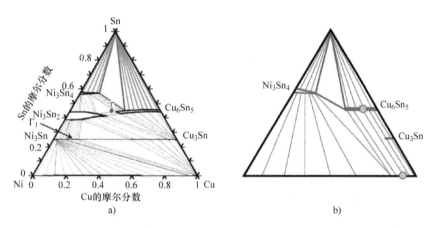

图 9-19　a）计算的 Sn-Cu-Ni 体系在 240℃下的亚稳态平衡：图中（Cu，Ni）$_6$Sn$_5$ 和（Ni，Cu）$_3$Sn$_4$ 以外的 Cu-Ni 侧的虚线反映了相平衡的不确定性。根据参考文献 [1] 的 200℃的等温线绘制 240℃等温线，无 Cu-Ni 混相间隙　b）反应示意图表示在 240℃左右由 Cu-Ni HTP 和 Sn 组成的扩散偶中观察到的相。黄色圆点表示 Cu-10wt% Ni HTP 合金的 Sn 完全消耗后剩下的最终相 [72]（彩图见插页）

4. Ag-Bi-Sn

Ag-Bi-Sn 的三元不变量均为共晶 [60, 62]：

1）在 137℃，液体 ←→ Ag$_3$Sn +（Sn）+（Bi）；

2）在 252℃，液体 ←→ Ag$_3$Sn + ζ − Ag +（Bi）；

3）在 263℃，液体 ←→（Ag）+ ζ − Ag +（Bi）。

Ag-Bi-Sn TLPB 的含义是含有 Ag$_3$Sn 的键会含有高于 252℃的液体，因此它们的加工和使用限制在 137 ~ 252℃。如果键含（Ag）和（Bi）的 ζ-Ag 中间相，键稳定到 263℃。

Ag-Bi-Sn TLPB 的含义是，含有 Ag$_3$Sn 的键将在 252℃以上包含液体，因此将其加工和使用限制在 137 ~ 252℃。如果该键仅包含（Ag）和（Bi）的中间相 ζ-Ag，则该键在 263℃时是稳定的。

5. Bi-Cu-Sn

Bi-Cu-Sn 三元不变量有 9 个，其中最重要的是等温凝固 [58]：

1）在 137℃，液体 ←→ Cu$_6$Sn$_5$ +（Sn）+（Bi）；

2）在 200℃，液体 + Cu$_3$Sn ←→ Cu$_6$Sn$_5$ +（Bi）；

3）在 270.2℃，液体 + Cu$_{44}$Sn$_{11}$ ←→ Cu$_3$Sn +（Bi）；

4）在 270.3℃，液体 +（Cu）←→ Cu₄₄Sn₁₁+（Bi）。

这些不变量的含义是，含有（Sn）的键合形成分别高于137℃的液体，高于 200℃的 Cu₆Sn₅，高于 270.2℃的 Cu₃Sn 和高于 270.3℃的 Cu₄₄Sn₁₁。可以在 NIST 的相图和计算热力学网页上找到其他 5 个不变量，但此处未包括这些变量，因为它们涉及高于 Bi 熔点的温度下的反应，Bi 的全部存在于液体中，并且键不能等温固化。

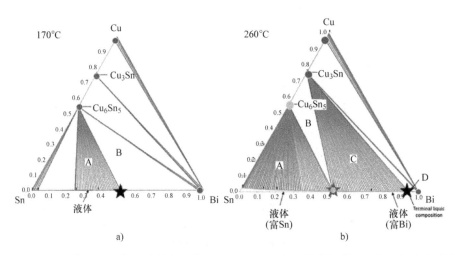

图 9-20　在 170℃和 260℃处计算得到的 Cu-Sn-Bi 三元相图的等温截面，根据温度和成分的不同说明了不同的相与饱和 Cu 和 Sn-Bi 液体的平衡；在 170℃，所有液体成分与 Cu₆Sn₅ 处于两相平衡，而不是 260℃，五角星图案之间的液体与 Cu₃Sn（ThermoCalc 的 TCSLD3）处于平衡（彩图见插页）

TLPB 中 Cu-Sn-Bi 的初步研究主要集中在低温下与 Cu 焊料颗粒配对的共晶 Sn-Bi，以利用 Sn-Bi 共晶温度为 137℃，使得加工温度显著低于传统的 Sn-Pb 或 SAC 焊接。LTP 中 Sn 成分旨在与 Cu 反应形成 IMC，而不反应的 Bi 溶质形成固态沉淀。D 'Hondt 和 Corbin 在温度低于 200℃的条件下，对 Sn、Bi 与 Cu 焊料颗粒的混合以及 Sn-Bi 与 Cu 钎料颗粒的共晶进行了 DSC 和 EDS 分析[19]。显微组织和热流分布分析表明，在 200℃以上存在"持续成液反应"，即固相 Bi 与 Cu₆Sn₅ 之间的 II 类反应。这作为准则 4 的限制。然而，通过对三元相图等温截面的计算分析，可以发现高 Bi 非共晶成分可以避免 Cu₆Sn₅ 的形成，如图 9-20 所示。增加 Bi 含量和热处理温度会导致 Cu₃Sn 的形成，而完全避免了 Cu₆Sn₅ 的形成。然后将准则 4 的极限提高到 Bi 的熔化温度 271℃，该温度在高 Pb，Sn-Pb 焊料的熔化温度的较低范围内[72]。

6. Bi-Ni-Sn

Bi-Ni-Sn 系统与 Ag-Bi-Sn 和 Bi-Cu-Sn 系统的不同之处在于，除了 Ni-Sn IMC 以外，还形成了 Bi-Ni IMC。文献中已经报道了多个亚稳态的 NiBi 和亚稳态的稳定三元相。Bi-Ni 体系的二元不变式为[46]：

1）在 271℃，液体←→Bi$_3$Ni +（Bi）；

2）在 465℃，Bi$_3$Ni ←→液体 + BiNi；

3）在 637℃，BiNi ←→液体 +（Ni）。

对于三元的 Bi-Ni-Sn，有两个用 ThermoCalc 识别的低温三元不变量：

1）在 137℃，液体←→Ni$_3$Sn$_4$ +（Sn）+（Bi）；

2）在 300℃，液体 + Ni$_3$Sn ←→Ni$_3$Bi$_2$ + Bi$_3$Ni。

在低于 271℃ 的温度下，所有 Sn-Bi TLP 合金都可以等温固化，并形成 Ni$_3$N$_4$ 和（Bi）。通过比较图 9-21a 和 b 中的交叉连接线，可以看到 II 类不变反应，将含 Ni$_3$Bi$_2$ 和 Bi$_3$Ni 的等温固化键限制在 300℃ 以下使用。在这两个部分中要注意的另一个重要特征是，在 271℃ 以上时，与 Ni 接触且 Bi 含量低于 94mol% 的所有 Sn-Bi 液体都会形成 Ni$_3$Sn$_4$，而该 Ni$_3$Sn$_4$ 在任何温度下都不与任何 Ni-Bi IMC 保持平衡。这意味着，除非 Ni$_3$Sn$_4$ 全部被 Ni$_3$Sn$_2$ 取代，否则键不能等温凝固，而 Ni$_3$Sn$_2$ 可以与 Bi$_3$Ni 平衡。Wang 等人的互扩散实验表明，这种情况比三元相图中出现的情况要复杂得多。在 300℃，大于 5 wt% 的 Sn 在与 Ni 的接触中，确实观察到了 Ni$_3$Sn$_4$。在 300℃ 处，Bi-2 wt% Sn 合金与 TLP 的界面出现 Ni$_3$Sn$_2$ 和 NiBi 相。需要在有限的 Sn-Bi TLP 供应下进行额外的相互扩散实验，以确定是否存在 Bi - Ni - Sn 键可以在 Bi 熔化温度以上凝固的加工方式。

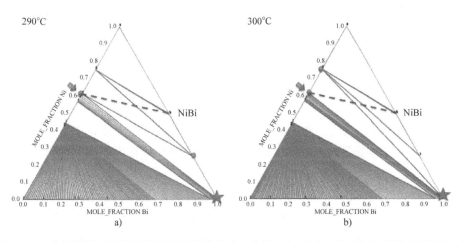

图 9-21　a）计算的三元等温线显示终端液体（五角星）与 Ni$_2$Sn$_3$ 和 Bi$_3$Sn 接触（圆圈），虚线显示在 II 类反应温度以下的反应过程中观察到的非平衡相　b）在 II 类反应温度以上，Ni$_3$Sn$_2$ 和 Ni$_3$Sn 与液体达到平衡。反应路径中含有 Ni$_3$Sn$_2$ 与 Ni-Sn 相接触（彩图见插页）

9.8 与竞争技术的比较

对 TLPB 设计的深入讨论必须将其与用于高温互连的竞争键合方法（如高温焊料、烧结 Ag 和填充 Ag 的环氧树脂）进行比较。许多文献作者回顾和比较了使用不同技术的化学键，然而，个别技术可能还没有得到优化，因此比较一般是定性的。在这里，将简要介绍其中几种技术，在关注每种技术的特性和限制的基础上，对这几种技术进行了优化，并进行了一些比较。

9.8.1 焊料

如前文所述，高铅焊料仍然具有重要的商业价值，并且由于多种特性而不受 RoHS 的限制。纯 Sn 和 Pb 在 232℃和 328℃时熔化，形成简单的二元共晶，参见图 9-1 的二元相图。因此，主要使用 Pb 的合金可用于高温应用（>260℃）和分层焊接。由于其广泛的应用，可靠性特征也是众所周知的。Pb-Sn 合金的主要特征是高熔点，高抗热疲劳性，耐电迁移性，长期可靠性以及对 IMC 形成的抵抗力，这也导致了 Sn-Pb[51] 的持续豁免权。

1. Au-Sn

Au-Sn 焊料合金目前用于高温应用中，例如微波器件、激光二极管、RF 功率放大器（射频功率放大器）和倒装芯片键合[20, 32, 35, 49]。对于 Pb-5Sn，Au-Sn 的热导率为 57W/（m·K），而 Pb-Sn 的热导率为 35W/（m·K）[13, 14]。但是，与诸如 Sn-Pb 的软焊料相比，Au-Sn 的硬度更高，这限制了其在小芯片面积中的应用。另外，可能需要诸如 Ni，Pd 或 Pt 的扩散阻挡层以防止金属间化合物的形成。

2. Au-Ge

Au-Ge 焊料可用于相对较高的熔化温度应用，因为它是一种简单的二元体系，在 360℃附近 30at%Ge 的情况下发生共晶反应。添加少量的合金（例如 In、Sb 或 Sn）可以进一步降低熔化温度[13]。Au-Ge 的导热系数也比 Pb-5Sn[（35W/（m·K）] 更高，为 44W/（m·K）。Au-Ge 的硬度也相对较高，但是少量添加 Sb（5 at.Sb）已被证明可以改善延展性[13]。但是，Sb 有毒，但毒性比 Pb 小得多。另一个限制是 Ge 不能轻易地电沉积。由于 Au 和 Ge 之间的电动势很大，因此腐蚀也是一个问题[13]。

3. Au-In

Chin 等人已经证明了 Au-In 加工温度可以低至 200℃，同时承受高达 450℃的温度，实现 GaAs 的互扩散键合[39]。在低温下，Au-In 在 Au 和 In 之间形成七个 IMC 相，即使在最短的反应时间内，AuIn2、AuIn 和 Au7In3 也可在 Au 和 In 之间的反应区中观察到[84]。

4. Bi-Ag

Bi-Ag 是另一种简单的二元共晶体系，二元共晶温度为 261℃。元素 Bi 的熔点为 270℃，但相对较脆，相对于其他焊料，其导热系数较低 [9W/（m·K）]。Ag 和其他掺杂剂的加入已被证明可以提高的延展性[49]。目前已经表明，增加 Ag 含量可以改善 Bi 在 Cu 基板上的润湿性能。文献中已经探索了各种掺杂剂[49]。目前已经开发出商用三元 Bi-Ag-X 焊料合金，它使用 Sn 作为掺杂剂，通过形成 Cu_6Sn_5 来促进润湿，从而将工作温度限制在 200℃左右[83]。

5. Zn-Al

Zn-Al 共晶接近 380℃，6wt%Al，这显示了一个有希望的熔化范围，没有任何 IMC，但合金是非常硬且脆[77]。各种掺杂剂也被证明如此[49]。然而，Zn 和 Al 的较差的润湿性和氧化性是重要的键合和可靠性问题[13]。

6. Zn-Sn

Zn-Sn 是一种不含 IMC 的简单二元共晶。与其他"硬"焊料不同，与金合金相比，它具有极强的延展性和廉价性。这些合金具有优异的润湿特性[77]。Sn 质量分数为 10%～30% 时，Zn-Sn 合金的导热系数在 100～110W/（m·K）范围内，超过了 Pb-5Sn 的热导率 [35W/（m·K）][77]。Zn-Sn 也具有极强的延展性。可靠性测试表明，在最高达 260℃的三次回流循环后，剪切强度并没有显著降低，这表明分层焊接应用的潜力。暴露于 85℃ 85% RH（相对湿度）下 1000h，只会在自由表面产生几微米的氧化物。使用 TiN 阻挡层，剪切强度可维持到 2000 次热循环（-40～125℃）。由于 Zn-Cu IMC 的形成，需要 TiN 层来抑制 IMC 的形成。已经证明成功的阻隔层可以在 360～380℃的温度下焊接 60s[77]。表 9-4 总结了 Menon 等人和 Suganuma 等人发表的数据[51, 77]。

表 9-4　高熔点焊料合金及其相关性能 [51, 77]

焊料成分	熔化温度 /（℃）	热导率 /[W/（m·K）]	CTE/（ppm/℃）	模量 /GPa	在室温下 0.2% 屈服强度 /MPa
Ag-20In	695	—	—	—	—
Au-12Ge	356	44	13	72.7	185
Au-20Sn	280	57	16	59	275
Au-3Si	363	27	12	83	220
Bi-11Ag	262～360	9（100%Bi）	—	37.2	约 33
Bi-11Ag-0.05Ge	262～360	—	—	37.2	约 33
Pb-5Sn	—	23	30	—	14
Sn-5Pb	—	48	23	—	约 40
Zn-（10～30）Sn	360	100～110	30	—	约 30
Zn-（4～6）Al-（Ga, Ge, Mg, Cu）	约 380	—	—	—	—

9.8.2 烧结银

由于纯 Ag[419W/（m·K）] 具有优异的导电性和导热性，Ag 烧结在芯片连接中的应用引起了人们的极大兴趣。与 Ag 的熔化温度（961.8℃）相比，烧结也允许相对较低的加工温度（100～300℃）[64, 76]。烧结过程中使用纳米或微尺度的 Ag 颗粒混合进使用有机粘接剂的膏体。颗粒的结合和致密化通过扩散发生，从而使总表面积和相应的表面能降低。在加工过程中也可施加压力，以促进致密化；然而，由于 Ag 的硬度，完全致密化可能不可取。相反，一些剩余的孔隙往往被设计到键合中，以提高依附性。最近，纳米级的 Ag 颗粒已被用于不需要施加压力的键合。

已知诸如烧结压力、加工温度曲线、有机膏体成分的选择、粒度分布、加工气氛以及表面金属化的类型等参数会影响所得的键合性能。Paknejad 和 Mannan 最近对 Ag 烧结文献进行了回顾，他们提取了这些参数，并根据剪切强度和热循环比较了性能[64]。平均初始抗剪强度随压力的增加而增加，但当压力超过 7.5MPa 时，平均初始抗剪强度下降。初始剪切强度与峰值加工温度之间没有明显的变化趋势。参数的组合必须针对给定的膏体配方进行优化，而不是简单地假设增加加工压力或温度会导致更大的剪切强度。表面金属化对平均初始剪切强度有一定的影响，特别是无压键合（粘接）。烧结的 Ag 键合的长期退火和热循环性能也对表面金属化成分和粗糙度敏感[76]。众所周知，Ag 和其他贵金属在 Ag 烧结过程中可以很好地键合表面。其他金属，如 Ni，必须足够厚，以防止底层 Cu 的氧化。氧化增加了烧结 Ag 键合与基板之间的 CTE 失配，从而导致早期热疲劳失效。热循环后的剪切强度比较有利于烧结压力的降低。这些结果表明，在较高的压力下增加的初始剪切强度和较低的加工压力下由于较高的孔隙率而增加的热循环寿命之间存在权衡。烧结 Ag 键的实际优化可能需要应用特定的测试。

9.8.3 导电胶

导电胶（Electrically Conductive Adhesire，ECA）利用高分子聚合物，通常是环氧树脂，提供机械连接和填充颗粒，如 Ag 片，提供电和热连接。使用环氧树脂的传统 ECA 得益于环氧树脂优异的附着力、低收缩率和抗机械冲击，成本合理[52]。Amoli 等人最近的一篇综述探讨了各种涉及颗粒尺度和形态的方法来改善 ECA 性能。Ag 片由于其优异的导热性和导电性，在 ECA 中得到了广泛的应用；然而，Cu 和 Ni 等金属也得到了应用。ECA 的使用受到其电导率和热导率的限制：与这里讨论的其他技术相比，ECA 的热导率 [约 10W/（m·K）] 和电导率（10^{-4}～$10^{-3}\Omega \cdot cm$）要低得多。由于 ECA 的导热性和导电性取决于一个接触颗粒的网格，所以颗粒之间的接触电阻限制了整体性能。最直观的解决办法是相对于环氧树脂含量增加焊料的比例。然而，当焊料的含量超过渗滤阈值时，对电导率的影响不再明显。给定 ECA 的渗透阈值表示颗粒发生持续连接的浓度。当焊料的浓度增加到超过渗滤液的阈值时，由于环氧树脂网格的减少，机械性能下降，因此没有什么好处。许多参数，如钎料的尺寸，形状和分散影响渗透极限。最近的发展集中在包含微米级或纳米级的颗粒上。例如，Wu 等人证明，相对于微米级的 Ag 颗粒，纳米级颗粒的渗透极限降低了 10wt%[81]。

9.8.4　与瞬态液相键合的力学性能比较

1966 年，仙童半导体公司的 Leonard Bernstein 首次展示了 TLPB 的潜力，他为半导体器件组装引入了固液互扩散键合，以解决分层焊接的限制。Bernstein 指出了在加工过程中发生的五个不同步骤：润湿、合金化、液体扩散、逐渐凝固和固体扩散，这是本章所述的加工步骤的一部分。利用温度为 200 ～ 450℃、拉伸时间为 10 ～ 120 min 的搭接剪切试样，测试了 Ag-In、Au-In 和 Cu-In 的搭接剪切键合的力学性能。在高于初始低温熔化温度的载荷下，加热搭接剪切键合，部分样品成功键合。本章的结论是，已经证明了利用这些技术可行的概念证明。建议将含 Sn 的多组分合金用于未来的工作[5]。1966 年，Bernstein 和 Bartholomew 发表了另一篇论文，在这篇论文中，键合材料的种类更多，包括 Au、Cu、Ni、镀铜铁镍合金、柯伐铁镍钴合金、镀镍钼、Au-Pt 膏体和镀镍金属化陶瓷在内的 HTP 键合表面。在 300℃下加压处理 60min 后，发现 Ag-In 键具有较高的抗拉强度。部分键从液氮到沸水进行了 150 次热循环，未出现明显的损伤[6]。

1. Cu-Sn

Greve 等人证明，使用 40wt% 的 Cu 颗粒，在 280℃下处理 30min 的 Cu 颗粒 -40wt%Sn LTP，在 400℃时芯片剪切强度为 14.6MPa，在 600℃时为 10.5MPa[26]。Chen 等人研究的 Cu-Sn、核壳结构在 400℃[12] 下的芯片剪切强度为 29.4MPa。而在此温度以上，由于 Cu_6Sn_5 的存在，形成了液体。

2. Cu-Ni-Sn

Greve 等人展示了将金属化的 Ag 与 Sn-Ni 和 Sn-Cu-Ni 键合，使用 TLPS 的膏体将 Si 芯片键合到 Ni 基板上。膏体包括纯 Cu，Ni 或纯 Cu/Ni 粉末 HTP 颗粒与 Sn-3.5Ag LTP 的混合物。在 300℃惰性气氛中于进行约 30min 的处理。施加压力（0.2MPa），以减少孔洞的形成。Ni-Sn 和（Cu，Ni）-Sn 微观结构中孔洞较少。结构中残留的 Sn 表明液态 Sn 的不完全转化；高温芯片剪切试验表明，该键合的耐受力为 10MPa，远高于 Sn-3.5Ag 的熔化温度。在 10MPa 的芯片剪切试验中，Cu-Ni 混合物形成的键合能达到 435℃左右，这与 Cu_6Sn_5，415℃的熔化温度一致。失效温度表明键合是由 IMC 基板支撑的，而未反应的 Sn 则有小块。同样，Ni-Sn 键合的耐受性达到 600℃（测试极限），与 Ni_3Sn_4，798℃的熔化温度一致。Cu 和 Ni 复合材料的微观结构分别在 Cu 和 Ni 界面形成 Cu_6Sn_5 和 Ni_3Sn_4 的竞争结构。

已知 IMC 的相和组成在与 BGAs 的反应中随时效而变化，其中一个基板是 Cu，另一个是 Ni[26, 27]。如 9.7.2 小节所述，需要额外的实验工作来确定稳定的温度。

3. Ag-Sn TLPB 与烧结 Ag 的比较

Bajwa 和 Wilde 比较了 Ag-Sn 多层 TLPB 预制体与优化烧结 Ag 在 1000 次热循环前后的性能（−40 ~ 150℃）[4]。烧结 Ag 和 Ag-Sn TLPB 的 SiC 肖特基二极管（1.66mm × 1.52mm）的平均剪切强度分别为 45MPa 和 39.8MPa。热循环后，芯片平均剪切力分别降低到 40MPa 和 37.5MPa。这些结果表明，直接比较 TLP 和 Ag 烧结的键合强度与其他文献报道的值是一致的。Paknejad 和 Mannan 对烧结 Ag 芯片连接材料的综述表明，初始芯片剪切强度可达 60MPa。根据加工条件和使用的颗粒尺寸，典型的初始芯片剪切强度在烧结后为 10 ~ 30MPa。这些结果与 Pan 和 Yeo 对其复合环氧 Cu-Sn-Bi TLPS 材料的芯片剪切力的测量结果相似，从 25℃下的 46MPa 变为 140℃下的 31MPa。这些实验提供了令人信服的证据，表明 TLP 键合的机械性能与烧结 Ag 和混合技术相比具有竞争力。

9.9 瞬态液相键合的工艺设计

本节先简要回顾了一些候选系统，以便提供有关实现 TLPB 的深层背景，并强调了其他研究人员开发的改进和最佳实践。这些实验表明，TLPB 的发展，特别是 Cu-Sn TLPB，已经从概念证明转向了工艺优化。本章前面讨论的设计参数和约束的实际重要性将在本节中讨论。

9.9.1 流程优化

Luu 等人[47]评估了用于晶圆级键合的 Cu-Sn 键的工艺参数。带薄膜的芯片和盖片在真空下键合，以评估其密封性能。配合加热和压力分布，重点是优化沉积 Sn 和 Cu 层的厚度。在加热过程中，Cu-Sn IMC 在纯 Sn 熔点温度之前形成。成功键合的关键特征是在熔化时确保有足够剩余的 Sn 层。压力的应用是必须的，用来重在界面新分配液体 Sn 和打破氧化物。但是，过高的压力会导致 Sn 被挤出。采用 1.5MPa 压力、270℃键合温度和 1.5μm Sn 厚度的粘接工艺，在切割后的成品率为 100%，密封的成品率为 80%[47]。

Liu 等人[45]研究了用于晶圆级键合和 3D 集成的 Cu-Sn 中的金属间化合物形成。而不是形成一个完整的结合，Si 电镀 Cu（5μm）和 Sn（3μm）层。Sn 层仍然是一个自由表面，以简化表征步骤。Sn 层仍然是一个自由表面，以简化表征步骤。IMC 的生长与文献一致，但沉积法导致的细小 Cu 晶粒尺寸增加了互扩散速率。在小尺寸下，斜坡速度（上升率）必须足够快，以防止液体形成前 Sn 层完全转化为 IMC。然而，快的斜坡速度会导致熔融 Sn 的滴液形成，导致 IMC 的形成不均匀[45]。

　　Bosco 和 Zok 研究了 Cu-Sn-Cu 键合的临界层间厚度。实验初步采用 10μm 的 Sn 中间层，在微小压力下以 5℃/min 的速度加热至 550℃，发现了明显的孔洞形成。孔洞的形成是由于相对缓慢的加热过程中 IMC 的形成。作者进行了一系列固态（<232℃）IMC 生长实验，以确定最小的 Sn 中间层厚度，以便在 Sn 熔化时保留足够的 Sn 以适应再分布。在此基础上，确定了临界夹层厚度与升温速率的函数关系。随后的 Cu-Sn-Cu 键合从 20 ~ 30μm 的 Sn 开始，解决了 10μm 层的孔隙问题[8]。

　　Garnier 等人也研究了 Cu-Sn TLP 键合在 3D 集成中的应用[25]。比较了连接芯片之间 Al 基板的 Cu-Sn 键合的四种不同构型。基板直径 25μm，间距 50μm。采用典型步骤，在顶部、底部两层晶圆上电沉积 1 ~ 2μm 的 Cu。在最上层的晶圆上电沉积了 5μm 的 Sn 层。一半的底部晶圆获得 3μm 的 Sn 层。在 200℃下进行 1min 的热处理，将其应用于每个相应晶圆的一半，以在 Cu-Sn 界面处建立 IMC 的现有层。在压力下于 250℃键合 1min。所制造的键合的横截面表明完全将液体 Sn 转化为 IMC。在从 40 ~ 125℃的 500 个热循环之前和之后，以 14℃/min 的升温速率收集电阻和机械剪切力的测量值。两侧均以 Sn 开头的配置要优于仅顶部为 Sn 的配置。但是，性能差异可能是由于总键合线厚度的变化，即 5μm Sn 对 8μm Sn，而不是由于底部最初缺少 Sn 而引起的缺陷。最有趣的是，尽管机理尚不清楚，在键合之前经过热处理引发 IMC 形成的构型也优于其他构型。热处理键的横截面似乎保持了很大的键合线厚度，这可能是由于液态 Sn 在键合时的减少。这些结果表明，在键合前进行热处理以引发 IMC 形成可能有利于其他键合。

　　这些实验证明了保持适当的 Cu 和 Sn 比例的重要性。在 LTP 熔化之前和之后都必须考虑 IMC 的形成。与其他过程相比，已证明 TLPB 对斜坡速率更敏感。有机粘接剂和溶剂的加入使这个问题复杂化，因为需要较慢的升温速率来适应脱气。可能需要逐个应用程序进行仔细的设计和流程优化。

9.9.2　新工艺和几何结构

　　Ehrhardt 等人提出了两种形成 Cu-Sn 键合的方法。更常见的方法是使用直径 8 ~ 45μm 的 Cu 粉、SAC405 焊料和不降低性能的溶剂的混合物。用不指定的压力把芯片压入印刷膏体中。第一步，在高于大多数 Sn 组分的熔化温度的条件下执行初始焊接步骤。如果没有助焊剂，Cu 的氧化物可防止 IMC 的形成。这样就可以重新分配 Sn，而无需形成防止重排和致密化的初始 IMC 网络。第二步，使用活化气体减少 Cu 的氧化物并引发等温凝固。在此过程中，芯片被压入 Cu 和无助焊剂的溶剂印刷混合物中。同样的气体用于减少 Cu 的氧化物，以避免使用助焊剂。焊料源被放置在基板上靠近芯片的地方。在熔化时，毛细作用力将富 Sn 的液体渗入到 Cu 颗粒的键合中。使用这些技术，在接近 250℃附近的加工温度下，证明实现了最小的孔洞形成和 Sn 到 IMC 的完全转化。从 55 ~ 125℃的被动热循环导致垂直裂纹形成，该裂纹通过 Si 芯片扩展。在其他情况下，观察到裂纹从键合的边缘扩展，并且芯片侧金属化层的粘接失败。这项工作表明，可以使用新颖的配置和加工技术来提高键合质量，特别是孔洞的形成[21]。Hongtao Chen 等人展示了一种新的核壳方法，利用电镀 Sn 的 Cu 颗粒来制备 TLPB。采用化学镀层法制备了 30μm 的 Cu 颗粒和 2 ~ 3μm Sn 的 Cu-Sn 预制件。在 30MPa 压力下，静置 1min，将清洁后的粉末压成约 400μm 厚的预成型件。通过使用峰值温度为 250℃ 12min 的回流焊，验证了 Sn 层完全转化为 Cu_6Sn_5 和 Cu_3Sn。使用预成型件进行键合制造需要施加 <0.5MPa 的压力，以确保在界面处完全接触。在 400℃时，平均抗剪强度为 29.35MPa。电阻率为 6.5μΩ·cm。热导率是 128 ~ 154W/（m·K）。热循环结果也很有前景。在合理的加工条件下，使用由核壳颗粒制成的预制体是一种具有成本效益的方法，来制造耐用、无孔洞的 TLP 键合[11]。

Bajwa 和 Wilde 展示了通过电镀 Ag 层和 Sn 层交替制备 TLPB 预制体。预成型体的整体成分约为 80% Ag。将三层和九层预制件沉积在钢板上。通过在 35℃ / min 下加热到 240℃并使用 5MPa 的接触压力从预制体中产生键合。即使经过热冲击，焊点的剪切强度仍为 35MPa。采用 Ag-Sn 预制体和 Ag 烧结两种方法安装 SiC 肖特基二极管。电学和热学性能与烧结 Ag 相当。从 40 ~ 150℃的 1000 次热循环也显示了良好的结果。使用交替层被证明是形成耐用、无孔洞的 TLP 键合的实用方法，其性能可与烧结 Ag 相媲美[4]。

9.10 结论

本章描述了创建瞬态液相技术的方法，这些技术满足特定的热力学和动力学标准，定义了适用于特定应用的组合物范围和加工条件。此外，还讨论了作者对以下问题的理解：

1）如何实现无铅技术所需的可制造性，以取代当前应用中的高铅焊料；

2）如何将这些技术扩展到更高温度的应用；

3）TLPB 技术与其他替代技术的比较。

本章介绍的基于 Sn 的 LTP 系统会继续主导该领域的研究。但是，正如对商用电子产品的 TLPB 研究所示，可以使用基于 In、Zn 和 Bi 的无 Sn LTP 成分作为其他技术的基础。

致谢

作者感谢美国普渡大学 NSF 冷却技术研究中心（NSF I/UCRC Grant IIP 0649702）的支持，以及丰田公司的 Shailesh Joshi 和 Eric Dede 对 TLPB 领域的重要见解和建议。

参考文献

1. V.A. Baheti, S. Islam, P. Kumar, et al., Effect of Ni content on the diffusion-controlled growth of the product phases in the Cu (Ni)– Sn system. Philos. Mag. **6435**, 1–15 (2016). https://doi.org/10.1080/14786435.2015.1119905

2. V.A. Baheti, S. Kashyap, P. Kumar, et al., Effect of Ni on growth kinetics, microstructural evolution and crystal structure in the Cu(Ni)–Sn system. Philos. Mag. **97**, 1782–1802 (2017). https://doi.org/10.1080/14786435.2017.1313466

3. V.A. Baheti, S. Kashyap, P. Kumar, et al., Bifurcation of the Kirkendall marker plane and the role of Ni and other impurities on the growth of Kirkendall voids in the Cu–Sn system. Acta Mater. **131**, 260–270 (2017). https://doi.org/10.1016/j.actamat.2017.03.068

4. A.A. Bajwa, J. Wilde, Reliability modeling of Sn-Ag transient liquid phase die-bonds for high-power SiC devices. Microelectron. Reliab. **60**, 116–125 (2016). https://doi.org/10.1016/j.microrel.2016.02.016

5. L. Bernstein, Semiconductor joining by the solid-liquid-interdiffusion (SLID) process. J. Electrochem. Soc. **113**, 1282–1288 (1966). https://doi.org/10.1149/1.2423806

6. L. Bernstein, H. Bartholomew, Applications of solid-liquid interdiffusion (SLID) bonding in integrated-circuit fabrication. Trans. Metall. Soc. AIME **236**, 405–412 (1966)

7. N.S. Bosco, F.W. Zok, Strength of joints produced by transient liquid phase bonding in the Cu-Sn system. Acta Mater. **53**, 2019–2027 (2005)

8. N.S. Bosco, F.W. Zok, Critical interlayer thickness for transient liquid phase bonding in the Cu-Sn system. Acta Mater. **52**, 2965–2972 (2004)

9. E. Bradley, C.A. Handwerker, J. Bath, et al., *Lead-Free Electronics: iNEMI Projects Lead to Successful Manufacturing* (John Wiley and Sons, Inc., Hoboken, New Jersey 2007)

10. N. Budhiman, B. Jensen, S. Chemnitz, B. Wagner, High temperature investigation on a nickel–tin transient liquid-phase wafer bonding up to 600°C. Microsyst. Technol. **23**, 745–754 (2017). https://doi.org/10.1007/s00542-015-2738-6

11. H. Chen, T. Hu, M. Li, Z. Zhao, Cu-Sn core – shell structure powder preform for high-temperature applications based on transient liquid phase bonding. IEEE Trans. Power Electron. **32**, 1–1 (2016). https://doi.org/10.1109/TPEL.2016.2535365

12. S.-W. Chen, C.-H. Wang, S.-K. Lin, C.-N. Chiu, Phase diagrams of Pb-free solders and their related materials systems. J. Mater. Sci. Mater. Electron. **18**, 19–37 (2006). https://doi.org/10.1007/s10854-006-9010-x

13. V. Chidambaram, J. Hattel, J. Hald, High-temperature lead-free solder alternatives. Microelectron. Eng. **88**, 981–989 (2011). https://doi.org/10.1016/j.mee.2010.12.072

14. V. Chidambaram, H.B. Yeung, G. Shan, Reliability of Au-Ge and Au-Si eutectic solder alloys for high-temperature electronics. J. Electron. Mater. **41**, 2107–2117 (2012). https://doi.org/10.1007/s11664-012-2114-6

15. H.S. Chin, K.Y. Cheong, A.B. Ismail, A review on die attach materials for SiC-based high-temperature power devices. Metall. Mater. Trans. B Process Metall. Mater. Process. Sci. **41**, 824–832 (2010). https://doi.org/10.1007/s11663-010-9365-5

16. S.M. Choquette, I.E. Anderson, Liquid-phase diffusion bonding: Temperature effects and solute redistribution in high temperature lead-free composite solders. Int. J. Powder Met. **51**, 1–10 (2015)

17. K. Chu, Y. Sohn, C. Moon, A comparative study of Cn/Sn/Cu and Ni/Sn/Ni solder joints for low temperature stable transient liquid phase bonding. Scr. Mater. **109**, 113–117 (2015). https://doi.org/10.1016/j.scriptamat.2015.07.032

18. H.Y. Chuang, T.L. Yang, M.S. Kuo, et al., Critical concerns in soldering reactions arising from space confinement in 3-D IC packages. IEEE Trans. Device Mater. Reliab. **12**, 233–240 (2012). https://doi.org/10.1109/TDMR.2012.2185239

19. T. D'Hondt, S.F. Corbin, Thermal analysis of the compositional shift in a transient liquid phase during sintering of a ternary Cu-Sn-Bi powder mixture. Metall. Mater. Trans. A **37**, 217–224 (2006). https://doi.org/10.1007/s11661-006-0166-z

20. J. Doesburg, D.G. Ivey, Microstructure and preferred orientation of Au-Sn alloy plated deposits. Mater. Sci. Eng. B Solid-State Mater. Adv. Technol. **78**, 44–52 (2000). https://doi.org/10.1016/S0921-5107(00)00515-8

21. C. Ehrhardt, M. Hutter, H. Oppermann, K. Lang, A lead free joining technology for high temperature interconnects using transient liquid phase soldering (TLPS), in *Electronics Components & Technology Conference*, 2014, pp. 1321–1327

22. R.J. Fields, S.R. Low, G.K. Lucey, Physical and mechanical properties of intermetallic compounds commonly found in solder joints, in *The Metal Science of Joining*, (TMS, Cincinnati, 1991), pp. 165–174

23. J. Flanagan, E. Anderson, H. Bae et al., Low temperature lead-free assembly via transient liquid phase sintering, in *IPC APEX EXPO*, San Diego, 2012

24. D.R. Frear, Issues related to the implementation of Pb-free electronic solders in consumer electronics. Lead-Free Electron. Solder A Spec. Issue J. Mater. Sci. Mater. Electron. 319–330 (2006). https://doi.org/10.1007/978-0-387-48433-4_21

25. A. Garnier, C. Gremion, R. Franiatte et al., Investigation of copper-tin transient liquid phase bonding reliability for 3D integration, in *Proceedings – Electronic Components and Technology Conference*, 2013, pp. 2151–2156

26. H. Greve, L.Y. Chen, I. Fox, F.P. McCluskey, Transient liquid phase sintered attach for power electronics. Proc. Electron Compon. Technol. Conf., 435–440 (2013). https://doi.org/10.1109/ECTC.2013.6575608

27. H. Greve, S.A. Moeini, F.P. Mccluskey, Reliability of paste based transient liquid phase sintered interconnects, in *Proceedings – Electronic Components & Technology Conference*, 2014, pp. 1314–1320

28. J. Harris, M. Matthews, Selecting die attach technology for high- power applications. Power Electron Tech., (2009) https://www.powerelectronics.com/dc-dc-converters/selecting-die-attach-technology-high-power-applications. Accessed 1 June 2017

29. M. He, A. Kumar, P.T. Yeo, et al., Interfacial reaction between Sn-rich solders and Ni-based metallization. Thin Solid Films **462–463**, 387–394 (2004). https://doi.org/10.1016/j.tsf.2004.05.062

30. T.C. Illingworth, I.O. Golosnoy, T.W. Clyne, *Modelling of Transient Liquid Phase Bonding in Binary Systems-A New Parametric Study* (Technische Universiteit Eindhoven, Eindhoven, 2007)

31. IPC the ACEI, *IPC-4552 Amendment 1 Specification for Electroless Nickel/Immersion Gold (ENIG) Plating for Printed Circuit Boards* (IPC, Bannockburn, 2012)

32. D.G. Ivey, Microstructural characterization of Au/Sn solder for packaging in optoelectronic applications. Micron **29**, 281–287 (1998). https://doi.org/10.1016/S0968-4328(97)00057-7

33. J.W. Jang, D.R. Frear, T.Y. Lee, K.N. Tu, Morphology of interfacial reaction between lead-free solders and electroless Ni–P under bump metallization. J. Appl. Phys. **88**, 6359 (2000). https://doi.org/10.1063/1.1321787

34. M.J. Kammer, A. Muza, J. Snyder, et al., Optimization of Cu – Ag core – shell solderless interconnect paste technology. IEEE Trans. Compon. Packag. Manuf. Technol **5**, 910–920 (2015)

35. W.K.W. Kim, Q.W.Q. Wang, K.J.K. Jung, et al., Application of Au-Sn eutectic bonding in hermetic RF MEMS wafer level packaging. 9th Int. Symp. Adv. Packag. Mater. Process Prop. Interfaces (IEEE Cat No04TH8742) 2004 Proc. **35**, 215–219 (2004). https://doi.org/10.1007/BF02690529

36. T.M. Korhonen, P. Su, S.J. Hong, et al., Reactions of lead-free solders with CuNi metallizations. J. Electron. Mater. **29**, 1194–1199 (2000). https://doi.org/10.1007/s11664-000-0012-9

37. S. Kumar, C.A. Handwerker, M.A. Dayananda, Intrinsic and interdiffusion in Cu-Sn system. J. Phase Equilibria Diffus **32**, 309–319 (2011). https://doi.org/10.1007/s11669-011-9907-9

38. T. Laurila, V. Vuorinen, J.K. Kivilahti, Interfacial reactions between lead-free solders and common base materials. Mater. Sci. Eng. R Rep. **49**, 1–60 (2005). https://doi.org/10.1016/j.mser.2005.03.001

39. C.C. Lee, C.Y. Wang, G. Matijasevic, Au-In bonding below the eutectic temperature. IEEE Trans. Compon. Hybrids Manuf. Technol. **16**, 311–316 (1993). https://doi.org/10.1109/33.232058

40. J.F. Li, P.A. Agyakwa, C.M. Johnson, Interfacial reaction in Cu/Sn/Cu system during the transient liquid phase soldering process. Acta Mater. **59**, 1198–1211 (2011). https://doi.org/10.1016/j.actamat.2010.10.053

41. J.F. Li, P.A. Agyakwa, C.M. Johnson, Kinetics of Ag3Sn growth in Ag-Sn-Ag system during

transient liquid phase soldering process. Acta Mater. **58**, 3429–3443 (2010). https://doi.org/10.1016/j.actamat.2010.02.018

42. C.-H. Lin, S.-W. Chen, C.-H. Wang, Phase equilibria and solidification properties of Sn-Cu-Ni alloys. J. Electron. Mater. **31**, 907–915 (2002). https://doi.org/10.1007/s11664-002-0182-8

43. Y.C. Lin, T.Y. Shih, S.K. Tien, J.G. Duh, Suppressing Ni-Sn-P growth in SnAgCu/Ni-P solder joints. Scr. Mater. **56**, 49–52 (2007). https://doi.org/10.1016/j.scriptamat.2006.08.062

44. A. Lis, M.S. Park, R. Arroyave, C. Leinenbach, Early stage growth characteristics of Ag3Sn intermetallic compounds during solid–solid and solid–liquid reactions in the Ag–Sn interlayer system: Experiments and simulations. J. Alloys Compd. **617**, 763–773 (2014). https://doi.org/10.1016/j.jallcom.2014.08.082

45. H. Liu, K. Wang, K.E. Aasmundtveit, N. Hoivik, Intermetallic compound formation mechanisms for Cu-Sn solid–liquid interdiffusion bonding. J. Electron. Mater. **41**, 2453–2462 (2012). https://doi.org/10.1007/s11664-012-2060-3

46. Y. Liu, S. Liu, C. Zhang, et al., Thermodynamic assessment of the Bi–Ni and Bi–Ni–X (X = Ag, Cu) systems. J. Electron. Mater. **45**, 1041–1056 (2016). https://doi.org/10.1007/s11664-015-4272-9

47. T.-T. Luu, A. Duan, K.E. Aasmundtveit, N. Hoivik, Optimized Cu-Sn wafer-level bonding using intermetallic phase characterization. J. Electron. Mater. **42**, 3582–3592 (2013). https://doi.org/10.1007/s11664-013-2711-z

48. W. MacDonald, T. Eagar, Transient liquid phase bonding. Annu. Rev. Mater. **22**, 23–46 (1992). https://doi.org/10.1146/annurev.ms.22.080192.000323

49. V.R. Manikam, C. Kuan Yew, Die attach materials for high temperature applications: A review. Compon. Packag. Manuf. Technol. IEEE Trans. **1**, 457–478 (2011). https://doi.org/10.1109/tcpmt.2010.2100432

50. P. McCluskey, H. Greve, Transient liquid phase sintered joints for wide bandgap power electronics packaging, in *Pan Pacific Conference Proceedings*, 2014, pp. 1–10

51. S. Menon, E. George, M. Osterman, M. Pecht, High lead solder (over 85%) solder in the electronics industry: RoHS exemptions and alternatives. J. Mater. Sci. Mater. Electron. **26**, 4021–4030 (2015). https://doi.org/10.1007/s10854-015-2940-4

52. B. Meschi Amoli, A. Hu, N.Y. Zhou, B. Zhao, Recent progresses on hybrid micro-nano filler systems for electrically conductive adhesives (ECAs) applications. J. Mater. Sci. Mater. Electron. **26**, 4730–4745 (2015). https://doi.org/10.1007/s10854-015-3016-1

53. A.S. Moeini, H. Greve, P.F. McCluskey, Reliability and failure analysis of Cu-Sn transient liquid phase sintered (TLPS) joints under power cycling loads. WiPDA 2015 – 3rd IEEE Work Wide Bandgap Power Devices Appl., 383–389 (2015). https://doi.org/10.1109/WiPDA.2015.7369306

54. K.-W. Moon, W.J. Boettinger, U.R. Kattner, et al., Experimental and thermodynamic assessment of Sn-Ag-Cu solder alloys. J. Electron. Mater. **29**, 1122–1136 (2000). https://doi.org/10.1007/s11664-000-0003-x

55. NIST, NIST phase diagrams & computation thermodynamics: Pb-Sn system (2002), https://www.metallurgy.nist.gov/phase/solder/pbsn.html. Accessed 1 June 2017

56. NIST, NIST phase diagrams & computation thermodynamics: Cu-Sn system (2002), https://www.metallurgy.nist.gov/phase/solder/cusn.html. Accessed 1 June 2017

57. NIST, NIST phase diagrams & computation thermodynamics: Ag-Cu-Sn system (2002), https://www.metallurgy.nist.gov/phase/solder/agcusn.html. Accessed 1 June 2017

58. NIST, NIST phase diagrams & computation thermodynamics: Bi-Cu-Sn system (2002), https://www.metallurgy.nist.gov/phase/solder/bicusn.html. Accessed 1 June 2017

59. NIST, NIST phase diagrams & computation thermodynamics: Ag-Sn system (2002), https://www.metallurgy.nist.gov/phase/solder/agsn.html. Accessed 1 June 2017

60. NIST, NIST phase diagrams & computation thermodynamics: Ag-Bi-Sn system (2002), https://www.metallurgy.nist.gov/phase/solder/agbisn.html. Accessed 1 June 2017

61. K. Nogita, T. Nishimura, Nickel-stabilized hexagonal (Cu, Ni)6Sn5 in Sn-Cu-Ni lead-free solder alloys. Scr. Mater. **59**, 191–194 (2008). https://doi.org/10.1016/j.scriptamat.2008.03.002

62. H. Ohtani, I. Satoh, M. Miyashita, K. Ishida, Thermodynamic analysis of the Sn-Ag-Bi ternary phase diagram. Mater. Trans. **42**, 722–731 (2001)

63. Ormet Circuits I, Ormet family of sintering pastes (2012), https://www.ormetcircuits.com/d/parts/parts.php. Accessed 1 June 2017

64. S.A. Paknejad, S.H. Mannan, Review of silver nanoparticle based die attach materials for high power/temperature applications. Microelectron. Reliab. **70**, 1–11 (2017). https://doi.org/10.1016/j.microrel.2017.01.010

65. B. Pan, C.K. Yeo, Transient liquid phase sintering (TLPS) conductive adhesives for high temperature automotive applications. SAE Int. J. Mater. Manuf. 7, 320–327 (2014). https://doi.org/10.4271/2014-01-0797

66. M.S. Park, S.L. Gibbons, R. Arroyave, Prediction of processing maps for transient liquid phase diffusion bonding of Cu/Sn/Cu joints in microelectronics packaging. Microelectron. Reliab. **54**, 1401–1411 (2014). https://doi.org/10.1016/j.microrel.2014.02.023

67. M.S. Park, S.L. Gibbons, R. Arróyave, Phase-field simulations of intermetallic compound growth in Cu/Sn/Cu sandwich structure under transient liquid phase bonding conditions. Acta Mater. **60**, 6278–6287 (2012). https://doi.org/10.1016/j.actamat.2012.07.063

68. Parliament E, Directive 2011/65/EU of the European Parliament and of the Council on the Restriction of the Use of Certain Hazardous Substances in Electrical and Electronic Equipment (RoHS) – Recast, 2011

69. Parliament E, Directive 2012/19/EU of the European Parliament and the Council on Waste Electrical and Electronic Equipment (WEEE) – Recast, 2012

70. A. Paul, *The Kirkendall Effect in Solid State Diffusion* (Technische Universiteit Eindhoven, Eindhoven, 2004)

71. K.J. Puttlitz, K.A. Stalter, *Handbook of Lead-Free Solder Technology for Microelectronic Assemblies* (Marcel Dekker, Inc., New York, 2004)

72. K.N. Reeve, J.R. Holaday, S.M. Choquette, et al., Advances in Pb-free solder microstructure control and interconnect design. J. Phase Equilibria Diffus 37, 369–386 (2016). https://doi.org/10.1007/s11669-016-0476-9

73. J. Roman, T. Eagar, Low stress die attach by low temperature transient liquid phase bonding. Int. Soc. Hybrid Microelectron. Symp. Proc. (1992). https://doi.org/10.1007/978-3-642-05463-1

74. C. Schmetterer, J. Vizdal, A. Kroupa, et al., The ni-rich part of the ni-P-Sn system: Isothermal sections. J. Electron. Mater. **38**, 2275–2300 (2009). https://doi.org/10.1007/s11664-009-0854-8

75. H. Shao, A. Wu, Y. Bao, et al., Microstructure characterization and mechanical behavior for Ag3Sn joint produced by foil-based TLP bonding in air atmosphere. Mater. Sci. Eng. A **680**, 221–231 (2017). https://doi.org/10.1016/j.msea.2016.10.092

76. K.S. Siow, Are sintered silver joints ready for use as interconnect material in microelectronic packaging? J. Electron. Mater. **43**, 947–961 (2014). https://doi.org/10.1007/s11664-013-2967-3

77. K. Suganuma, S.J. Kim, K.S. Kim, High-temperature lead-free solders: Properties and possibilities. JOM 61, 64–71 (2009). https://doi.org/10.1007/s11837-009-0013-y

78. W.J. Tomlinson, H.G. Rhodes, Kinetics of intermetallic compound growth between nickel, electroless, Ni-P, electroless Ni-B and tin at 453 to 493 K. J. Mater. Sci. **22**, 1769–1772 (1987). https://doi.org/10.1007/BF01132405

79. K.N. Tu, A.M. Gusak, M. Li, Physics and materials challenges for lead-free solders. J. Appl. Phys. **93**, 1335–1353 (2003). https://doi.org/10.1063/1.1517165

80. V. Vuorinen, H. Yu, T. Laurila, J.K. Kivilahti, Formation of intermetallic compounds between liquid Sn and various CuNi x metallizations. J. Electron. Mater. **37**, 792–805 (2008). https://doi.org/10.1007/s11664-008-0411-x

81. H.P. Wu, X.J. Wu, M.Y. Ge, et al., Effect analysis of filler sizes on percolation threshold of isotropical conductive adhesives. Compos. Sci. Technol. **67**, 1116–1120 (2007). https://doi.org/10.1016/j.compscitech.2006.05.017

82. G. Zeng, S. McDonald, K. Nogita, Development of high-temperature solders: Review. Microelectron. Reliab. **52**, 1306–1322 (2012). https://doi.org/10.1016/j.microrel.2012.02.018

83. H. Zhang, N. Lee, Reliability of BiAgX as a drop-in solution for high temperature lead-free die-attach applications. J. Surf. Mt. Technol. **26**, 28–32 (2013)

84. L. Deillon, T. Hessler, A. Hessler-Wyser, M. Rappaz, Growth of intermetallic compounds in the Au-In system: Experimental study and 1-D modelling. Acta Materialia **79**, 258–267 (2014)

第 10 章 极端恶劣环境下的芯片连接材料

Z.Shen，O.Fanini

10.1 引言

由于能源供应的增加和电动汽车的增多，许多行业都要求生产能在极端高温等恶劣环境下工作的电子产品。高温电子产品目前正扮演着非常重要的角色，这一点可以从各个领域对高温电子元件不断增长的需求中得到证明。由以下列出的多个行业的研究和开发机构进行的高温电子产品调查中[1]，揭示了括号中显示的这些产品的典型最高工作环境温度要求。纳入数据收集调查的行业显示出以下结果：随钻油气测井（175℃）、油气定向钻井（175 ~ 200℃）、油气地面电缆测井（200℃）、航空分布式发动机控制（225℃）、航空动力和致动器控制电子（350℃），油气地下储层监测（175℃）、地热钻探和地下监测（美国300℃；欧洲250℃）、汽车分布式电子（150℃）、汽车动力电力系统和发动机舱（300℃）、核电站分布式传感器（300 ~ 500℃）、核电站控制（350℃），核电站控制室（125℃）、钢厂传感器（1800℃）和水泥厂窑传感器（1550℃）。

表 10-1 给出了高温焊料合金系统概述，以促进对目前电子封装[2]中使用的铅基和无铅高温材料的更广泛理解。表 10-1 列出了工业中使用的主要高温焊料合金系统，它们各自的固相线和液相线温度特性决定了它们的温度利用范围。目前，在国际环境法规的推动下，焊料开发工作的目标是无铅高温焊料解决方案的商业实用性。电子加工成本的降低还可以开发出减少或简化加工步骤的方法和材料，降低温度和压力的工艺要求，并提供结构和化学稳定性以在更复杂的封装解决方案中承受更高的应力和老化处理步骤。

表 10-1　高温焊料合金系统概述

HT 焊料合金	组成（wt%）	固相温度/（℃）	液相温度/（℃）
Au 合金系			
Au-Sn	Au-20Sn	280（共熔合金）	
Au-Si	Au-3.15Si	363（共熔合金）	
Au-Ge	Au-12Ge	356（共熔合金）	

（续）

HT 焊料合金	组成（wt%）	固相温度 /（℃）	液相温度 /（℃）
Bi 合金系			
Bi-Ag	Bi-2.5Ag	263（共熔合金）	
Bi-Ag	Bi-11Ag	262	360
Cd 合金系			
Cd-Zn	Cd-16.6Zn-5Ag	249	316
Cu 合金系			
Cu-Sn	Cu-（1-4）Sn	227	约 400
Cu-Sn	Sn-Cu（复合颗粒）	约 230	
高 Pb 成分合金系			
Pb-Ag	Pb-1.5Ag-1Sn	309	309
Pb-Ag	Pb-2.5Ag	304	304
Pb-In	Pb-5In	292	314
Pb-In	Pb-25In	264	250
Pb-Sb	Pb-4Sb	252	299
Pb-Sb	Pb-15Sb-10Sn	239	270
Pb-Sb	Pb-24Sb-12Sn	239	330
Pb-Sn	Pb-2Sn	316	322
Pb-Sn	Pb-5Sn	300	314
Pb-Sn	Pb-10Sn	268	301
Pb-Sn	Pb-20Sn	183	279
Pb-Sn	Pb-30Sn	183	258
Pb-Sn	Pb-35Sn	183	248
Sn-Sb 合金系			
Sn-Sb	Sn-5Sb	237	240
Sn-Sb	Sn-8.5Sb	241	248
Sn-Sb	Sn-10Sb	243	257
Sn-Sb	Sn-25Ag-10Sb（J- 合金）	233（共熔合金）	
Zn 合金系			
Zn-Al	Zn-（4-6）Al-（-Ga，Ge，Mg，Cu）	300 ~ 340	
Zn-Sn	Zn-（10-30）Sn	199	360

传统的电子器件设计包括额外的主动或被动冷却系统。然而，这种方法在某

些应用中可能不实用。因此，对电子器件进行热操作更具吸引力，并因此提高系统可靠性，降低成本。这种选择在很多方面带来了挑战，尤其是封装技术。电子封装的主要功能是保护半导体器件和其他电路元件，并提供电气连接方式和散热路径。高温电子封装解决方案在较低的温度下运行时，可靠性得到了指数级的提高。这些解决方案还使加速高温老化试验能够在较短的时间内确定特定的寿命和更快的失效模式，从而改善总体开发进度。新的组装和封装技术已被开发用于高功率和高温应用。尽管有多种封装方法可用，但本章将讨论多芯片模块（Multi-Chip Module，MCM）。与单芯片封装不同，MCM 在一个封装中集成了多个裸芯片和无源模块，通过减少接口数量提高了模块的可靠性。此外，MCM 的高密度使微电子封装进一步小型化。

电子封装中存在两个主要的连接层。芯片连接层将芯片连接到封装或衬底，而衬底连接层将衬底连接到封装。图 10-1 展示了多芯片模块中芯片连接的结构。连接材料通过提供机械连接、电气连接和热路径来散除通过基板和底层结构的热量，从而实现电子封装问题的基本解决方案。高温封装经常遇到其最具挑战性的任务通常在芯片和基板连接处。由于热膨胀系数（CTE）和机械力载荷的不匹配，芯片 - 封装、芯片 - 基板或基板 - 封装接口都会产生应力。这些应力会损害封装结构的完整性、可靠性和耐久性。在高温应用中，更宽的温度循环范围会导致更高的循环应力，并导致疲劳失效，这样也会影响封装组件的可靠性和耐久性。

图 10-1 展示了电子封装中的一些重要元素：芯片连接、互连（引线键合、凸点等）、衬底和金属化层（例如，用于粘附、接触、覆盖层、扩散层的层堆）。

表 10-2 总结了相关高温芯片连接封装材料的物理和机械性能（如热导率、CTE、这些与电子封装制造工艺解决方案的开发相关且重要）。表 10-3 列出了一些常用的高温互联材料的材料性能。基板是微电子封装的重要元素，工业中使用的一些高温陶瓷基板材料的材料性能见表 10-4。电子封装的功能、耐久性和可靠性通常取决于接触面的连接、电气和机械特性、电接触质量以及制造过程中的材料扩散控制和使用寿命。结构和材料分布的稳定性往往取决于与此特定目标放置的中间金属层。部分高温金属化层（附着层、接触层、覆盖层、扩散层）的厚度见表 10-5。

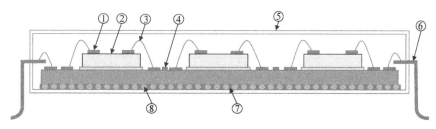

图 10-1　多芯片模块芯片连接组件

1—引线键合焊盘　2—芯片　3—引线键合　4—线路　5—封装　6—引脚　7—填充料　8—第二级互连

表 10-2　高温芯片连接材料性能

芯片连接材料	熔化温度 T_m/（℃）	最大操作温度 T_{max}/（℃）	热导率/[W/（m·K）]	CTE/（ppm/K）	剪切模量/GPa
Au88Ge12	356		52	12	
Au80Sn20	280		58	16	68
环氧化合物		300	3.5	26	
填充银玻璃	400	300	80	16	11.5
导热胶		250	0.6	500	0.1
纳米 Ag 粉末		500	240	19	9
SnPb37	183		51	25	12
Sn96.5Ag3.5	221		78	22	
Cu-Sn TLP	>415		34-70.4		
Ag 烧结（纳米级）	961		100-240	18-23	

表 10-3　高温互联材料的材料性能

材料	宽度/直径/μm	熔点/（℃）	电导率/10⁵（Ω·cm）⁻¹	弹性模量/GPa	CTE/（ppm/K）
Al	25 ~ 300	660	2.3 ~ 2.8	68	24
Au	25 ~ 250	1064	4.5	73	14.2
Ag	25	961	6.3	76	19
Pt	250	1769	0.94	157	8.8

表 10-4　高温陶瓷基板材料的材料性能

材料	密度/（kg/m³）	弹性模量/（GPa）	热导率/[W/（m·K）]	CTE/（ppm/K）	绝缘强度/（kV/mm）
Al_2O_3（96%）	3970	310	24	6	12
AlN	3260	345	150 ~ 180	4.6	15
BeO	3000	314	270	7	12
Si_3N_4	2400		70	3	10

表 10-5　高温金属层（附着层、接触层、盖层、扩散层）及相应厚度

金属化成分	厚度/μm
Ti/Cu/Ni	0.2/0.8/10
Ti/Cu	0.5/0.3
Ti/W/W-AuSn	0.1/0.05 ~ 0.2/0.2
Ti/Mo/Pt	0.08/0.1/1
Ti/Pt	0.03/0.25
Ni/Au	0.3/1.0
Ni/Au	2.5/1.3 ~ 7.6
Ni/Au	5/1

一般来说，芯片和基底连接材料可以分为五大类：①焊料和黄铜；②聚合物；③液相粘接；④银玻璃；⑤烧结纳米颗粒。本章讨论了焊料和聚合物连接材料及方法。硬焊料，如 AuSn（金锡）、ZnAl（锌铝）、AuGe（金锗）、AuSi（金硅）和 AgBi（银铋），以及软钎料，如锡银铜 /Sn-Ag-Cu（SAC）成分的合金焊料、高熔点（HMP）、高铅含量合金、PbSn（铅锡）和 PbAg，对于高温微电子封装和组装工艺而言，实现高温可靠性和耐久性非常重要[3-5]。基于聚合物的连接包括烧结 Ag 粘接剂和氰酸酯。同时也讨论了烧结 Ag 芯片连接件的高温可靠性。

10.2 连接焊料

目前，有两种主要的材料类型用于商业封装和多芯片模块的连接：焊锡合金和导电环氧树脂。然而，这两种材料很少适用于高可靠性和高温应用。商业器件中使用的银填充环氧树脂通常在接近 200℃的温度下失效。金属填充导电环氧树脂的电性能和热性能较差。由于其相对较低的熔点，常用的 AgSn 焊料合金也不推荐用于高温应用。高铅含量的软焊料，如 Pb95Sn5，可用于高温应用，但 RoHS 的实施大大增加了对含铅产品的限制。诸如 AuSn、AuGe、ZnAl、ZnSn、BiAg 和 SnSb 等焊料合金系统是用于高温电子应用的 PbSn 和高铅含量焊料的潜在无铅和符合 RoHS 标准的替代品。金系合金（Sn，Ge）的硬焊料已被用于陶瓷板的散热器连接、芯片背面的气相沉积、复合半导体的芯片粘接和陶瓷封装密封。通过选择合适的助焊剂成分和 Sn 粉粒度，可以生产出具有可变熔点的 SnSb 无铅锡膏。VMP 可以在再加热过程中限制重熔，降低制造温度和成本[6-11]。

五种具有高熔点（>250℃）的高温芯片连接材料也值得介绍：高铅（Pb95.5Sn2Ag2.5）焊膏、金锡（Au80Sn20）焊膏、无压烧结 Ag 膏、压力辅助烧结 Ag 膏和金锗（Au88Ge12）。ENIG 通常用于需要焊接和结构机械连接的印制电路板（PCB）。对于高温应用，化学镀镍 / 化学镀钯 / 浸金（ENEPIG）用于缓解镍（Ni）和金（Au）在长期温度暴露下的扩散。ENEPIG 对大多数焊料来说都具有优异的可焊性，并能形成高可靠性的引线键合[12]。

影响高温芯片连接开发和性能的参数和要求来自三个方面：工艺相关（粘接温度、调节环境）、材料相关（熔点、导电性、导热性、高温化学和机械结构循环稳定性）和装配相关（弯曲应力、芯片剪切强度、主动功率循环能力、被动功率循环稳定性、应力构件的裂纹率和芯片连接层）。少数已建立的粘接技术可以满足高功率应用的功能和可靠性要求。在高可靠性的硅芯片连接应用中，一种常用的技术是共晶硅金（AuSi）芯片粘接。当金（Au）表面在温度和压力下与硅（Si）摩擦时，就可以实现粘接。少量 Si 与 Au 混合，形成共晶 AuSi 成分（Au97.15/Si2.85），其熔化温度为 370℃。然而，AuSi 共晶不能用于标准的 SiC 芯片连接，因为它的晶格结构不能使 Si 与 Au 混合。

碳化硅（SiC）器件组件可以使用硬焊料金合金，因为它们的熔化温度高于250℃。适合高温应用的候选焊料是共晶合金锡金（Au80Sn20；280℃）和锗金（Au88Ge12；356℃）。这些焊料的特点是加工性好，金焊盘金属化润湿性好，导热系数高，焊点强度高。这些共晶成分一定温度下在固相和液相之间发生转变，而不经过两相平衡。

我们评估了用共晶金锗（Au88Ge12）在铜表面制备的一种可靠的高温芯片连接。随着老化实验（在250℃和200℃下超过1000h）的进行，剪切强度值略有下降。铝锌（ZnAl5）共晶焊料的微观组织演化较小，导致其剪切强度随时间的增加而下降。由于氧化非常迅速，需要大量的科研努力来开发这种基础合金的应用[13]。

目前，一些硬焊料也显示出在恶劣环境中使用的良好潜力。厚膜Ag和银钯（AgPd）导体被选为很经济的基底材料。使用Ag基材料的一个可靠性问题是在电势和水分存在下Ag的迁移。使用适当的封装或涂层可以减轻Ag的暴露，降低Ag迁移的风险。另一个迁移问题是与Al线[14]粘接的可靠性。目前已经研究了银基厚膜基底上的银铋（AgBi）[15]。该涂层在SiC芯片连接上表现了良好的高温储存和热循环可靠性。试验结果表明，在200℃的空气中，剪切强度稳定在100～2000h之间。该研究用扫描电子显微镜（SEM）观察了AgSn经时效处理后的稳定金属间化合物（IMC）层的横截面，并用元素分析（at%）对其进行了表征。

在热循环样品中也发现了类似的结果。但是，不建议使用AgBi焊料连接镍锡（NiSn）基表面贴装（SMT）元件，因为端子中过量的Sn会导致Sn金属间化合物增加，从而降低高温应用（>200℃）的可靠性。

尽管它们是高温、高可靠性环境中最常用的焊料之一，但对替代高铅、高温焊料的研究和需求仍在增加。无铅焊料和其他推荐的连接材料具有以下理想性能：

1）高温时效过程中有稳定的显微组织；

2）接头中较少的脆性IMC；

3）有成本效益的；

4）良好的润湿性；

5）具有高延性和抗疲劳性能；

6）良好的导热性和导电性。

在恶劣环境中使用的典型HMP焊料为Pb-5Sn、Pb-10Sn和Pb-5Sn2.5Ag（wt%）。在高温焊料开发工作中，对有关Sn浓度对焊点可靠性影响的研究进行了综述。Sn的浓度对界面IMC的生长有很大的影响。基板侧的金属化层为Cu，在350℃时，低Sn焊料在20min时呈现出剥落，而在高Sn焊料中，此过程需要600min以上。一个富Pb层形成并持续增长。有一个假设是焊料中的Pb通过晶界渗透到 Cu3Sn 层中，导致 Cu3Sn 的剥落速度较慢。锡铅（Sn-Pb）焊料，也称为软焊料，可在市场上买到，Sn 的浓度变化在 5%～70% 之间。增加 Sn 浓度可提高焊料的抗拉强度和剪切强度，并可实现不同温度加工曲线下的点胶流加工能力。历史上，人们普遍认为铅可以减少 Sn 晶丝的形成。由于世界各地的环境法规，这种元素已从商业加工中去除。Sn/Pb（63/37）膏已经可以在 220℃ 印刷，并用于微电子组装功能的互连。SnPb 焊料在无助焊剂的情况下可对 Au 和干净的 Cu 基板能产生良好的附着力。SnPb 掺杂焊料配方对 Al 基板具有良好的印刷附着力。例如，焊料印刷已经实现了每个基板层数千个凸点，每秒 500 个凸点，直径约为 20～80μm，标准偏差约为 8μm [16]。

ZnSn 的热导率是高温焊料中最好的 [100W/（m·K）]，且具有优良的延性和抗拉强度 [5,6]。这种合金具有优异的机械和热性能，可作为高温应用的芯片连接焊料。ZnSn 合金在室温下的极限抗拉强度（UTS）为 65MPa，在 125℃ 时为 30 MPa，高于 Pb-5Sn 合金。

在高温环境中使用 ZnSn 有两个主要问题。第一个问题是在多次回流过程中焊料的稳定性。因为这种合金的固相线温度为 199℃，液相线温度为 360℃，所以芯片在峰值温度为 260℃ 的回流焊过程中可能不会保持很固定的形状。SAC 焊接的多次回流通常不会导致芯片移位或移动。在回流前后进行的 X 射线检查表明，孔洞的大小和芯片位置没有明显改变。

第二个问题是在高湿度下 ZnSn 合金体系的腐蚀。在 85℃ 和 85% 相对湿度条件下暴露 1000h 后，由于氧亲和力高，所以检测到了几微米厚的 ZnO 层。Zn 和 Sn 的氧亲和力，加上低的合金润湿性，提高了 ZnAl 在高温工业应用中的焊接能力，尽管目前没有公布的数据显示氧化层随时间和温度的增长而增长。

另一个关键因素是热循环的抗疲劳性能。使用 An20Sn、Pb5Sn 和 Zn30Sn 焊料的一组芯片连接件在热循环（-40～125℃）下并排运行 2000 个循环。使用 AuSn 焊料的芯片连接件显示出最高的抗疲劳性；在试验结束时，它保留了 90% 的初始剪切强度。其余两种试件的抗剪强度在 500 次循环后均有所下降。失效分析表明，Zn30Sn 在金属间化合物层中形成裂纹，降低了 Zn30Sn 的抗剪强度。Pb5Sn 焊料在焊点内部出现了严重的裂纹，导致焊点的抗剪强度较低。两种钎料失效模式的差异表明，通过添加阻挡层减少扩散可以提高 ZnSn 钎料的热循环可靠性。后续研究利用氮化钛（TiN）作为金属的薄膜阻挡层堆积在两侧，结果显示热循环的可靠性显著提高。

有研究人员调查了 ZnAl 和 SnSb 合金作为高温应用的高铅替代品 [5,6]。ZnAl 和 SnSb 是锡合金系统，它们需要在高温下进行工艺步骤以形成电气互连，增加了其他沉积结构和电子电路元件以及其他封装工艺步骤中使用的材料元素的损坏和退化风险。Sn-5Sb（Sn-5wt%Sb）在其液相线温度（245℃）以上达到完全熔化，IMC 生长受限，导致较好的蠕变和力学性能，优于已知的双合金体系。随着 Sb 含量的逐渐增加，Sn-10Sb（Sn-10wt%Sb）和 Sn-43Sb（Sn-43wt%Sb）逐渐提高合金的液相线温度至 100℃ 左右，但 IMC 的生长受到限制。对于 ZnAl 合金系统，Al 成分在 4%~6% 之间，例如，Zn-6Al 共晶在 381℃ 熔化。微量合金元素如 Ga、Ge、Mg 或 Cu 可添加到 ZnAl 合金中，使其液相线温度降低到 300~380℃。这种微量元素的添加引入了液相线温度调整和 IMC 形成之间的一个重要的过程权衡。IMCs 往往非常脆弱，这可能会损害封装连接的机械完整性、耐久性和可靠性。

AuGe 合金体系是 PbSn 焊料和连接解决方案的一个非常有吸引力的无铅替代品，因为它不显示金属间相 [5, 6]。高温应用具有更宽的工作温度范围要求，产生的热应力比使用更高延展性的焊接连接所能缓解的热应力更高。通过在 AuGe 共晶合金中添加 Sb，可以在 AuGe 合金体系中实现这一缓解，从而显著提高延展性并降低其熔化温度。尽管形成了非常坚硬的 IMCs（AuSb2），但最终得到的 Au-0.24Ge-0.05Sb 合金在封装时效过程后仍然是一个有吸引力的选择。铟（In）可以引入到 AuGe 合金中，使体系形成 Au-0.18Ge-0.10In，这在高温光电封装应用中具有很大的吸引力。此应用的要求列表包括高强度（固溶强化）、低弹性模量和高温下的微观结构稳定性以及仅用大块 AuGe 焊料验证。其他潜在的材料与基板的界面反应需要更多的研究。AuGe 合金系统工业应用的其他挑战例如金和锗加工困难和成本，电沉积和元素稳定性以及高温加工过程中的处理。

10.3 瞬态液相键合

TLPB 技术，又称固液互扩散过程（slider），可应用于金-锡（AuSn）、银-锡（AgSn）、镍-锡（NiSn）、铟-金（InAu）等不同的金属体系 [13]。该方法使用了两种熔点不同的金属。在加工温度下，熔点较低的金属扩散到另一种金属中，形成一种熔点较高的新合金，通常适用于高于 250℃ 的高温应用。最终瞬态液相（TLP）加工接头的工作温度高于加工温度。该工艺允许在高于熔点（139℃）的高温应用（200℃）中使用低温焊料，如锡铋（SnBi）。

有三种主要的处理 TLP 的方法。一种方法是使用需要压力的预制件。另外两种方法使用混合粉末和糊状物，不需要加压。使用 TLP 粘接工艺的主要优点如下：

1）加工温度低于工作温度。这对于温度敏感的器件来说很重要，因为太多的热输入可能会导致材料损坏；

2）接头性能与基材性能相似。在某些情况下，由于剖面温度下的显著扩散，在粘接过程后没有界面残留；

3）具有均匀键区结构；

4）所需的表面处理较少；不需要助焊剂。

　　然而，TLP 粘接并不适用于所有的应用。根据材料的不同，这一过程可能既耗时又昂贵。粘接过程涉及在粘接过程温度下由于扩散和键均质化而产生的等温凝固，这两者都需要高温和较长的粘接时间。此外，在大多数情况下都需要压力来实现无空隙的接头。瞬态液相扩散键合（Transient Liquid-Phase Diffusion Bonding，TLPDB）是一种用于粘接传统熔焊技术无法粘接的陶瓷和金属体系的连接工艺，这种连接工艺在连接过程中会影响附着材料的特性。TLPDB 工艺已经在航空航天工业（如涡轮发动机）、核电站和微电子工业的封装连接中得到了应用。在这一过程中，还原元素在中间层中扩散到两个附着的基体晶格中。如果发生了充分的扩散，末端接头将保持坚固——远远高于适合高温应用的原始熔化和扩散温度。部分瞬态液相（Partial TLP，PTLP）是一种主要用于连接陶瓷基板的 TLP 工艺变体。

10.3.1　含锡瞬态液相

　　参考文献[13]对不同金属表面的 TLP 接头与银烧结接头的可靠性进行了比较。将 Sn 膜夹在不同的金属电镀材料（Au、Ni、Ag、Cu）之间，形成 TLP 接头，进行可靠性试验。本对比研究中的热循环（0～350℃）试验表明，TLP 连接方法比 Ag 烧结更可靠，非常适合高温电源应用。基板类型对整体可靠性性能也有影响，氮化硅（Si_3N_4）与 Cu 和氮化铝（AlN）钎焊；直接键合铝（DBA）优于直接键合铜（DBC）。

10.3.2　金锡瞬态液相

　　AuSn 在 TLP 粘接工艺中得到了广泛的应用。图 10-2[17] 显示了 AuSn 的二元相图（Sn 原子百分比与温度的关系）。相图显示了不同热力学相（即固相、液相）在平衡状态下出现和共存的条件。当材料的重量百分比、压力和温度条件变化时，固相（固态）和液相（液态）的相变将沿着这些平衡线发生。焊料生产工艺的发展强烈依赖于这些相图，在熔化和凝固后，通过一系列工艺温度步骤控制，获得所需的组装和封装结构和特性。AuSn 二元相图的主要特征是共晶成分富 Au 侧液相线的陡坡 [例如，71at% Au/29at% Sn；80Au-20Sn（按重量计）] 并在室温下形成大量金属间化合物。相图有助于确定和量化在焊接步骤后存在的 IMC 的生长，这对焊点的机械特性、耐久性和高温应用的可靠性有非常重要的影响。高温焊料选择的标准是合金的柔软性和延展性不存在或很少存在 IMC。

　　例如，当 AuSn 与镀金端子在焊接过程中接触时，产生的焊点 Au 浓度会更高，其熔化温度在相图中呈陡坡状上升。这一相对较小的 Au 浓度变化导致相图中的熔点远远高于 280℃，这是由于终端的 Au 金属化在焊料中的扩散和浸出造成的。这样焊点就不会受到二次回流或其他组件加热组装步骤的干扰。实验和工业实践表明，AuSn 共晶合金是一种可靠的高温焊料，尽管它在 IMC 上形成了二元相图。

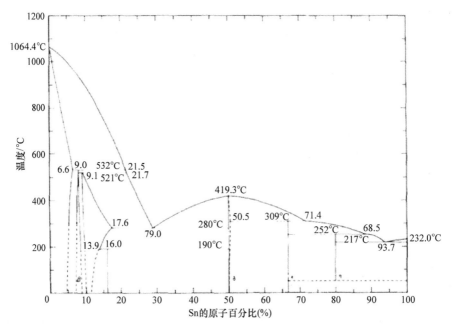

图 10-2　AuSn 二元相图[17]

使用覆盖芯片面积约 30% 的缩小尺寸共晶 AuSn 连接来限制 AuSn 数量[15]。该封装连接利用具有第一层铂金（PtAu）厚膜和第二层厚膜 Au 的分层金属化厚膜基板来提供 Au 并与 AuSn 扩散。最后的 Sn 浓度 <10%，并且在 500℃ 时评估芯片连接。有一项研究评估了铂钯金（PtPdAu）厚膜基底上的 AuSn-TLP 粘接，顶层为纯厚膜 Au[18, 19]。一项类似的研究对单印刷和双印刷 PtPdAu 层进行了高温评估，并在 500℃ 的烘箱中老化。2000h 后，剪切强度无明显差异。TLP-AuSn 粘接提供了一种方法，可让芯片连接用于 500℃ 以下的应用。试验结果表明，使用有限体积的共晶 AuSn，加上芯片提供的过量 Au，可以达到较高的粘接可靠性。

10.3.3　瞬态液相烧结

对芯片尺寸、电子互连和组装小型化改进的持续需求支撑了行业发展趋势，即新粘接材料取代无铅焊料，提供更高的重复粘接能力以及更高的连接基板集成水平。用焊料成功地解决了导电粘接的应用。焊料在反复进行粘接回流焊过程时有一定的局限性，因为在先前的粘接和连接步骤后，由于重新熔化，需要精确控制粘接位置。跟踪回流焊对最终组装质量的影响是很重要的，因为整个封装过程是暴露的。图 10-3 说明了随着回流循环次数的增加而发展的金属间化合物生长效应。

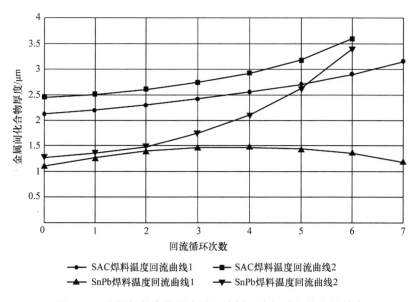

图 10-3　金属间化合物厚度随回流循环次数增加的生长效应

高温 TLPS 的 Cu 和 Sn 基材料可以在与焊料相同的工艺温度下粘接，但粘接后不会重熔。熔融 Sn 合金在烧结过程中与 Cu 颗粒发生温度诱导的加工反应，形成 IMC。该化合物具有工艺兼容性和高熔化温度（再熔化温度 >400℃），防止其在温度处理回流焊和重复粘合期间熔化。TLP 具有显著的形状和形式稳定性，这是由应力释放的热塑性变形树脂造成的。这种树脂导致低变形和低裂纹、低粘接材料弹性和高温循环可靠性。TLPS 为高温发动机和能量转换机[20]的应用提供了相对低成本、简化的处理。

10.3.4　液相扩散键合

在 CuNiSn 三元合金体系（例如参考文献 [6]）中，利用相邻的 HTP 基体和 LTP 相的等温固化作用，实现了液相扩散键合（LPDB）。当 LTP 被加热到其固相线以上并润湿 HTP 和邻近基材表面时，液体就形成了。这一方法说明了如何运用亚稳态反应，利用 CuNiSn-LTP 合金和 Cu-10Ni wt% 二元固溶体 HTP 制备准二元 LPDB。尽管存在后处理未反应的 Sn，但使用 LPDB 将 Ag 粘接到 Ni 衬底上的 Si 芯片的剪切试验表明，在 435℃ 时的试验测量水平为 10MPa，其中 HTP 由 Cu 和 Ni 颗粒形成，且仅由 Ni 颗粒形成的 HTP 至少高达 600℃。虽然有 IMC 的形式，但它们是包含的，不损害机械附件的完整性。通过分析 LTP/HTP 比、HTP 粒度分布和封装、工艺温度曲线对液体消耗率的影响，需要进一步开发以优化 CuNiSn PDB 系统，以及残余液体的体积位置和分布，了解由此产生的体积分布和 LPDB 附着结构力学性能的变化。

10.4 基于聚合物的连接材料

微电子封装的关键要求是芯片保护、直接电互连、热兼容互连和易于组装。本节讨论了近年来高温芯片连接的材料和工艺技术的发展。在各向异性导电膜、高温材料喷射工艺、高温共晶金合金、无机 Ag 填充玻璃导电膏、微尺度银颗粒填充有机膏、纳米 Ag 颗粒烧结等方面取得了一些值得关注的进展。

10.4.1 各向异性导电膜

各向异性导电膜（Anisotropic Conductire Film，ACF）使电子封装能够实现较理想的目标，如简单的器件结构、重量轻、极细间距能力、简单的制造工艺、交替无铅工艺、小产品尺寸、较低的粘接温度和高温应用封装 [21]。ACF 是由黏合剂基体和导电颗粒组成的复合材料，能在芯片和基板之间导电和建立热传导。这些颗粒是固体金属或金属涂层聚合物，均匀分散在热固性环氧基黏合剂基体中。这些颗粒保护金属接触和加强接头。颗粒体积分数在 0.5% ~ 5% 之间变化。典型的 ACF 直径为 3.5μm，体积浓度高达 $3.5 \times 10^6/mm^3$。在 ACF 粘接过程中，温度和压力会引起多种变化：

1）树脂膨胀收缩；

2）导电粒子由球形变为卵球形；

3）黏合剂的熔化，形成黏性流体。

黏合剂使导电粒子分布在芯片凸块和基板焊盘之间并形成导电路径。这条路径降低了接触电阻。聚合物分子的三维交叉连接巩固了传导通路的刚性。热循环和 ACF 树脂热固化控制了 ACF 环氧树脂固化的程度。这种固化程度（85% ~ 90%）控制着可靠性、粘合强度、微观结构完整性、ACF 连接的物理、电气和机械性能以及连接性能。超过 90% 的固化度后，ACF 的接触电阻将增加。与焊接头不同，ACF 接头形成了导电粒子的机械接触，而没有牢固的冶金连接。由于 ACF 基体构件的 CTE 不一致，会导致 ACF 接头产生导通间隙，特别是在热固化不当的情况下。另一方面是在 ACF 焊盘接口而不是在 ACF-凸块接口形成了一个传导间隙。镀 Au 凸块柔软，易变形。这种变形可以防止 ACF 接触间隙的形成。另一个极端是电镀 Ni 的 Cu 垫。这种衬垫更硬，不会屈服于温度引起的结构应力，从而防止 ACF 间隙接触的发展。

10.4.2　导电胶

导电胶（ECA）适用于含有热敏元件的产品的以及可控温度装配要求。ECA 避免使用焊接工艺来建立没有助焊剂残留物[22]的电气连接。ECA 通常比焊料贵，固化过程中的 ECA 热固性行为使微电子组件放置对齐（拾取和放置、模板的使用等）、应用粘度控制和返工变得复杂，此外还缩短了保质期和存储要求。老化引起的 ECA 互连电阻率变化对 200℃以下的固化温度有显著影响，但对于 250℃以上的固化温度，ECA 互连电阻率变化不显著。ECA 固化温度介于 50～265℃，导致体电阻范围在 $50 \times 10^{-5} \Omega \cdot cm$ 和 $2 \times 10^{-5} \Omega \cdot cm$ 之间。

电子封装和组装应用有多种 ECA 配方选择。ECA 互连的质量和可靠性应用特定的要求驱动电子系统的优化，例如使用 ECA 配方的变化，加工条件的控制（例如，层压温度和压力），以及粘接表面预处理。客观的应用约束驱动了材料的选择。加工条件和处理可以产生 ECA 封装互连，能够抵抗各种严酷的环境压力，如温度和湿度。

目前存在多种 ECA 配方，其中含有用纳米颗粒（例如 Ag 的纳米颗粒）修饰的微米 Ag 填充环氧树脂、微米 Ag 颗粒、导电聚合物，以及用于互连应用的低熔点颗粒（Low Melting Particle，LMP）[22]。纳米颗粒加入 ECA 后，烧结温度降低。LMP 粒子在低温下熔化，降低了粒子间的阻力。ECA 的体积电阻率随固化温度的升高而降低。即使在加工温度高于其普遍接受的最高额定温度时，ECA 也会被使用。ECA 与金属接头的电稳定性改善已通过在 ECA 与之匹配的金属表面粘接之前使用几种处理方法来证明。这种改进可能是由于在高温下烧结的程度更大。含导电聚合物的 ECA 制剂具有良好的机械强度和导电性。

10.4.3　导电环氧树脂

高温、非导电的环氧树脂现已被开发出来以承受连续暴露在 -40～230℃的温度。非导电环氧树脂通常表现出介电温度相关特性，在 25℃时体积电阻率值约为 $1.0 \times 10^{12} \Omega \cdot cm$，在 1kHz 和 25℃时通常介电常数值介于 3.5～6。例如，可以定制非导电环氧配方，以生产低黏度、低 CTE 范围（10～125ppm/ K）、室温固化和低放气规格的专用环氧树脂。其潜在的有益特性是优异的耐化学性、物理结构和粘接强度、抗热震性、抗冲击性和广泛的工作范围。它们的介电强度，也称为击穿电压，用 V/mil 来测量，在室温下可以达到 500V/mil。它是一种广泛应用于电子装配和封装的材料。当用作结构基体材料时，非导电环氧树脂可由 Kevlar、玻璃、碳和硼等纤维增强。例如，在制作过程中，用非导电胶黏剂（NCA）环氧树脂粘接的凸金模的组装方面应值得注意。机械压缩使所有凸起接触，环氧黏合剂的热固化经历化学收缩，机械压缩去除使形成的凸起接触冷却到室温[23]。由于金属接触凸点的高度变化导致凸点接触应力分布不均匀，再加上固化环氧树脂的不均匀分布，会产生初始残余应力，而 CTE 失配会进一步增加初始残余应力，从而在工作温度循环期间影响组件的寿命接触可靠性。一些最重要的应用在电子行业，如布线、医疗电子、混合航空电子器件、太阳能电池、PCB、混合射频微波、光纤组件、电子组件（电阻器、电容器、线圈、变压器、光学器件封装、连接器等）、医疗超声、表面贴装器件（SMD）铆接、芯片填充料、晶圆钝化、球顶封装等。这种广泛的工业应用使不导电环氧树脂成为一种非常重要的组装和封装材料。

10.4.4　氰酸酯

基于氰酸酯（Cyanate Ester，CE）的树脂是一种聚合物，它是含有 OCN 基团的化学有机化合物。由于其特殊的化学结构，使它具有很高的热稳定性和固有的疏水性。CE 基树脂已广泛应用于高温电子产品，如芯片连接、电路板和底部填充料。

与环氧树脂相比，氰酸酯基树脂有许多优点。首先是吸湿性相对较低，比环氧树脂低 2~3 倍。其次，它也有独特的能力来捕捉水分，并在电子封装中扮演吸湿器的角色。氰酸酯具有完全交联的聚合物结构，固化后含有三嗪结构，提供高达 290℃ 的高玻璃化转变温度，适合高温应用。第三，根据化学性能的研究，CE 的失重明显小于环氧树脂。固化后的 CE 失重率可低至 0.4%，而大部分环氧树脂的失重率一般在 1.9%~4.4%[24, 25]。第四，它有一个非常低的介电常数，使它有可能成为射频应用的一个很好的候选材料。最后，氰酸酯的模量约为 400MPa，这有利于电子封装中的芯片连接，特别是大型芯片热循环的可靠性。氰酸酯提供的所有这些优点使其成为汽车、航空航天和井下应用中的一种有价值的材料。CE 有两个主要缺点。一个缺点是在产生 CO 和 CO_2 的潮湿环境中排出气体；对于密封包装，排气会产生压力。因此，在密封之前需要烘烤。另一个缺点是 CE 的 CTE。虽然大多数环氧树脂的 CTE 是可以调整的，但 CTE 的调整是非常困难的。对于 Si 或 SiC 芯片连接，CTE 不匹配可能是大面积连接的主要问题，特别是在恶劣的环境应用。

为了评估 CE、Ag 填充环氧树脂和 AuSi 的抗拉粘接强度和剪切强度，进行了可靠性研究。AuSi 的抗拉强度最高，氰酸酯次之，Ag 填充环氧树脂的抗拉强度最低。用环氧树脂和氰酸酯对芯片连接进行了高温可靠性试验。芯片连接样品经过 500 次热循环（−65~150℃）后，芯片剪切性能没有退化[26]。在这项研究中，构建了 QFP 器件，随后暴露于 85℃/85% RH 的湿度条件下 72 小时以及焊接条件下，两次都在 240℃ 下通过 20 秒。横截面分析表明，只有装有氰酸酯芯片连接的封装裂纹最少且没有芯片分层[27]。固化温度、固化时间、催化剂等因素影响了 CE 的可靠性。必须仔细选择这些工艺属性，以获得可靠的接头。

除了芯片连接外，CE 还被用于 PCB 板和底部填充材料。在最近的研究中，它还可以作为导电和电介质用于 3D 打印技术中。

10.4.5　银 - 玻璃基材料

银 - 玻璃（Ag-glass）黏合剂作为金硅（AuSi）的替代品已在半导体工业中使用多年。典型的制造工艺温度范围为 400～450℃，建议的最大连续工作温度约为 300℃。在 500℃下进行的对比实验研究表明，Ag- 玻璃微接触比纳米 Ag 接触寿命短。在冷却过程中，较高的制造温度会在封装组件中产生热应力。在这个比较研究中，较高的加工温度导致了比纳米 Ag 更多的裂纹和分层。Ag- 玻璃的 CTE 在 16～26ppm/K 之间，与 Si（2.6ppm/K）和 SiC（3.2ppm/K）的 CTE 不匹配。由于 Ag- 玻璃材料具有较低的弹性模量，因此这些芯片上的应力最小。实验结果表明，Ag 与玻璃的最佳配比为 80/20，此时对触头材料的稳定性和电性能有较好的影响。这种最佳的玻璃 -Ag 混合材料由 80% 的薄片和 20% 的玻璃混合在有机介质中提供。Ag- 玻璃芯片粘接的机械强度在 400℃下稳定了约 300h。Ag- 玻璃芯片连接是一个潜在的解决方案，为 SiC 芯片粘接的应用温度提高到了 400℃，值得进一步研究 [26]。银 - 玻璃（Ag-glass）由于其高导热性 [60W/（m·K）] 和耐高温性，是一种很有前途的高温和大功率应用候选材料 [28, 29]。

10.5　引线框架

为了降低微电子封装成本，以适应高容量和高温应用，需要采用具有高温额定值的引线框架和芯片连接环氧树脂配方。在涉及消费者电子市场的低温半导体组件的大容量、标准化封装解决方案中，环氧树脂点胶工艺成为非常常见的芯片连接工艺。例如，由于引线框架胶带的温度处理限制（胶带承受温度小于 300℃），扁平无引线封装 [如四平无引线封装（QFN）和双平无引线封装（DFN）] 仅限于使用环氧树脂芯片连接方法。然而，尽管生产历史悠久，以环氧树脂为基础的分配芯片连接方法仍有重大的质量问题。封装工艺引起的现场故障，如间歇性环氧树脂短路和分配体积变化，如环氧树脂溢出或环氧树脂不足，尚未通过永久和可持续的纠正措施和解决方案进行纠正。这导致了以环氧树脂为基础的替代方法和高温应用材料的发展。现在发现的一些常见的根本原因是喷嘴堵塞或变形、注射器内不同含量的压力变化、环氧材料力学性能（如黏度、模量）的变化等。

晶圆背涂层（Wafer Back Coating，WBC）是一种很有前途的替代芯片连接方法。这种方法涉及晶圆背面的环氧树脂糊印刷，将在之后的步骤中进行，并与晶圆一起切割 [30]。在芯片连接机上，分离的芯片（下面涂有环氧树脂或其他芯片连接材料）直接粘接到载体引线框架上，合并并减少封装过程步骤。WBC 方法可以潜在地减少处理步骤以及人和机器的依赖度，这对环氧树脂处理在单个芯片连接过程中至关重要。不幸的是，WBC 材料大多只能用于不导电和中等导电的应用。高导电性 WBC 对于半导体工业生产模式环境的可用性有限，主要是由于材料要求和发展挑战。

开发高导电性 WBC 材料的主要挑战是必须填充 Ag 或其他导电性填料以达到所需的高导电性水平。这样高 Ag 含量的填充物会造成表面不平整或干扰粘接树脂剂，导致附着力差。现已检测到裂纹线从引线框架表面扩展，通过 WBC 界面，然后开裂晶圆背面。WBC 的一些突破性进展包括优化 Ag 填料的粒度混合物、催化剂类型（加速交联）、环氧制造过程和装配印刷的整体工艺稳定性、母粒稳健性、硬化剂类型（促进交联反应）、银填料类型、分子链长度、工艺控制等。使用纳米材料如纳米银作为晶片背面附着可以潜在地改善导电 WBC 工艺性能。

WBC 的开发和采用过程是一个例子，说明了基于环氧树脂的工艺改进，具有吸引力的解决方案，质量分配问题，减少生产瓶颈和提高生产能力，有竞争力的成本，并使用最大的芯片尺寸（即芯片边缘要求零间隙）更好的功能封装能力。这些变化使其具有重要的竞争优势，可以运行一个强大的装配流程，一个具有更低成本的流线型流程，以及可重复的生产规模流程和可靠性性能。

10.6　封装剂和黏合剂的选择过程

多芯片模块（MCM）的使用对于中小批量生产的电子产品非常重要。用于高温应用的 MCM 封装已经得到了很好的发展。它使用的高温电路元件已在其他封装技术如 PCB 中得到验证，通常包括裸芯片、通过互连的导电附件、表面安装无源元件、多层互连、引线键合等。MCM 提供了诸如尺寸减小、通过密封封装降低对外部污染物的暴露、改进信号的完整性和更好的可靠性、总体产品尺寸减小、组装简化等优点。基于复杂性、应用温度和所需的可靠性，厚膜和薄膜衬底可用于 MCM 结构。

MCM 封装的挑战之一是封装材料的选择，其材料通常是高分子材料。MCM 封装材料的应用主要有两种方法：球顶法和坝式（高黏度屏障）和填充（低黏度流动）两步法 [31]。无论选择哪种封装材料，高温恶劣环境下对 MCM 的要求必须集中在球顶与 MCM 内芯片界面之间的附着力和接触不同材料的 CTE 的不匹配上。接触异种材料的相容性选择还必须考虑弹性模量（E- 模量）和玻璃化转变温度（T_g），这也会导致分层复杂化问题。

了解基于应用恶劣环境中影响最终产品可靠性的材料特性（如球形顶）和工艺参数，可以通过系统的研究和开发方法 [如实验设计（DOE）] 和实验室度量评分方法 [如简单加性加权（SAW）] 以及基于理想解（TOPSIS）相似性的排序偏好技术。

高温和恶劣环境下的材料选择和封装工艺开发必须使用实验室的热性能和

机械性能指标[32]。采用热机分析（TMA）、动态力学分析（DMA）、差示扫描量热法（DSC）、能量色散 X 射线光谱（EDX）、红外热成像（IR）、数字成像相关（DIC）、热重分析（TGA）、吸湿和剪切应力（如芯片剪切）测试对这些测试方法进行了研究。通常，选择评估侧重于以下参数：封装相互作用结构材料的最低 CTE 不匹配、各种可靠性应力试验的高弹性模量（例如，260℃时为 1034MPa）、室温和高温下良好的界面附着力、最低吸湿率（例如 0.11%），挥发性物质的最低出气率（如 0.8%）。

10.7　3D 集成的挑战

电子产品芯片互连堆叠，结合毛细管式底部填充料的填充方法，是主要的 3D 集成的传统微电子装配工艺。为了应对日益增加的三维电子复杂性，需要进一步集成、简化装配工艺、提高处理吞吐量和三维堆叠产量，以满足日益增长的电子薄芯片堆叠封装需求[33, 34]。例如，使用 30μm 间距的微互连，高通量的 3D 芯片堆叠粘接解决方案已经被证明具有晶圆级底部填充材料。采用三维叠层连接方式组装的芯片集成模块在高温下表现出了良好的可靠性。

微喷射印刷已经发展成为一种高成本效益、灵活、可定制和精确的工艺。该工艺提供的能力包括小几何结构、高速印刷、环保和多功能微电子制造，以及高温额定应用器件的封装。微喷射打印已向增材制造和 3D 微点胶技术发展，提供附件（热固性、热塑性或紫外线固化）、黏合剂、填碳环氧电阻、隔离和保护层、介质、光学环氧树脂、颗粒填充系统、焊料、痕迹和孔口、助焊剂、基片、3D 结构和结构层。

微喷打印或点胶工艺可以是连续流动或按滴驱动。液滴分配可以由静电荷、声能、压电和压力脉冲驱动。用于高温应用的材料可以通过这种方法进行点胶，需要对点胶头、腔体和基材进行温度控制，基板的清洁度和润湿性，防止氧化的惰性气体室，液滴流体稳定性控制，以及热和溶剂黏度控制[16]。

制造质量、寿命耐久性和可靠性评估主要通过推荐的预处理试验步骤、热湿储存试验、芯片剪切测试和温度循环测试进行温度试验和初步加速试验。例如，3D 集成解决方案的开发和测试可以集中在以下领域：

1）晶圆级底部填充材料的评估；

2）底部填充膜芯片到插入层的粘接；

3）芯片到插入层堆叠的耐久性和可靠性表征以及微互连问题失效分析。

3D 封装工艺的发展，由于其结构复杂性的增加，必须更多地依赖额外的材料和加工模型，材料分配和结构形成，寿命可靠性和耐久性建模，表征和鉴定试验方法，流动和材料固化行为，表面附着物，以及可能涉及不同封装技术的不同材料的相互作用界面。

材料开发和选择，具有多个连续附件的工艺开发，在封装电子产品的加工和操作使用过程中，累积和多次暴露于温度和不同材料界面的分配工艺步骤都需要对工艺和材料温度稳定性进行表征和透彻理解。用于高温应用和恶劣环境的电子模块和设备的 3D 集成是封装开发挑战的前沿。

10.8 结论

材料和封装加工的发展共同推动了高温和恶劣环境下微电子封装技术的发展。相互依赖的封装工艺和材料的发展通过在每一个进展步骤中相互引导、推动和证明相互作用。从历史上看，持续的工艺和材料的改进使技术进步能够影响系统水平的成本、制造业的产量、小型化水平、器件的功能体积密度和集成水平、质量和可靠性建模和表征、逐渐减小的装配几何体和特点尺寸、工艺步骤简化、温度和压力工艺要求、更快的分配和安装速度、更高的产量和更长的使用寿命，同时降低了每小时的运营成本。这些进步受到了加工成本、优化工艺、材料性能和可变性的限制。材料供应链方面，处理和储存，材料和封装加工，以及优化操作也是重要的关注领域。

高温制造工艺已得到简化和发展，用于成本较低的加工步骤，如在较低的加工温度下进行加工，同时在石油和天然气行业的高加速和高冲击水平以及 150～300℃的高温环境下可靠地运行，提高了寿命可靠性。在竞争激烈的市场环境中，产品寿命耐久性性能的可靠性和质量方面是商业模式成功和相应的商业化最终交付客户体验和实现价值的重要组成部分。

参考文献

1. R. Norman, *First High Temperature Electronics Products Survey 2005*. Sandia National Laboratories, SAND2006-1580, April 2006
2. K. Suganuma, S.-J. Kim, K.-S. Kim, High-temperature lead-free solders: properties and possibilities. J. Miner. Met. Mater. Soc. **61**(1), 64–71 (2009)
3. V.R. Manikam, K.Y. Cheong, Die attach materials for high temperature applications: a review. IEEE Trans. Compon. Packag. Manuf. Technol. **1**(4), 457–478 (2011)
4. P. Zheng, A. Wiggins, R. Johnson, R. Frampton, S. Adam, L. Peltz, Die attach for high temperature electronics packaging, in *International Conference and Exhibition on High Temperature Electronics 2008*, HiTEC, 2008
5. G. Zeng, S. McDonald, K. Nogita, Development of high temperature solders: review. Microelectron. Reliab. **52**, 1306–1322 (2012)
6. I. Anderson, S. Choquette, Pb-free solders and other joining materials for potential replacement of high-Pb hierarchical solders, in *Pan Pacific Microelectronics Symposium (Pan Pacific)*, 2018, Waimea, HI, 5–8 Feb. 2018
7. W. Sabbah, S. Azzopardi, C. Buttay, R. Meuret, E. Woirgard, Study of die attach technologies for high temperature power electronics: silver sintering and gold–germanium alloy. Microelectron. Reliab. **53**, 1617–1621 (2013)
8. V. Chidambaram, J. Hattel, J. Hald, High-temperature lead-free solder alternatives. Microelectron. Eng. **88**(6), 981–989 (2011)

9. J.G. Bai, Z. Zhang, J.N. Calata, T. Lei, G. Lu, Low-temperature sintering of nanoscale silver paste: a lead-free die-attach solution for high-performance and high-temperature electronic packaging, in *International Conference on High Temperature Electronics (HiTEC 2006)*, Santa Fe, NM, 15–18 May 2006

10. C. Hunt, L. Crocker, O. Thomas, M. Wickham, K. Clayton, L. Zou, R. Ashayer-Soltani, A. Longford, *High Temperatures Solder Replacement to Meet RoHS* (National Physical Laboratory, Middlesex, UK, NPL REPORT MAT 64, 2014)

11. Z. Shen, R. Wayne Johnson, E. Snipes, Lead free solder attach for 200°C applications, in *International conference on High Temperature Electronics (HiTEN 2013)*, Oxford, UK, 8–10 July 2013

12. L.C. Wai, S.W. Wei, H.H. Yuan, D.R. MinWoo, High temperature die attach material on ENEPIG surface for high temperature (250DegC/500hour) and temperature cycle (−65 to +150DegC) applications, in *IEEE 16th Electronics Packaging Technology Conference (EPTC)*, 2014, pp. 229–234

13. S. Egelkraut, L. Frey, M. Knoerr, A. Schletz, Evolution of shear strength and microstructure of die bonding technologies for high temperature applications during thermal aging, in *12th Electronics Packaging Technology Conference*, 2010, pp. 660–667

14. Z. Shen, A. Reiderman, High-temperature reliability of wire bonds on thick film, in *International Microelectronics assembly and Package Symposium 2017*, Raleigh, NC, Oct. 2017

15. Z. Shen, K. Fang, R. Wayne Johnson, M.C. Hamilton, Characterization of Bi–Ag–X solder for high temperature SiC die attach. IEEE Trans. Compon. Packag. Manuf. Technol. **4**(11), 1778–1784 (2014)

16. D.J. Hayes, W. Royall Cox, M.E. Grove, Micro-jet printing of polymers and solder for electronics manufacturing. J. Electron. Manuf. **8**(3 & 4), 209–216 (1998)

17. J. Ciulik, M.R. Notis, The Au Sn phase diagram. J. Alloys Compd. **191**(1), 71–78 (1993). (figure 8)

18. D. Hamilton, L. Mills, S. Riches, P. Mawby, Performance and reliability of SiC dies, die attach and substrates for high temperature power applications up to 300°C, in *International Conference and Exhibition on High Temperature Electronics Network (HiTEN)*, Cambridge, UK, 6–8 July 2015

19. R. Ping Hagler, W. Johnson, L.-Y. Chen, SiC die attach metallurgy and processes for applications up to 500°C. IEEE Trans. Compon. Packag. Manuf. Technol. **1**(4), 630–639 (2011)

20. K. Gurth et al., New assembly and interconnects beyond sintering methods, in *International Exhibition & Conference for Power Electronics, Intelligent Motion, Renewable Energy & Energy Market*, 2010, PCIM, pp. 232–237

21. M.J. Rizvi, Y.C. Chan, C. Bailey, H. Lu, A. Sharif, The effect of curing on the performance of ACF bonded chip-on-flex assemblies after thermal ageing. Soldering Surf. Mount Technol. **17**(2), 40–48 (2005)

22. L.J. Matienzo, R.N. Das, F.D. Egitto, Electrically conductive adhesives for electronic packaging and assembly applications. J. Adhes. Sci. Technol. **22**, 853–869 (2008)

23. D. Farley, A. Dasgupta, J.F.J.M. Caers, Characterization of non-conductive adhesives, in *Proceedings of ASME Inter PACK 2005*, San Francisco, CA, 17–22 July 2005

24. J.N. Hay, Chapter 6, in *Chemistry and Technology of Cyanate Ester Resins*, ed. by I. Hamerton (Blackie, New York, 1994), pp. 151–192, (CE1–12) and Appendices A.3 – A.8 (pp. 332–341)

25. I. Hamerton, High-performance thermoset-thermoset polymer blends: a review of the chemistry of cyanate ester bismaleimide blends. High Perform. Polym. **8**(1), 83–95 (1996)

26. D. Herr, N.A. Nikolic, R.A. Schultz, Chemistries for high reliability in electronics assemblies. High Perform. Polym. **13**, 79–100 (2001)

27. R. Kisiel, Z. Szczepański, Die-attachment solutions for SiC power devices. Microelectron. Reliab. **49**, 627–629 (2009)

28. T. Hongsmatip, B. Twombly, Dynamic mechanical analysis of silver/glass die attach material, in *1995 Proceedings of the 1995 45th IEEE Electronic Components & Technology Conference*, 21–24 May 1995, pp. 692–700

29. R. Zeiser, L. Lehman, V. Fiedler, J. Wilde, Reliability of flip-chip technologies for SiC-MEMS operating at 500°C, in *2013 Electronic Components & Technology Conference, ECTC 2013*, 28–31 May 2013

30. C.T. Tan, K. Naoya, Y.S. Lee, K. Tan, Breakthrough development of new die attach method with high conductive wafer back coating, in *2015 17th Electronics Packaging Technology Conference*, 2015, pp. 1–5

31. M. Lindgren, I. Belov, P. Leisner, Experimental evaluation of glob-top materials for use in harsh environments. Int. Microelectron. Packag. Soc. **2**(4, 4th Qtr), 253 (2005)

32. H.T. Wang, Y.C. Poh, An analysis on the properties of epoxy based die attach material and the effect to delamination and wire bondability, in *33rd International Electronics Manufacturing Technology Conference*, 2008, pp. 1–6

33. Y.-W. Huang, C.-W. Fan, Y.-M. Lin, S.-Y. Fun, S.-C. Chung, J.-Y. Juang, R.-S. Cheng, S.-Y. Huang, Development of high throughput adhesive bonding scheme by wafer-level underfill for 3D die-to-interposer stacking with 30μm-pitch micro interconnections, in *2015 Electronic Components & Technology Conference*, 2015, pp. 490–495

34. D. D'Angelo, S. Manian Ramkumar, P. Borgesen, Evaluation of a novel anisotropic conductive adhesive shear under multiple tin-lead and lead free reflow cycles for package-on package (POP) assembly, in *Proceedings of the ASME 2012 International Mechanical Engineering Congress & Exposition IMECE 2012*, Houston, TX, 9–15 Nov. 2012, pp. 1–9

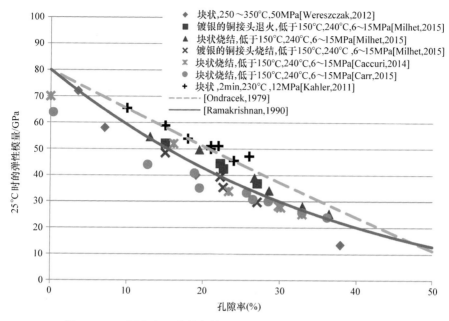

图 1-16　不同参考文献制备的银烧结材料的弹性模量与孔隙率

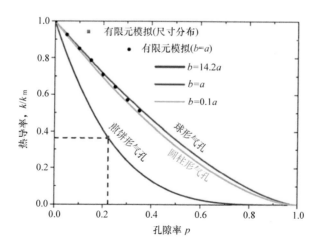

图 1-22　不同气孔形状下的热导率和孔隙率

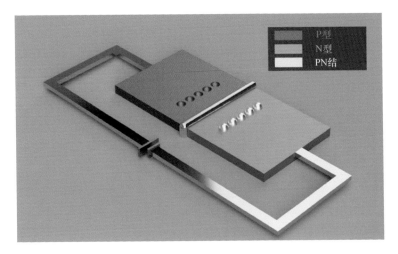

图 2-1　LED 示意图

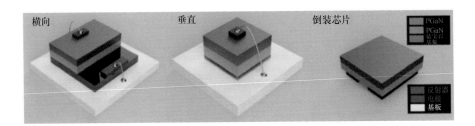

图 2-2　常见 LED 芯片的结构

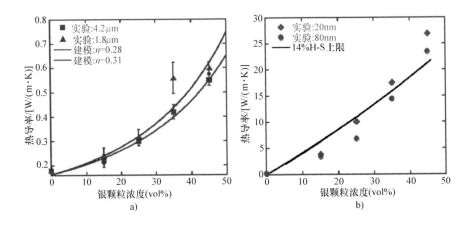

图 2-4　由银微粒和纳米颗粒组成的复合材料的导热系数比较[13]

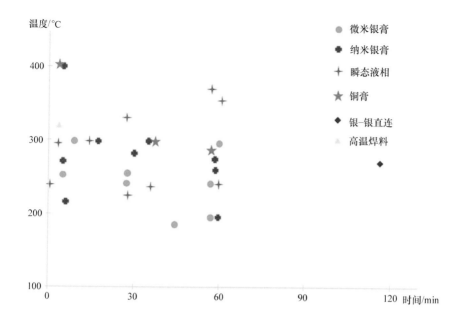

图 2-8　各种芯片连接工艺的比较

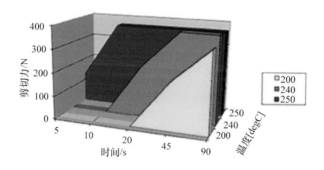

图 3-6　10MPa 压力烧结时烧结温度和烧结时间对 TO263 封装芯片的剪切强度的影响

图 3-16　由于黏度和配料参数不当导致的 Ag 膏拖尾的不同结果

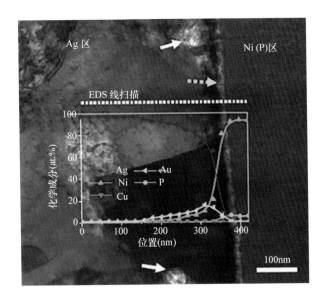

图 3-30　烧结 Ag 层和 ENIG 层界面的 EDS 谱线分析图[58]

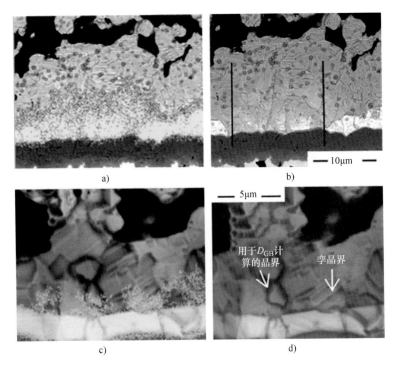

图 3-31　Au 的 EDS 元素反射[32]

a）老化 100h 后，Au 分布映射在 SEM 图像上的叠加　b）图 a 没有 Au 映射，
部分 Au 金属化可能已经熔化　c）老化 24h 后 Au 元素图显示金聚集在烧结 Ag 晶界上
d）图 c 没有 Au 映射，晶界和孪晶界的晶格缺陷明显可见

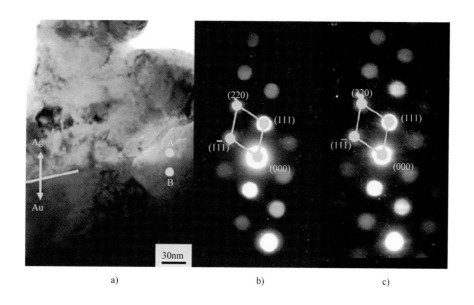

a)　　　　　　　　　b)　　　　　　　　　c)

图 3-33　烧结 Ag 黏结由 Ag₂O-TEG 浆加热至 433K，压力为 5MPa 产生[60]

a）TEM 图像　b）A 点的衍射图　c）B 点的衍射图

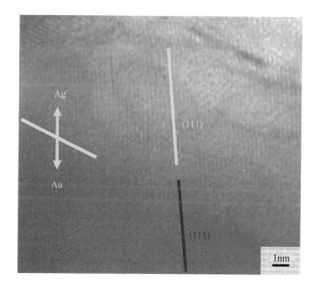

**图 3-34　HRTEM 图像显示由相同 Ag 膏和烧结参数产生的烧结 Ag-Au 界面的晶格结构，
参数与图 3-33 相同[60]**

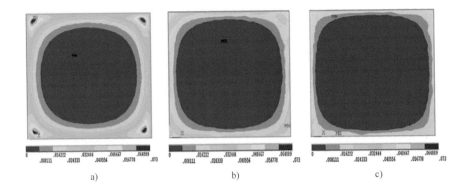

图 3-38 不同烧结 Ag 厚度上的累积塑性应变

a）20μm b）40μm c）60μm [70]

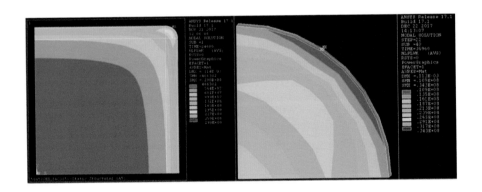

图 4-4 SAC305 的应变能密度云图（左）以及圆角区域（右）

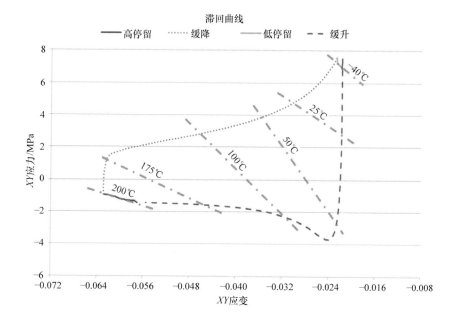

图 4-6　SAC305 焊料的剪切应力 - 剪切应变迟滞曲线

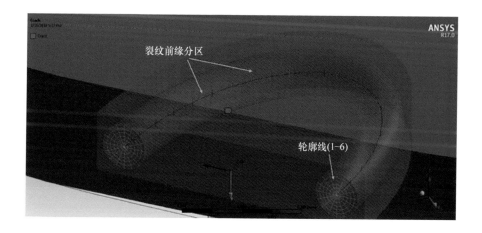

图 4-8　模型中插入的裂纹特征

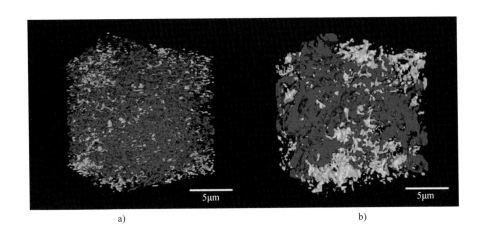

5μm

5μm

a)

b)

图 6-2　多孔网络和红色标记的单孔网络[13]

a）烧结样　b）老化样

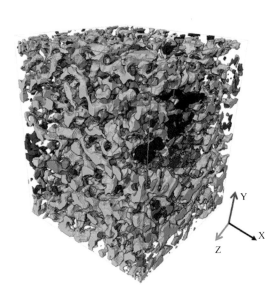

图 6-3　三维孔隙网络分析：其中互连孔洞为黄颜色占总体积的 90.7%

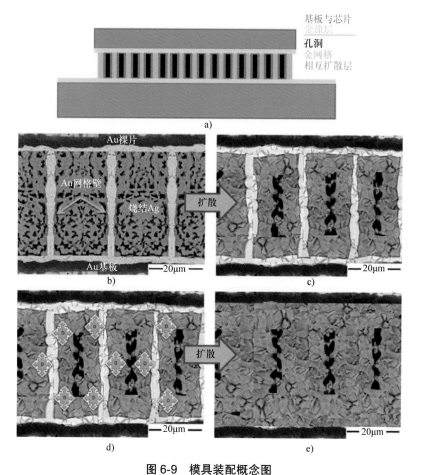

图 6-9　模具装配概念图

a）连接模具装配截面示意图，嵌入的网格主要用于形成从芯片到基板的相互扩散层，使之成为芯片连接的主要部分
b）芯片连接装配处连续相互扩散连接形成的概念示意图　c）高温存储后图 b 中形成连续相互扩散层的概念示意图
d）箭头表示了 Au 和 Ag 扩散的路径　e）在 Ag 和 Au 充分扩散后形成热稳定结构示意图

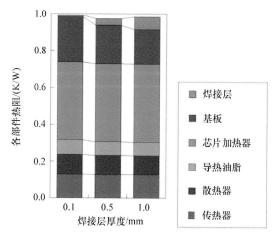

图 8-8　试样热阻分布，接头的热导率为 400W/（m·K），基板热导率为 207W/（m·K）

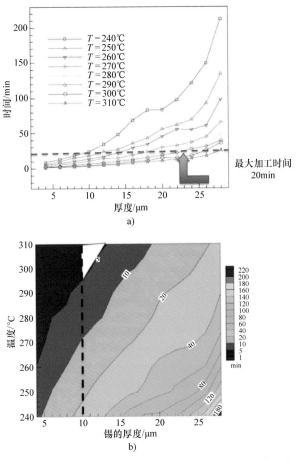

图 9-9 a）Sn 消除时间与温度和 Sn 层初始厚度的关系，最大加工时间线绘制在 20min，以说明可能的实际限制 b）表示 Sn 消除时间与温度（240~310℃）和 Sn 层厚度 4~28μm 的等高线图，白色阴影区域显示在最大 5min 的处理时间内，温度范围和厚度接近 10μm（修改自 Park[66]）

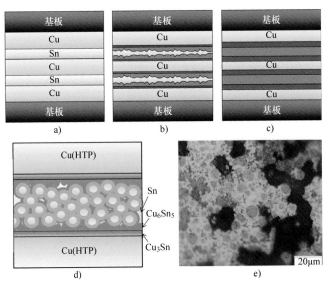

图 9-11 a）多层 Cu-Sn TLPB 示意图 b）部分反应 c）完全反应 d）Cu 基颗粒 Cu-Sn 瞬态液相烧结键合示意图 e）Cu HTP 颗粒与 Sn-Bi TLP 经过 20min 后形成的 Bi-Cu-Sn TLPS 键合的截面，在 210℃退火

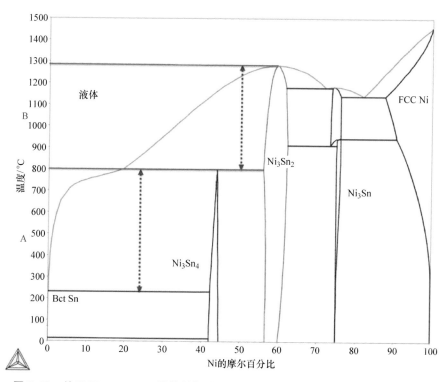

图 9-18 使用 ThermoCalc 计算并标注了两种特定 TLPB 反应方案的 Ni-Sn 相图

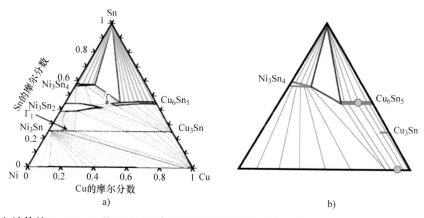

图 9-19 a）计算的 Sn-Cu-Ni 体系在 240℃下的亚稳态平衡：图中（Cu, Ni）$_6$Sn$_5$ 和（Ni, Cu）$_3$Sn$_4$ 以外的 Cu-Ni 侧的虚线反映了相平衡的不确定性。根据参考文献 [1] 的 200℃的等温线绘制 240℃等温线，无 Cu-Ni 混相间隙 b）反应示意图表示在 240℃左右由 Cu-Ni HTP 和 Sn 组成的扩散偶中观察到的相。黄色圆点表示 Cu-10wt% Ni HTP 合金的 Sn 完全消耗后剩下的最终相 [72]

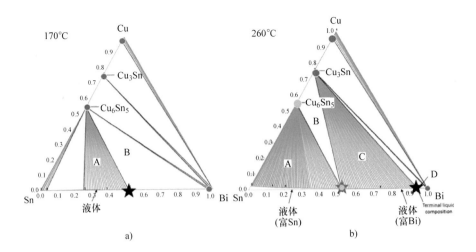

图 9-20　在 170℃和 260℃处计算得到的 Cu-Sn-Bi 三元相图的等温截面，根据温度和成分的不同说明了不同的相与饱和 Cu 和 Sn-Bi 液体的平衡；在 170℃，所有液体成分与 Cu_6Sn_5 处于两相平衡，而不是 260℃，五角星图案之间的液体与 Cu_3Sn（ThermoCalc 的 TCSLD3）处于平衡

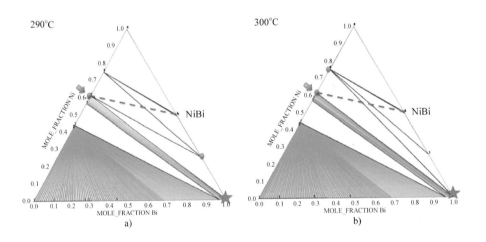

图 9-21　a）计算的三元等温线显示终端液体（五角星）与 Ni_2Sn_3 和 Bi_3Sn 接触（圆圈），虚线显示在 II 类反应温度以下的反应过程中观察到的非平衡相　b）在 II 类反应温度以上，Ni_3Sn_2 和 Ni_3Sn 与液体达到平衡。反应路径中含有 Ni_3Sn_2 与 Ni-Sn 相接触